烤烟品种优化布局研究与实践

——以红云红河烟草集团主要原料基地为例

李 强 张一扬 胡志明 等 著

中国农业出版社
北 京

著者名单

主　　著	李　强	张一扬	胡志明
副 主 著	王　超	杨应明	肖志新
	范幸龙	沈　晗	王育军
参著人员	周子方	柳　立	程昌新
	林跃平	李永亮	胡战军
	段志超	李海平	张玉丰
	徐　洁	陈丽鹃	何晓健
	贺丹峰	宋淑芳	喻　曦
	陈恒旺	钟　波	汪　林
	李　丽	谭　军	周　越
	聂　鑫	李　伟	朱海滨

前言
PREFACE

烟草对生态环境条件的变化十分敏感。烟叶质量是基因型与环境条件共同作用的结果。据美国专家研究，生态环境、品种、栽培烘烤技术分别对烟叶质量的贡献率为56%、32%和10%左右。生态条件是决定烟叶品质最重要的影响因素，因而美国、巴西、津巴布韦等国家非常重视烟区的选择。另外，大量研究表明，品种特性年度之间差异不显著，而品种之间、品种与环境条件互作差异显著，在影响烟叶风格的各种环境因素中，生态条件是稳态指标，对烟叶质量的影响居首要地位，对烟叶风格起到决定性作用。各烤烟品种都有其特定的生态适应区域，只有将品种特性与其相适应的环境条件结合起来，才能最大限度地发挥品种的生产潜能和环境条件优势，生产出符合卷烟工业要求的优质烟叶。

云南是我国最大的优质烤烟生产基地，年均烟叶产量100万t左右。云南也是红云红河烟草集团最大的原料生产基地，每年为集团供应原料达20万t左右。云南烟区具有种植烟草得天独厚的条件，生产出的烤烟色泽橘黄、香气浓郁、吸味醇和、清香型特点突出，是中式卷烟的主体原料。云南位于北纬21°08′～29°15′，东经97°31′～106°12′，全省气候类型丰富多样，有北热带、南亚热带、中亚热带、北亚热带、暖温带、中温带和高原气候区等7个温度带的气候类型。云南气候兼具低纬气候、季风气候、山原气候的特点，由于受到亚热带与温带共存的高原季风立体气候影响，区内光照充足，降水充沛，气候温和。全省整个地势从西北向东南倾斜，江河顺着地势，呈扇形分别向东、东南、南流去。全省海拔相差很大，最高点为滇藏交界的德饮县怒山山脉梅里雪山的主峰卡格博峰，海拔6 740m；最低点在与越南交界的河口县境内南溪河与元江汇合处，海拔仅76.9m。两地直线距离约900km，高低差约达6 000m。云南是一个多山的省份，但由于盆地、河谷、丘陵，低山、中山、高山、山原、高原相间分布，各类地貌之间条件差异很大，类型多样复杂。按地形分类，全省土地面积中山地占84%，高原、丘陵约占10%，坝子（盆地、河谷）仅占6%。

在云南省内从海拔1 000～2 500m均有烤烟种植，是名副其实的“三维立体烟区”，烟区生态差异很大，在较小的区域内（乡镇或县区）常常会有数百米以上的海拔差异，因而烟区立体气候十分明显；而国内许多烟区则处于地势相对平坦、土壤等差异不大的“二维”平原地区，如山东、河南、安徽等省烟区。云南现行烤烟种植布局现状是：主栽品种过于单一。现种植的主栽品种主要有K326、云85、红花大金元和云87等品种，主要分布于海拔1 300～2 000m，并实行“一乡一品”种植模式。其缺点是：在水平布局上，由于同一海拔高度不同地域的土壤状况相差迥异，生产的烟叶质量差异很大，如果同一品种在同一海拔高度不同土壤上种植面积过大，会造成烟叶质量不均一，工业上难以利用。且易引起病虫害大面积暴发。在垂直布局上，由于不同海拔高度的土壤类型、光照、温度等重要生态因子差异很大，因而存在单一品种在不同海拔高度适应程度不同。如主栽品种K326在高海拔地区种植会引起上部叶片开片不足。因而云南烟区的烤烟品种布局不应简单地实行“一乡一品”，“一县一品”则更不可取，必须遵循烟区的立体气候特点，实行烤烟品种的“立体布局”。本书以云南烟区作为典型案例，分析烟区烤烟品质的影响因素，开展品种立体布局研究，为云南乃至全国优质烟叶品种布局提供理论依据，为我国烟叶原料保障体系建设提供实践参考。

本书在准备和写作过程中，得到了有关同事和云南烟区多位同仁的大力支持和帮助，并提出了宝贵意见和建议。云南省烟草公司昆明市烟草公司、曲靖市烟草公司和保山市烟草公司为作者的研究和写作工作提供了便利条件。撰写和出版过程中得到了周冀衡教授和罗华元研究员的指导和支持。在此，一并表示衷心和诚挚的感谢。

本书由李强构思、布局和统稿，前言和第一章由李强著，第二章由胡志明、李强、王超、肖志新和段志超合著，第三章由沈晗、王育军、李强合著，第四章由胡志明、杨应明、范幸龙合著，第五章由李强、胡志明合著，第六章和附录由张一扬著。其他同志参与了本书的田间试验、样品采集、质量评价、样品检测、数据分析和文字校对等工作。

目前，由于烤烟品种立体布局的研究尚不够系统和完善，加之作者水平和时间有限，书中缺点和不足在所难免，恳请读者批评指正。

目录
CONTENTS

第一章　绪　　论

1　国内外研究进展

国内植烟生态区划研究起于20世纪80年代，由中国农业科学院烟草研究所主持的“全国烟草种植区划研究”项目，对全国烟区生态环境进行了大量的研究。在横跨几个气候区的大范围内，气候条件成为是否适宜烟草生长发育的主导因素，而在同一气候区的小范围内，土地条件对烟叶质量的影响起主导作用。气候条件中，温度尤其是成熟期的热量状况对烟叶质量的影响最为显著，其次是光照和降水；土地条件中，地形地貌使一定范围内的热量、雨量再分配，因而是最重要的适宜生态类型的判别指标，土壤是烟株生长发育的基础，土壤pH是重要的影响因素，土壤含氯量则是限制因素。根据产区无霜期、≥10℃积温、日平均气温≥20℃持续日数、0～60cm土壤含氯量、土壤pH、地貌类型等生态条件对烟草的适宜性，确定了烤烟适宜生态类型的划分标准和指标，将全国烤烟生态适宜类型区进行了划分，将全国分为7个一级区和27个二级区，编制出全国烟草种植区划。

有学者根据云南的海拔高度来划分云南的烤烟种植适宜区划：海拔1 400～1 800m为最适宜区，1 200～1 400m和1 800～2 000m为适宜区，1 000～1 200m和2 000～2 200m为次适宜区。<1 000m和>2 200m为不适宜区。1998—2002年，云南省根据14个参试品种在11个地州89个植烟县试验点的综合表现，将参试品种的参试点划分为6个生态相似区，提出不同品种在不同相似区的品质特征特性和适种程度，作为云南烤烟品种区域化布局的依据。2006年云南省共种植烤烟品种16个，其中主栽品种K326占31.0%、云85占31.9%、云87占26.1%、红大占8.8%。近年来，主产烟区已全面推行“一乡一品”和“一站一品”。

美国烤烟生产集中在北卡罗来纳、南卡罗来纳、佐治亚、弗吉尼亚、佛罗里达5个州。其中，北卡罗来纳州的烤烟种植面积和烟叶产量均占全国的65%左右。按产区自然条件和烟叶质量特点，美国烤烟分为五大类型（11A型、11B型、12型、13型和14型）。至2004年，美国主要烤烟产区的品种布局为：NC71占22%、K326占20%、K346占17%、Speight168占11%、NC297占

9%、NC72 占 6%和 NC606 占 4%。但是，自 2002 年开始，NC71 和 NC72 的种植面积逐年下降。2006 年北卡罗来纳州主要烤烟种植品种为 K326 和 NC71，分别占总种植面积的 23%和 21%，K346 次之，占 19%，Speight168 和 NC297 占 8%和 9%，GL350、NC72、CC27 三个品种种植较少，分别占 4%、3%和 2%。

2 技术路线

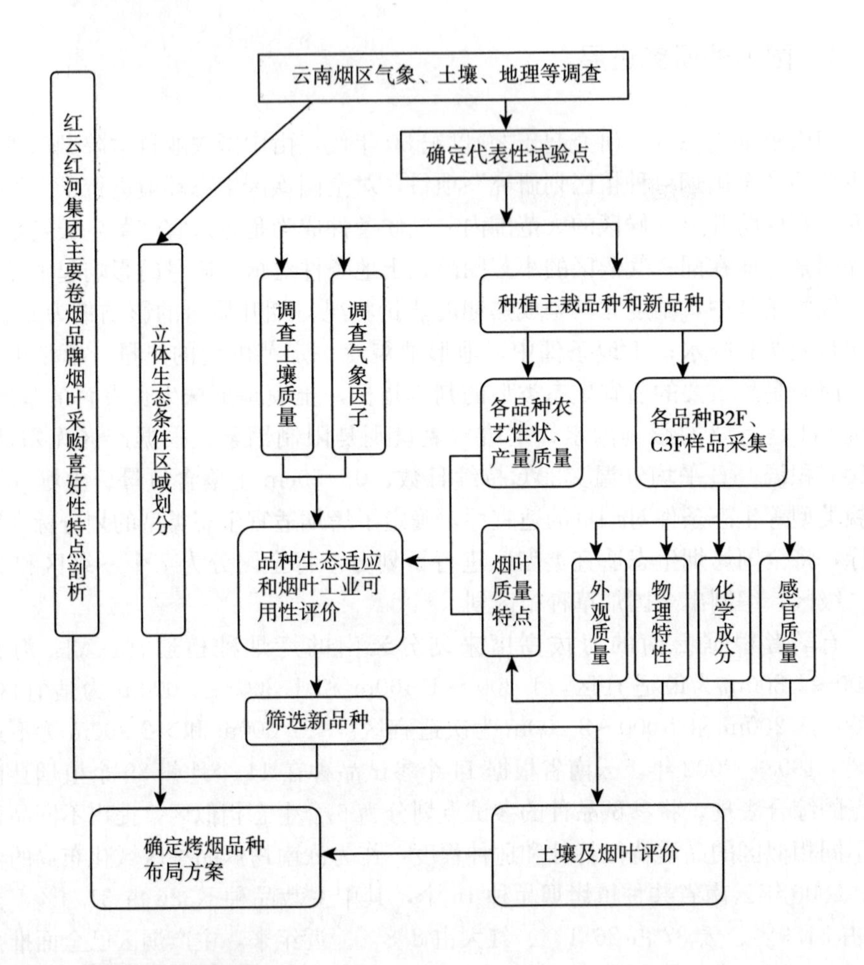

3 主要研究内容

包括 5 个方面：①红云红河典型原料基地生态条件调查与分析；②研究立体生态因子差异与烟叶质量的关系；③研究主要海拔区域（1 000～2 200m）不同品种生态适应性及品质特征；④不同烤烟品种对主要生态因子的响应；⑤红云红河云南基地烤烟品种立体优化布局。

4 项目达到的目标及考核的技术经济指标

4.1 分析红云红河典型烟叶原料基地的立体生态类型及烟叶质量特征；研究主栽品种在典型生态区内不同海拔条件下的生态适应性和工业可用性变化；在红云红河保山基地安排品种适应性试验，提出适合云烟品牌发展的典型烟叶原料基地主栽品种立体优化布局方案。

4.2 根据品种布局方案，开发的配套技术方案，在相应生态区域特色品种进行示范推广，引导烟叶生产向最适宜区集中种植，形成科学合理的烟草种植区域布局。技术落实到位率100%。推广面积666.7hm^2。

4.3 推广集成优质烟叶生产技术与红云红河基地配套的生产技术；应用特色烟叶在工业配方的使用和配伍性研究成果；按确定的配套技术方案和特色品种进行示范推广。技术落实到位率100%。推广面积3 333.3 hm^2。

4.4 在“云烟”品牌基地区域内，实现中上等烟比例增加5%，产量提高150kg/hm^2以上，均价提高1.0元/kg左右，进一步彰显烟叶的风格特征，提高云南烟叶在“云烟”品牌卷烟配方中可用性。

4.5 优化布局后烟叶质量目标要求

4.5.1 田间长相 烟田群体结构合理，个体发育良好，烟株生长健壮，整齐一致，行间无郁蔽，烟株养分协调，上部叶开片好，烟叶成熟一致，分层落黄好。株高105～125cm，单株有效叶数19～23片，株形筒形或腰鼓形。

4.5.2 产量指标 产量2 100～2 400kg/hm^2。

4.5.3 外观质量 烟叶开片良好，充分成熟，叶面与叶背颜色基本一致，叶尖与叶基部色泽基本相似，弹性好、组织疏松、厚薄适中、颜色橘黄、色度饱满、富有油分。

4.5.4 化学成分 总糖20%～30%，还原糖18%～24%，烟碱1.5%～3.8%，糖碱比6～14，氧化钾2%以上，总氮1.5%～2.5%，氯离子0.3%～0.6%，淀粉≤5%，石油醚提取物6.0%～8.0%。

4.5.5 感官质量 香气质好，香气量足，余味舒适，回甜感好，刺激性小，杂气轻，劲头适中，燃烧性好，在卷烟配方中的配伍性好。

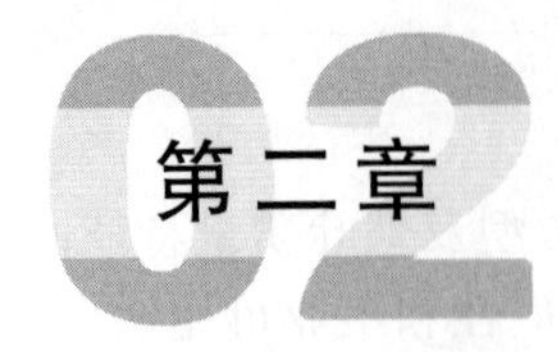

第二章　云南烟叶质量及生态限制因子概述

红云红河烟草集团基地遍布云南多个州市，有红河州、文山州、曲靖市、昆明市、保山市和大理州，为了方便研究，根据各州市生态特点和烤烟种植情况，将红云红河烟草集团主要基地中纬度基地（包括保山市大理州、昆明市和曲靖市）和低纬度基地（包括普洱市、红河州和文山州）。

第一节　云南烟叶基地气象因子评价及障碍分析

影响烤烟生长的气象因子主要包括温度、光照和水分。平均气温及有效积温随着海拔高度的增加呈逐步下降趋势，一般而言，海拔每升高 100m，平均温度下降约 0.6℃，同时会引起降水以及植被、微生物种类和活性的不同，形成局部性差异。土壤温度受纬度、海拔及气温的综合影响，研究表明纬度、海拔及气温对 50cm 地下土壤温度影响作用明显，相关性达到显著或极显著水平（冯学民等，2004）。

降水情况受经纬度、地形地貌因素和海拔情况的影响，相关研究认为，一定地形坡度下，山体海拔越高，背风面的降水就越少，当海拔高度低于最大降水高度时，山体背风面与向风面降水的差异较小，当海拔高度高于最大降水高度时，山体背风面与向风面降水的差异变大，主要针对海拔在 500m 以上的山地，因为当海拔低于 500m 时，山体背风面与向风面降水的差异相差甚小，往往可以忽略（傅抱璞，1997）。许多研究人员为山地降水随海拔高度变化的情况建立出各种各样的模型，如线性模式、曲线模式、对数变化模型和二次爬坡模式等。相关研究认为，随海拔变化情况，华北山区降水基本呈对数增加模式，即线性模式（王菱，1996）。

光照受纬度、海拔高度、地势、地形等条件影响，纬度越低，日照越丰富。相同纬度条件下，海拔高则一般光照较强，主要由于海拔高处日照时间长，直射路径短，空气稀薄，大气削弱作用弱。不同地形条件下，一般来说向阳坡光照强，向阴坡光照弱，降水较多。

1　材料与方法

根据GPS定位获取土样采集点海拔数据，各样品采集地气象数据由云南省气象局提供，包括样品采集地所属各区县当年1～12月逐月降水量、月平均气温及日照时数。

2　结果与分析

2.1　气象因子的立体和时间分布

2.1.1　温度因子　将海拔按1 600m、1 800m和2 000m划分为4个等级：＜1 600m、1 600～1 800m、1 800～2 000m和2 000m以上。云南不同烟区各海拔梯度月平均温度变化情况如图2-1，由图可知，各梯度月平均温度服从温度随海拔的变化规律，海拔梯度越高，同月平均温度越低。当海拔低于1 600m时，大田生育期月平均温度大小依次为：5月＞6月＞8月＞7月＞9月；当海拔在1 600～1 800m时，大田生育期月平均温度大小依次为：5月＞8月＞7月＞6月＞9月；当海拔在1 800～2 000m时，大田生育期月平均温度大小依次为：5月＞7月＞8月＞6月＞9月；当海拔高于2 000m时，大田生育期月平均温度大小依次为：5月＞6月＞8月＞7月＞9月。月平均温度以5月最高，9月最低，月平均温度在18～23℃。

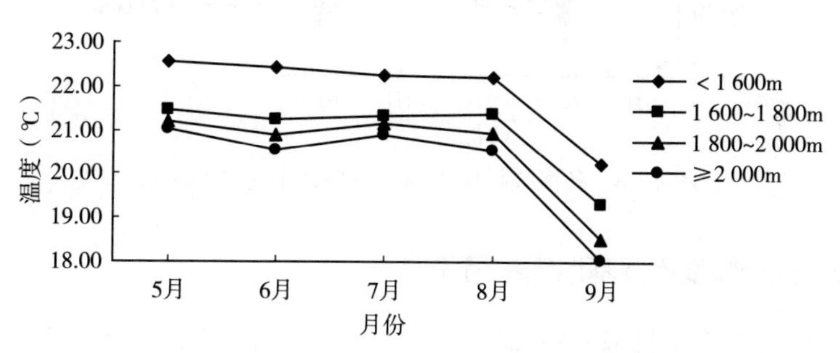

图2-1　各海拔梯度大田生育期月平均温度

2.1.2　降水因子　云南不同烟区各海拔梯度月平均降水量变化情况如图2-2，由图可知，随着海拔高度的增加，总降水量减少。各海拔梯度除5月平均降水低于100mm之外，其余各月平均降水均超过100mm。当海拔低于1 600m时，最高月平均降水出现在7月，月平均降水量大小关系为：7月＞6月＞8月＞9月＞5月，当海拔高于1 600m时，最高月平均降水出现在6月。

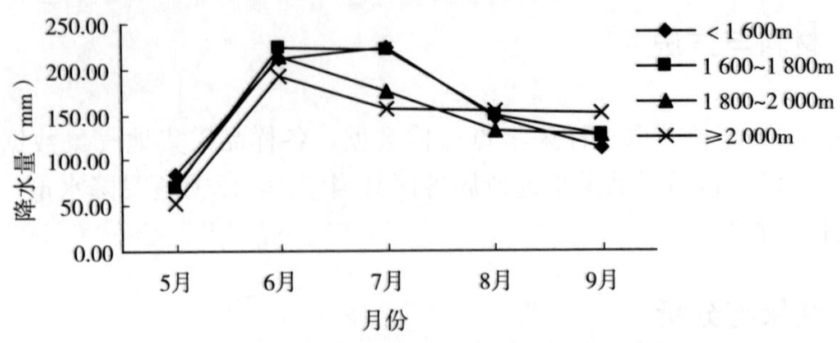

图 2-2　各海拔梯度大田生育期月平均降水

2.1.3　光照因子　云南不同烟区各海拔梯度月平均日照时数变化情况如图 2-3，由图可知，5 月海拔在 1 600～1 800m 梯度时，平均日照时数最高，海拔在 1 800～2 000m 梯度时，日照时数最低。6～9 月，除 7 月大于2 000m 的海拔梯度月平均日照时数与 1 800～2 000m 梯度日照时数几乎相等外，随着海拔的升高，日照时数均随着海拔的升高而呈现下降趋势。各海拔梯度月平均日照时数均以 5 月最高，9 月最低。

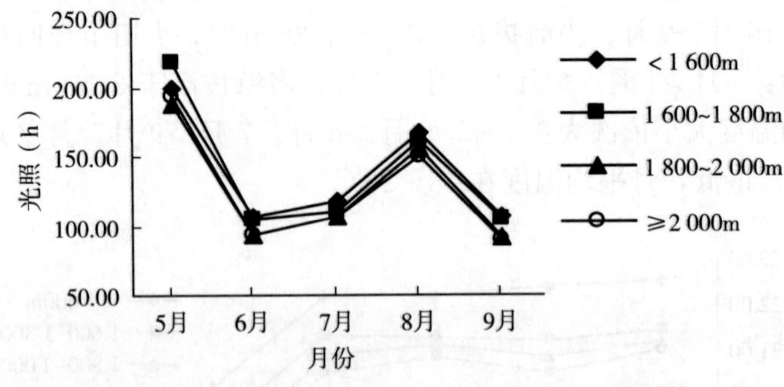

图 2-3　各海拔梯度大田生育期月平均日照时数

2.2　同一纬度不同基地气象因子

红云红河集团原料基地中纬度（24°～26°）和低纬度（22°～24°）不同基地各时期日照时数如表 2-1，由表可知，中纬度不同基地伸根期日照时数以保山市最长、曲靖市最短，旺长期日照时数以保山市最长，成熟期日照时数以曲靖市最长、昆明市最短，整个大田生育期日照时数保山市最长，昆明市最短；低纬度不同基地伸根期日照时数和旺长期日照时数均以红河州较长、文山州较短，成熟期日照时数则以文山州较长、红河州较短，整个大田生育期日照时数以文山州较长。总之，红云红河不同纬度的烟叶基地日照时数充足，完全可以满足烤烟生长及烟叶品质对光照条件的要求。

表 2-1　同一纬度不同基地各时期日照时数

纬度	地区	日照时数（h）			
		伸根期	旺长期	成熟期	大田期
中纬度	保山市	263.50±5.11	135.77±13.58	327.01±64.63	726.28±73.15
	昆明市	196.00±28.28	120.69±36.33	281.35±51.29	598.04±105.17
	曲靖市	168.84±33.35	130.35±23.41	337.61±36.43	636.8±86.55
低纬度	文山州	174.15±13.48	141.26±21.60	401.67±30.69	717.08±62.10
	红河州	193.86±11.16	147.04±17.29	357.21±36.33	698.10±60.14

红云红河集团原料基地中纬度和低纬度不同基地各时期均温如表 2-2，由表可知，中纬度不同基地伸根期均温以昆明市最高、曲靖市最低，旺长期均温以昆明市最高，成熟期均温以保山市最高、曲靖市最低，整个大田生育期均温保山市最高，昆明市最低；低纬度不同基地各时期均温均以红河州较高，文山州较低。总之，除曲靖市烟区各时期温度偏低外，红云红河不同纬度其他烟叶基地的温度基本适宜，完全可以满足烤烟生长及烟叶品质对光照条件的要求。

表 2-2　同一纬度不同基地各时期均温

纬度	地区	均温（℃）			
		伸根期	旺长期	成熟期	大田期
中纬度	保山市	21.05±1.83	21.00±1.22	20.71±0.94	20.84±1.17
	昆明市	21.68±0.87	21.35±0.84	20.27±0.65	20.77±0.72
	曲靖市	19.44±0.83	19.14±0.89	18.91±0.73	19.07±0.76
低纬度	文山州	22.05±0.90	21.88±0.93	21.18±0.87	21.50±0.89
	红河州	23.23±1.92	23.17±1.90	21.96±1.65	22.45±1.75

红云红河集团原料基地中纬度和低纬度不同基地各时期降水量如表 2-3，由表可知，中纬度不同基地伸根期降水量以曲靖市最多、昆明市最少，旺长期降水量则以保山市最多、昆明市最少，成熟期降水量以保山市最多、曲靖市最少，整个大田生育期降水量保山市多，昆明市最少；低纬度不同基地各时期降水量均以文山州较多，红河州较少。总之，红云红河不同纬度烟叶基地降水量充足，但各基地成熟期降水量偏高，对烟叶质量不利。

表 2-3　同一纬度不同基地各时期降水量

纬度	地区	降水量（mm）			
		伸根期	旺长期	成熟期	大田期
中纬度	保山市	54.35±21.19	389.60±189.57	564.78±169.28	1 008.73±352.08
	昆明市	43.78±9.11	205.93±57.99	434.18±55.31	683.89±106.05
	曲靖市	79.29±51.98	329.21±81.13	346.39±37.73	754.89±116.18
低纬度	文山州	144.48±51.15	293.22±22.36	452.20±71.17	889.90±70.31
	红河州	74.27±24.76	203.71±72.94	339.13±66.50	617.11±126.54

2.3　同一纬度不同海拔气象因子

2.3.1　中纬度不同海拔气象因子　红云红河集团中纬度不同海拔下各时期日照时数如表 2-4，由表可知，中纬度不同海拔日照时数存在一定差异，伸根期日照时数以 1 900～2 000m 海拔段较少，为 154.7h，1 500～1 600m 海拔段最多，为 233.13h；旺长期日照时数以＞2 000m 最高，以 1 900～2 000m 最少；成熟期日照时数以＞2 000m 海拔最多，以 1 500～1 600m 海拔段最少；整个大田生育期日照时数以＞2 000m 最多，为 697.80h，1 900～2 000m 最少，为 571.65h。总之，红云红河不同海拔的烟叶基地日照时数充足，完全可以满足烤烟生长及烟叶品质对光照条件的要求。

表 2-4　中纬度不同海拔各时期日照时数

海拔（m）	日照时数（h）			
	伸根期	旺长期	成熟期	大田期
＞2 000	186.95±50.98	146.69±32.34	364.17±52.16	697.80±135.48
1 900～2 000	154.70±18.24	107.22±19.72	309.74±55.30	571.65±93.27
1 700～1 900	181.63±34.50	126.71±33.45	302.70±57.37	611.04±102.57
1 600～1 700	233.13±34.71	128.26±27.08	318.35±55.56	679.73±104.81
1 500～1 600	245.03±38.12	128.85±19.28	293.09±56.85	666.97±93.47

红云红河集团中纬度不同海拔下各时期均温如表 2-5，由表可知，中纬度不同海拔均温存在一定差异，各时期均温均以＞2 000m 海拔段最低，伸根期、旺长期、成熟期、整个大田生育期均温分别为 19.10、18.50、18.25 和 18.47℃，各时期均温均以 1 500～1 600m 海拔段最高，伸根期、旺长期、成熟期、整个大田生育期均温分别为 22.07、21.90、21.26 和 21.55℃；各时期均温均呈现随海拔升高而升高的趋势。总之，红云红河不同海拔的烟叶基地温度差

异较大，海拔越高温度越低，海拔 1 700m 以下烟区可以满足烤烟生长及烟叶品质对温度条件的要求，海拔在 1 700m 以上的烟区，各时期温度偏低，成熟期均温和大田期均温均在 20℃以下，对烤烟生长特别是烟叶成熟落黄不利。

表 2-5 中纬度不同海拔各时期均温

海拔（m）	均温（℃）			
	伸根期	旺长期	成熟期	大田期
＞2 000	19.10±0.14	18.50±0.28	18.25±0.21	18.47±0.10
1 900～2 000	19.75±1.20	19.40±1.13	19.32±0.54	19.42±0.79
1 700～1 900	20.50±1.09	20.33±1.06	19.59±0.67	19.92±0.82
1 600～1 700	21.45±1.10	21.18±0.90	20.45±0.25	20.80±0.51
1 500～1 600	22.07±2.25	21.90±1.39	21.26±1.01	21.55±1.33

红云红河集团中纬度不同海拔下各时期降水量如表 2-6，由表可知，中纬度不同海拔降水量存在一定差异，伸根期降水量以＞2 000m 海拔段较少，为 28.25mm，1 900～2 000m 海拔段最多，为 95.9mm；旺长期降水量以 1 500～1 600m 海拔段最多，为 348.87mm，以＞2 000m 海拔段最少，为 259.16mm；成熟期降水量以 1 500～1 600m 海拔段最多，为 504.9mm，以 1 700～1 900m 海拔段最少，为 384.44mm；整个大田生育期降水量以 1 500～1 600m 海拔段最多，为 908.63mm，＞2 000m 海拔段最少，为 677.25 mm。总之，红云红河不同海拔的烟叶基地降水量充足，但成熟期降水量偏多，对烟叶质量不利。

表 2-6 中纬度不同海拔各时期降水量

海拔（m）	降水量（mm）			
	伸根期	旺长期	成熟期	大田期
＞2 000	28.25±18.03	259.16±62.21	389.84±23.74	677.25±56.50
1 900～2 000	95.95±54.66	319.93±35.48	391.82±119.70	807.70±29.56
1 700～1 900	67.85±40.31	283.08±108.23	384.44±71.43	735.38±136.26
1 600～1 700	41.70±24.21	260.21±116.41	500.94±85.91	802.85±198.97
1 500～1 600	54.87±3.09	348.87±256.93	504.9±229.34	908.63±487.88

2.3.2 低纬度不同海拔气象因子 红云红河集团低纬度不同海拔下各时期日照时数如表 2-7，由表可知，低纬度不同海拔日照时数存在一定差异，伸根期日照时数以 1 400～1 700m 海拔段较少，为 179.48h，＜1 400m 海拔段最多，为 191.02h；旺长期和成熟期日照时数均以＜1 400m 最高，分别为

158.55 和 394.37h，以＞1 700m 最少，分别为 132.08 和 335.88h；整个大田生育期日照时数以＜1 400m 最多，为 743.94h，＞1 700m 最少，为 658.25h。总之，红云红河低纬度不同海拔的烟叶基地日照时数充足，完全可以满足烤烟生长及烟叶品质对光照条件的要求。

表 2-7 低纬度不同海拔各时期日照时数

海拔（m）	日照时数（h）			
	伸根期	旺长期	成熟期	大田期
＞1 700	190.30±13.01	132.08±12.03	335.88±48.29	658.25±73.33
1 400～1 700	179.48±11.99	134.34±6.05	365.88±35.78	679.7±22.87
＜1 400	191.02±18.39	158.55±18.15	394.37±33.02	743.94±56.41

红云红河集团低纬度不同海拔下各时期均温如表 2-8，如表可知，低纬度不同海拔均温存在一定差异，各时期均温均以＞1 700m 海拔段最低，伸根期、旺长期、成熟期、整个大田生育期均温分别为 20.70、20.71、9.80 和 20.16℃，各时期均温均以＜1 400m 海拔段最高，伸根期、旺长期、成熟期、整个大田生育期均温分别为 23.98、23.94、22.75 和 23.24℃；各时期均温均呈现随海拔升高而升高的趋势。总之，红云红河低纬度不同海拔的烟叶基地温度差异较大，海拔越高温度越低，海拔 1 700m 以下烟区可以满足烤烟生长及烟叶品质对温度条件的要求，海拔在 1 700m 以上的烟区，成熟期均温在 20℃以下，对烤烟生长特别是烟叶成熟落黄不利。

表 2-8 低纬度不同海拔各时期均温

海拔（m）	均温（℃）			
	伸根期	旺长期	成熟期	大田期
＞1 700	20.70±0.02	20.70±0.14	19.80±0.14	20.16±0.11
1 400～1 700	22.38±1.28	22.15±1.27	21.27±0.96	21.67±1.08
＜1 400	23.98±1.29	23.94±1.31	22.75±0.99	23.24±1.10

红云红河集团低纬度不同海拔下各时期降水量如表 2-9，如表可知，低纬度不同海拔降水量存在一定差异，伸根期降水量以＜1 400m 海拔段较少，为 86.92mm，1 400～1 700m 海拔段最多，为 115.33mm；旺长期降水量以＞1 700m 海拔段最多，为 267.1mm，以＜1 400m 海拔段最少，为 209.14mm；成熟期降水量以＜1 400m 海拔段最多，为 395.66mm，以 1 400～1 700m 海拔段最少，为 364mm；整个大田生育期降水量以＞1 700m 最多，为 742.3，＜1 400m海拔段最少，为 691.72mm。总之，红云红河低纬

度不同海拔的烟叶基地降水量充足，但成熟期降水量偏多，对烟叶质量不利。

表 2-9 低纬度不同海拔各时期降水量

海拔（m）	降水量（mm）			
	伸根期	旺长期	成熟期	大田期
>1 700	100.95±11.67	267.13±73.04	374.23±127.70	742.30±66.33
1 400～1 700	115.33±71.49	254.73±66.24	364.00±53.71	734.05±171.82
<1 400	86.92±41.26	209.14±84.22	395.66±108.39	691.72±224.57

3 小结与讨论

3.1 气象因子的时空分布

云南不同烟区各海拔梯度月平均温度随着海拔的增加逐渐降低，大田生育期，各地月平均温度在 18～23℃。将海拔按<1 600m、1 600～1 800m、1 800～2 000m 和>2 000m划分为 4 个梯度后，各海拔梯度生育期月平均气温虽变化情况不一，但均以 5 月月平均温度最高，9 月最低，6～8 月各月平均温变化不一。这与各地实际月平均气温变化情况不同，可能与均为高海拔因素有关。

云南不同烟区降水随着海拔高度的增加，总降水量逐渐减少，其中 5 月月平均降水量最少。各梯度大田生育期月平均降水量均呈现先增长后降低的趋势，当海拔低于 1 600m 时，最高月平均降水量出现在 7 月。在海拔高于 1 600m的 3 个梯度，最高月平均降水量均出现在 6 月。各梯度月平均降水量变化情况为：6 月>7 月>8 月>9 月>5 月。

一般来说，日照时数较长时，温度相应较高，降水较少，日照时数较短时，温度也会相应较低，降水量也一般较多。各海拔梯度 5 月平均温度最高，9 月最低，各梯度平均日照时数也最长出现在 5 月，9 月最短。海拔在1 600～1 800m 梯度时，5 月平均日照时数最长，海拔在 1 800～2 000m 梯度时，5 月日照时数最短。6～9 月，除 7 月>2 000m 的海拔梯度月平均日照时数与 1 800m～2 000m 梯度相当外，其余月份随海拔的升高，日照时数均随着海拔的升高而呈现下降趋势。

3.2 红云红河烟叶基地气象限制因子

总体上，红云红河烟叶基地光照充足、雨量充沛，温度基本适宜，但也存在一些不足和障碍，如成熟期降水量过高，以及高海拔区域（>1 700m）大田期（特别是成熟期）温度偏低，对于上部烟叶开片和烟叶成熟落黄存在不利影响，是红云红河烟叶基地主要气象限制因子。

第二节　云南烟叶基地土壤质量评价及限制因子分析

除了气象因子，影响烤烟生长的生态因素还包括土壤理化性状。随着海拔高度的改变，温度、降水、光照发生相应的变化，局部性差异的形成致使土壤养分状况也会存在差异，进而对所种植的烤烟产生不同的影响。土壤作为作物生长的基质，直接为作物提供生长养分。优质烤烟的生长需要相适宜的土壤条件，在土壤评价时，常通过土壤肥力等相关指标来实现（这里的指标通常指土壤养分含量状况）。由海拔高度不同而引起的温度差异、降水差异、微生物活性的不同导致土壤理化性质的不同，对烤烟的生长起到重要的影响作用。以云南烟区土壤理化性状为研究对象，对不同纬度、海拔土壤理化性质进行研究分析，旨在全面评价红云红河集团云南基地植烟土壤质量。

2012年在云南昆明市、曲靖市、大理州、保山市、文山州、红河州、普洱市7个典型植烟区，31个烟站点，应用GPS定位取样法，在尚未施用底肥和烤烟移栽前进行样品采集，共采集植烟土样225个，其中昆明市54个、曲靖市48个、大理州7个、保山市47个、文山州15个、红河州50个和普洱市4个。利用GPS定位仪对取样点经纬度和海拔高度进行准确定位，取样点海拔高度为1 150～2 300m。取样深度为土壤耕作层0～20cm，且尽量避开雨季。每个取样单元内采8～10个点的土样，用四分法剔除大的根系和砾石，去掉杂质，构成1个0.5kg左右的混合，将土样登记编号后进行预处理、风干、磨细、过筛、混匀、装瓶后备用。测定表2-10中的各项指标。

表2-10　土样各指标检测方法

指标	检测方法	指标	检测方法
pH	电位法	有效镁	ASI法
有机质	油浴-重铬酸钾滴定法	有效钙	ASI法
碱解氮	凯氏定氮法	土壤氯离子	离子色谱法
速效磷	Olsen测定法	有效硼	姜黄素吸光度法
速效钾	乙酸铵提取-火焰光度法		

1　土壤养分描述性统计

由表 2－11 可知，云南地区植烟土壤 pH 平均为 6.26，处在最适宜范围（5.5～6.5）内，变幅为 4.13～7.80，存在部分过酸及 pH>7 的土样。云南植烟土壤有机质平均含量达 2.93%，处在适宜范围内（1.5%～3.0%），最高值达 6.94%。土壤碱解氮含量偏高，平均值为 132.27 mg/kg，大于100mg/kg的临界值，有可能出现烟株生长过旺的情况，影响烟叶内在化学成分，降低工业利用价值。土壤速效磷平均值达 29.17mg/kg，含量丰富（>20mg/kg）。速效钾平均含量为 233.42mg/kg，高于临界值 150 mg/kg。有效镁平均含量为363.66mg/kg，含量丰富（200～400mg/kg）。有效钙平均含量大于2 000 mg/kg的临界值，达 2 496.43mg/kg，含量十分丰富。土壤氯离子平均含量高于下临界值 10mg/kg，处于适宜范围。有效硼平均含量大于临界值，达到 0.37mg/kg，含量丰富。

表 2－11　云南土壤养分含量描述统计

指标	平均	标准差	变异系数（%）	变幅
pH	6.26	0.81	13.00	4.13～7.80
有机质（%）	2.93	1.38	46.96	0.39～6.94
碱解氮（mg/kg）	132.27	65.90	49.82	24.32～439.75
速效磷（mg/kg）	29.17	25.04	85.83	1.17～145.70
速效钾（mg/kg）	233.42	144.29	61.82	34.41～971.50
有效镁（mg/kg）	363.66	435.62	119.79	20.00～3 960.00
有效钙（mg/kg）	2 496.43	2 208.57	88.47	80.00～12 105.00
土壤氯离子（mg/kg）	18.42	5.86	31.81	8.04～28.74
有效硼（mg/kg）	0.37	0.16	42.18	0.09～0.65

2　土壤养分立体差异及分布

多重比较结果显示，土壤有机质、碱解氮、速效磷和速效钾在不同海拔分组间存在极显著差异。由表 2－12 可知，当海拔高于 2 000m 时，土壤 pH、有机质、碱解氮、速效磷、速效钾及有效钙的平均含量均为最高，且有机质和速效钾的平均含量明显高于其他分组，有效镁和有效硼的平均含量均为最低。当海拔低于 1 600m 时，土壤有机质、碱解氮、速效磷、速效钾、有效钙的平均含量在 4 个分组中最低，且有机质、碱解氮和速效磷的含量明显低于其他分组。当海拔梯度为1 600～1 800m时，土壤pH最低，为6.17。当海拔梯度为1 800～2 000m时，有效镁和有效硼的平均含量最高，土壤氯离子平均含量最低。同时，有机质、速效磷、速效钾和有效钙随着海拔梯度的升高呈增加趋势。

表2-12　不同海拔梯度土壤养分含量

海拔梯度（m）	样品数	pH	有机质（%）	碱解氮（mg/kg）	速效磷（mg/kg）	速效钾（mg/kg）	有效镁（mg/kg）	有效钙（mg/kg）	土壤氯离子（mg/kg）	有效硼（mg/kg）
<1 600	56	6.26Aa	2.52Bb	109.54Bb	22.38Ab	197.00Bb	390.76Aa	2 258.39Aa	19.34Aa	0.37Aa
1 600～1 800	60	6.17Aa	2.95ABab	144.59Aa	26.20Aab	213.62Bb	341.40Aa	2 490.88Aa	18.39Aa	0.36Aa
1 800～2 000	70	6.26Aa	3.03ABab	132.33ABab	34.22Aa	239.23ABb	397.83Aa	2 492.63Aa	17.21Aa	0.38Aa
≥2 000	39	6.40Aa	3.34Aa	145.82Aa	34.43Aa	305.75Aa	297.69Aa	2 853.59Aa	19.32Aa	0.35Aa

注：表中同列相同大写字母表明其方差分析在0.01水平上差异不显著；同列相同小写字母表明其方差分析在0.05水平上差异不显著。下同。

由表2-13可知，当海拔梯度低于1 600m和1 600～1 800m时，pH在最适宜烤烟生长范围5.5～6.5的土壤样本数分别占总样本比例为32.14%和30%；海拔高于1 800m的2个梯度，该比例均超过50%，分别为1 800～2 000m占52.86%，高于2 000m占51.28%。各梯度土壤pH在适宜范围内（5.0～7.0）样本比例大小关系为：1 800～2 000m（81.43%）>2 000m以上（71.80%）>1 600m以下（67.86%）>1 600～1 800m（66.67%）。各梯度均存在pH≥7的土样，当海拔梯度在1 800～2 000m时，该比例最低，海拔高于2 000m时，该比例最高。

表2-13　不同海拔梯度土壤pH分布情况

海拔梯度（m）	变幅	pH各区间百分比（%）				
		<5.0	5.0～5.5	5.5～6.5	6.5～7.0	≥7.0
<1 600	4.61～7.71	8.93	14.29	32.14	21.43	23.21
1 600～1 800	4.13～7.68	15.00	11.67	30.00	25.00	18.33
1 800～2 000	4.66～7.50	2.86	8.57	52.86	20.00	15.71
≥2 000	4.46～7.80	2.56	5.13	51.28	15.39	25.64

由表2-14可知，当海拔低于1 600m时，土壤有机质适宜比例最高，为66.07%，海拔在1 800～2 000m时，土壤有机质适宜比例最低，为37.14%。当海拔高于2 000m时，土壤有机质缺乏比例最低，仅为2.56%。另外随着海拔梯度逐渐升高，土壤有机质丰富比例逐渐增加。

表 2-14　不同海拔梯度土壤有机质分布情况

海拔梯度（m）	样品数	平均值±标准差（%）	有机质含量各区间百分比（%）		
			缺乏（<1.5）	适宜（1.5～3.0）	丰富（≥3.0）
<1 600	56	2.52±1.41	12.50	66.07	21.43
1 600～1 800	60	2.95±1.61	20.00	43.33	36.67
1 800～2 000	70	3.03±1.25	10.00	37.14	52.86
≥2 000	39	3.34±1.43	2.56	43.59	53.85

由表 2-15 可知，当海拔高于 2 000m 时，土壤速效磷、速效钾、有效镁、土壤氯离子缺乏比例最低，有效硼缺乏比例最高；当海拔在 1 800～2 000m 时，土壤有效钙、有效硼缺乏比例最低，碱解氮适宜比例最低；海拔低于 1 600m时，土壤碱解氮适宜比例最高，为 53.57%，速效磷、速效钾、有效镁、有效钙缺乏比例均为最高。

表 2-15　不同海拔梯度土壤养分丰缺情况

指标	海拔梯度（m）			
	<1 600	1 600～1 800	1 800～2 000	≥2 000
碱解氮适宜比例（%）	53.57	31.67	28.57	35.90
速效磷缺乏比例（%）	28.57	13.33	14.29	12.82
速效钾缺乏比例（%）	33.93	31.67	28.57	5.13
有效镁缺乏比例（%）	28.57	28.33	11.43	7.69
有效钙缺乏比例（%）	17.86	10.00	1.43	2.56
有效硼缺乏比例（%）	75.00	78.33	72.86	79.49
土壤氯离子缺乏比例（%）	7.14	13.33	10.00	2.56

3　云南烟土壤海拔与土壤养分的回归分析

云南植烟土壤海拔高度与有效养分的相关系数及回归方程见表 2-16。土壤海拔高度与土壤有机质、速效磷及速效钾含量的相关性均达极显著水平，呈极显著正相关，与土壤碱解氮含量的相关性达显著水平，呈显著正相关，与土壤 pH、有效镁、有效钙、土壤氯离子以及有效硼的相关性不显著。

表 2-16　海拔（x）与土壤养分（y）的回归分析

指标	相关性	回归方程	指标	相关性	回归方程
pH	0.051	$y=0.0002x+5.9328$	有效镁	−0.071	$y=-0.1367x+603.71$
有机质	0.202**	$y=0.0012x+0.7662$	有效钙	0.066	$y=0.6479x+1358.5$
碱解氮	0.166*	$y=0.0485x+47.029$	土壤氯离子	−0.05	$y=-0.0013x+20.709$
速效磷	0.222**	$y=0.0246x-14.097$	有效硼	−0.006	$y=-4E-06x+0.375$
速效钾	0.242**	$y=0.1547x-38.205$			

注：* 表示在 0.05 水平上相关性显著，** 表示在 0.01 水平上相关性显著。

4　同一纬度不同基地土壤质量评价

红云红河集团中纬度和低纬度不同基地的土壤 pH 情况见表 2-17。由表可知，中纬度不同基地土壤 pH 差异较小，低纬度地区不同基地以普洱烟区土壤 pH 相对较低，文山州和红河州烟区土壤 pH 相差不大。从变异情况来看，各个基地土壤 pH 变异均较小，除大理烟区表现为弱变异外，其他烟区均表现为中等强度的变异。

表 2-17　同一纬度不同基地土壤 pH 状况

纬度	地区	样本数	均值	极小值	极大值	标准差	变异系数（%）
中纬度	保山市	47	6.12	4.13	7.71	1.03	16.77
	昆明市	54	6.23	4.46	7.71	0.70	11.22
	曲靖市	48	6.38	4.66	7.80	0.73	11.43
	大理州	7	6.39	6.04	7.41	0.46	7.22
低纬度	普洱市	4	5.59	4.90	7.10	1.02	18.25
	文山州	15	6.39	5.03	7.61	0.86	13.50
	红河州	50	6.31	4.61	7.63	0.79	12.47

红云红河集团中纬度和低纬度不同基地的土壤有机质情况见表 2-18 中。由表可知，中纬度不同基地土壤有机质含量表现出一定差异，其中以曲靖市烟区土壤有机质含量最高，为 3.48%，大理州烟区有机质含量最低，为 2.49%；低纬度地区不同基地土壤有机质含量存在较大差异，以普洱市烟区土壤有机质含量最高达 3.09%，文山州和红河州烟区土壤有机质含量差异较小。从变异情况来看，各个基地土壤有机质含量变异均较小，表现为中等强度的变异。

表 2-18　同一纬度不同基地土壤有机质状况

纬度	地区	样本数	均值（%）	极小值（%）	极大值（%）	标准差（%）	变异系数（%）
中纬度	保山市	47	2.72	0.67	6.90	1.64	60.25
	昆明市	54	3.32	1.05	6.37	1.47	44.45
	曲靖市	48	3.48	1.09	6.94	1.37	39.24
	大理州	7	2.49	1.36	3.51	0.86	34.67
低纬度	普洱市	4	3.09	2.47	4.01	0.65	21.11
	文山州	15	2.21	0.89	4.17	0.89	40.34
	红河州	50	2.47	0.39	4.54	0.88	35.50

红云红河集团中纬度和低纬度不同基地的土壤碱解氮情况见表 2-19。由表可知，中纬度不同基地土壤碱解氮含量表现出一定差异，其中以曲靖市烟区土壤碱解氮含量最高，为 151.16mg/kg，大理州烟区碱解氮含量最低，为 101.18mg/kg；低纬度地区不同基地土壤碱解氮含量存在一定差异，以红河州烟区土壤碱解氮含量最高达 110.39mg/kg，文山州烟区土壤碱解氮含量最低。从变异情况来看，各个基地土壤碱解氮含量变异均较小，均表现为中等强度的变异。

表 2-19　同一纬度不同基地土壤碱解氮状况

纬度	地区	样本数	均值（mg/kg）	极小值（mg/kg）	极大值（mg/kg）	标准差（mg/kg）	变异系数（%）
中纬度	保山市	47	144.79	47.62	382.00	89.43	61.76
	昆明市	54	142.97	57.76	439.75	65.48	45.80
	曲靖市	48	151.16	52.69	271.55	60.21	39.83
	大理州	7	101.18	62.82	149.96	33.39	33.00
低纬度	普洱市	4	107.15	74.29	131.43	24.85	23.19
	文山州	15	88.13	31.41	143.88	29.54	33.51
	红河州	50	110.39	24.32	231.21	43.65	39.54

红云红河集团中纬度和低纬度不同基地的土壤速效磷情况见表 2-20。由表可知，中纬度不同基地土壤速效磷含量表现出一定差异，其中以昆明市烟区土壤速效磷含量最高 45.79mg/kg，曲靖市烟区速效磷含量最低 20.61mg/kg；低纬度地区不同基地土壤速效磷含量存在较大差异，以普洱市烟区土壤速效磷含量最低为 5.79mg/kg，红河烟区土壤速效磷含量最高 27.38mg/kg。从变异情况来看，各个基地土壤速效磷含量均表现为中等强度的变异。

表 2-20　同一纬度不同基地土壤速效磷状况

纬度	地区	样本数	均值(mg/kg)	极小值(mg/kg)	极大值(mg/kg)	标准差(mg/kg)	变异系数(%)
中纬度	保山市	47	24.45	2.04	70.12	15.69	64.18
	昆明市	54	45.79	6.25	145.70	33.18	72.47
	曲靖市	48	20.61	3.04	91.55	16.58	80.45
	大理州	7	40.74	13.24	78.44	24.63	60.45
低纬度	普洱市	4	5.79	3.39	8.61	2.79	48.25
	文山州	15	18.35	3.96	71.20	16.59	90.41
	红河州	50	27.38	1.17	93.57	22.94	83.77

红云红河集团中纬度和低纬度不同基地的土壤速效钾情况见表 2-21。由表可知，中纬度不同基地土壤速效钾含量表现出一定差异，其中以昆明市烟区土壤速效钾含量最高，为 280.65mg/kg，大理州烟区速效磷含量最低，为 162.37mg/kg；低纬度地区不同基地土壤速效钾含量存在较大差异，以普洱市烟区土壤速效钾含量最低，为 118.66mg/kg，红河烟区土壤速效钾含量最高 213.40 mg/kg。从变异情况来看，各个基地土壤速效钾含量均表现为中等强度的变异。

表 2-21　同一纬度不同基地土壤速效钾状况

纬度	地区	样本数	均值(mg/kg)	极小值(mg/kg)	极大值(mg/kg)	标准差(mg/kg)	变异系数(%)
中纬度	保山市	47	252.42	34.41	971.50	178.82	70.84
	昆明市	54	280.65	71.74	953.22	187.92	66.96
	曲靖市	48	230.71	70.07	426.58	95.75	41.50
	大理州	7	162.37	64.12	353.77	95.34	58.72
低纬度	普洱市	4	118.66	39.32	225.70	78.08	65.80
	文山州	15	143.06	54.60	322.17	86.28	60.31
	红河州	50	213.40	61.56	460.13	83.93	39.33

红云红河集团中纬度和低纬度不同基地的土壤有效镁情况见表 2-22。由表可知，中纬度不同基地土壤有效镁含量表现出一定差异，其中以保山市烟区土壤有效镁含量最高为 449.26mg/kg，大理州烟区有效镁含量最低为 243.57mg/kg；低纬度地区不同基地土壤有效镁含量存在较大差异，以普洱市烟区土壤有效镁含量最低为 117.50mg/kg，文山州烟区土壤有效镁含量最高为 513.00 mg/kg。从变异情况来看，保山市烟区和红河州烟区表现为强变异，

其他烟区表现为中等强度变异。

表 2-22　同一纬度不同基地土壤有效镁状况

纬度	地区	样本数	均值 (mg/kg)	极小值 (mg/kg)	极大值 (mg/kg)	标准差 (mg/kg)	变异系数 (%)
中纬度	保山市	47	449.26	20.00	3960.00	698.50	155.48
	昆明市	54	316.76	30.00	1350.00	291.65	92.07
	曲靖市	48	334.54	20.00	1590.00	262.88	78.58
	大理州	7	243.57	80.00	480.00	132.66	54.46
低纬度	普洱市	4	117.50	30.00	230.00	86.46	73.58
	文山州	15	513.00	30.00	1 200.00	371.77	72.47
	红河州	50	353.53	50.00	2 625.00	429.93	121.61

红云红河集团中纬度和低纬度不同基地的土壤有效钙情况见表 2-23。由表可知，中纬度不同基地土壤有效钙含量表现出一定差异，其中以保山市烟区土壤有效钙含量最高，为 3 205.87mg/kg，大理州烟区有效钙含量最低，为 1 540.00mg/kg；低纬度地区不同基地土壤有效钙含量存在较大差异，以普洱市烟区土壤有效钙含量最低，为 1 225.00mg/kg，红河州烟区土壤有效钙含量最高，为 2 572.71mg/kg。从变异情况来看，普洱市烟区和文山州烟区表现为强变异，其他烟区表现为中等强度变异。

表 2-23　同一纬度不同基地土壤有效钙状况

纬度	地区	样本数	均值 (mg/kg)	极小值 (mg/kg)	极大值 (mg/kg)	标准差 (mg/kg)	变异系数 (%)
中纬度	保山市	47	3 205.87	170.00	10 260.00	3 165.67	98.75
	昆明市	54	2 439.72	445.00	12 105.00	2 246.55	92.08
	曲靖市	48	2 301.88	305.00	8 130.00	1 628.78	70.76
	大理州	7	1 540.00	910.00	2 320.00	440.77	28.62
低纬度	普洱市	4	1 225.00	265.00	3 750.00	1 687.10	137.72
	文山州	15	1 631.33	80.00	5 400.00	2 124.30	130.22
	红河州	50	2 572.71	490.00	7 740.00	1 542.22	59.95

红云红河集团中纬度和低纬度不同基地的土壤氯离子情况见表 2-24。由表可知，中纬度不同基地土壤氯离子含量差异较小，其中以大理州烟区烟区土壤氯离子含量相对较高，为 19.42mg/kg，曲靖州烟区氯离子含量相对较低，为 17.48mg/kg；低纬度地区不同基地土壤氯离子含量存在一定差异，以普洱市烟区土壤氯离子含量最高为 24.78mg/kg，文山州烟区土壤氯离子含量最低

为17.31mg/kg。从变异情况来看，各个基地土壤氯离子均表现为中等强度的变异。

表 2-24 同一纬度不同基地土壤土壤氯离子状况

纬度	地区	样本数	均值 (mg/kg)	极小值 (mg/kg)	极大值 (mg/kg)	标准差 (mg/kg)	变异系数 (%)
中纬度	保山市	47	18.90	8.04	28.02	6.86	36.27
	昆明市	54	17.96	8.04	26.81	4.60	25.63
	曲靖市	48	17.48	8.59	28.70	5.75	32.88
	大理州	7	19.42	12.87	28.29	6.40	32.94
低纬度	普洱市	4	24.78	21.53	28.14	2.78	11.23
	文山州	15	17.31	9.09	27.90	6.09	35.17
	红河州	50	19.06	8.22	28.74	6.05	31.76

红云红河集团中纬度和低纬度不同基地的土壤有效硼情况见表 2-25。由表可知，中纬度不同基地土壤有效硼含量差异较小，但均偏低，其中以保山市烟区和昆明市烟区土壤有效硼含量相对较高，为0.37mg/kg，大理州烟区有效硼含量相对较低，为0.31mg/kg；低纬度地区不同基地土壤有效硼含量存在一定差异，以文山州烟区土壤有效硼含量最高，为0.43mg/kg，红河州烟区土壤有效硼含量最低，为0.35mg/kg。从变异情况来看，各个基地土壤有效硼均表现为中等强度的变异。

表 2-25 同一纬度不同基地土壤有效硼状况

纬度	地区	样本数	均值 (mg/kg)	极小值 (mg/kg)	极大值 (mg/kg)	标准差 (mg/kg)	变异系数 (%)
中纬度	保山市	47	0.37	0.13	0.61	0.15	40.07
	昆明市	54	0.37	0.09	0.65	0.18	47.33
	曲靖市	48	0.36	0.09	0.65	0.15	40.77
	大理州	7	0.31	0.11	0.43	0.12	38.00
低纬度	普洱市	4	0.42	0.12	0.56	0.21	49.26
	文山州	15	0.43	0.18	0.65	0.15	35.21
	红河州	50	0.35	0.10	0.65	0.15	42.06

红云红河集团中纬度和低纬度不同基地的<0.01mm 土壤粒径含量情况见

表2-26。由表可知，中纬度不同基地＜0.01mm土壤粒径含量存在一定差异，其中以保山市烟区烟区＜0.01mm土壤粒径含量相对较高，为67.39%，大理州烟区＜0.01mm土壤粒径含量相对较低35.13%；低纬度地区不同基地＜0.01mm土壤粒径含量存在一定差异，以红河州烟区土壤＜0.01mm土壤粒径含量最高为54.68%，普洱市烟区土壤＜0.01mm土壤粒径含量最低43.26%。从变异情况来看，各个基地土壤＜0.01mm土壤粒径含量均表现为中等强度的变异。

表2-26　同一纬度不同基地＜0.01mm土壤粒径含量状况

纬度	地区	样本数	均值（%）	极小值（%）	极大值（%）	标准差（%）	变异系数（%）
中纬度	保山市	47	67.39	21.13	91.06	12.40	18.40
	昆明市	54	52.62	32.55	75.71	9.77	18.56
	曲靖市	48	53.69	28.48	72.12	9.87	18.39
	大理州	7	35.13	22.38	49.76	11.08	31.54
低纬度	普洱市	4	43.26	40.42	48.28	3.47	8.01
	文山州	15	53.62	30.56	75.31	10.96	20.43
	红河州	50	54.68	30.94	79.88	11.94	21.84

红云红河集团中纬度和低纬度不同基地的沙粒情况见表2-27。由表可知，中纬度不同基地沙粒差异较小，其中以大理州烟区沙粒含量相对较高，为36.99%，曲靖市烟区沙粒含量相对较低，为31.99%；低纬度地区不同基地沙粒含量十分接近，几乎没有差异。从变异情况来看，各个基地土壤沙粒表现为弱变异或中等强度的变异。

表2-27　同一纬度不同基地土壤沙粒状况

纬度	地区	样本数	均值（%）	极小值（%）	极大值（%）	标准差（%）	变异系数（%）
中纬度	保山市	47	33.15	20.61	39.32	3.48	10.50
	昆明市	54	32.85	24.20	43.08	3.40	10.36
	曲靖市	48	31.99	23.04	39.23	3.52	10.99
	大理州	7	36.99	34.48	39.94	2.25	6.08
低纬度	普洱市	4	30.98	29.35	32.43	1.35	4.36
	文山州	15	29.67	23.50	37.67	4.29	14.44
	红河州	50	29.99	18.43	42.05	4.94	16.47

红云红河集团中纬度和低纬度不同基地的粗粉粒含量情况见表2-28。由表可知，中纬度不同基地粗粉粒含量差异较小，其中以大理州烟区烟区粗粉粒含量相对较高19.87%，其他烟区基本接近；低纬度地区不同基地粗粉粒含量差异极小。从变异情况来看，各个基地土壤粗粉粒含量表现为弱变异或中等强度的变异。

表2-28 同一纬度不同基地土壤粗粉粒状况

纬度	地区	样本数	均值（%）	极小值（%）	极大值（%）	标准差（%）	变异系数（%）
中纬度	保山市	47	17.77	11.07	21.12	1.86	10.45
	昆明市	54	17.65	13.00	23.15	1.83	10.36
	曲靖市	48	17.19	12.38	21.08	1.89	10.99
	大理州	7	19.87	18.52	21.46	1.21	6.08
低纬度	普洱市	4	16.64	15.77	17.43	0.73	4.37
	文山州	15	15.94	12.63	20.24	2.30	14.44
	红河州	50	16.12	9.90	22.59	2.67	16.56

红云红河集团中纬度和低纬度不同基地的黏粒含量情况见表2-29。由表可知，中纬度不同基地黏粒含量存在较大差异，其中以曲靖市烟区黏粒含量相对较高，为28.87%，大理州烟区黏粒含量相对较低，为12.20%；低纬度地区不同基地黏粒含量存在一定差异，以红河州烟区土壤黏粒含量最高，为31.61%，普洱市烟区土壤黏粒含量最低19.45%。从变异情况来看，各个基地土壤黏粒含量均表现为中等强度的变异。

表2-29 同一纬度不同基地土壤黏粒状况

纬度	地区	样本数	均值（%）	极小值（%）	极大值（%）	标准差（%）	变异系数（%）
中纬度	保山市	47	24.69	6.60	64.86	11.54	46.75
	昆明市	54	27.37	2.68	57.11	11.81	43.15
	曲靖市	48	28.87	1.55	54.41	11.76	40.73
	大理州	7	12.20	1.40	22.36	7.16	58.72
低纬度	普洱市	4	19.45	17.00	25.72	4.19	21.54
	文山州	15	30.82	2.25	57.24	13.02	42.25
	红河州	50	31.61	1.49	65.71	14.87	47.03

5　同一纬度不同海拔土壤质量评价

5.1　中纬度（24°～26°）不同海拔土壤质量评价

红云红河集团中纬度不同海拔土壤 pH 状况见表 2-30。由表可知，中纬度海拔土壤 pH 存在一定差异，其中以 1 700～1 800m 海拔段土壤 pH 较低，为 5.90，2 100～2 200m 海拔段土壤 pH 较高，为 6.68，各个海拔段土壤 pH 均表现为弱变异或中等强度的变异。

表 2-30　中纬度不同海拔土壤 pH 状况

海拔（m）	样品数	均值	极小值	极大值	标准差	变异系数（%）
1 300～1 400	2	6.24	5.37	7.10	1.22	19.62
1 400～1 500	6	6.23	5.30	7.54	0.79	12.64
1 500～1 600	11	6.00	4.90	7.71	1.15	19.21
1 600～1 700	21	6.25	4.31	7.67	0.88	14.02
1 700～1 800	22	5.90	4.13	7.68	1.06	18.00
1 800～1 900	31	6.31	4.66	7.49	0.65	10.32
1 900～2 000	28	6.24	5.24	7.36	0.54	8.64
2 000～2 100	27	6.28	5.10	7.80	0.71	11.27
2 100～2 200	12	6.68	4.46	7.69	0.99	14.88

红云红河集团中纬度不同海拔土壤有机质值状况见表 2-31。由表可知，中纬度不同海拔土壤有机质存在一定差异，其中 1 400～1 500m 海拔段土壤有机质较高，为 4.43%，以 1 500～1 600m 海拔段土壤有机质较低，为 2.70%；各个海拔段土壤有机质均表现为弱变异或中等强度的变异。

表 2-31　中纬度不同海拔土壤有机质状况

海拔（m）	样品数	均值（%）	极小值（%）	极大值（%）	标准差（%）	变异系数（%）
1 300～1 400	2	3.22	2.47	3.97	1.06	32.92
1 400～1 500	6	4.43	2.93	6.94	1.50	33.87
1 500～1 600	11	2.70	1.23	4.93	1.12	41.55
1 600～1 700	21	2.76	0.78	5.66	1.61	58.47
1 700～1 800	22	3.41	1.05	6.90	1.92	56.37
1 800～1 900	31	2.77	0.67	5.23	1.21	43.66

（续）

海拔（m）	样品数	均值（%）	极小值（%）	极大值（%）	标准差（%）	变异系数（%）
1 900～2 000	28	3.29	0.95	5.79	1.38	41.86
2 000～2 100	27	3.28	1.09	6.10	1.42	43.15
2 100～2 200	12	3.47	1.59	6.37	1.51	43.50

红云红河集团中纬度不同海拔土壤碱解氮值状况见表 2-32。由表可知，中纬度不同海拔土壤碱解氮存在一定差异，其中以 1 400～1 500m 海拔段土壤碱解氮较高，为 194.28mg/kg，1 500～1 600m 海拔段土壤碱解氮较低，为127.51mg/kg；各个海拔段土壤碱解氮均表现为弱变异或中等强度的变异。

表 2-32　中纬度不同海拔土壤碱解氮状况

海拔（m）	样品数	均值（mg/kg）	极小值（mg/kg）	极大值（mg/kg）	标准差（mg/kg）	变异系数（%）
1 300～1 400	2	147.59	74.29	220.89	103.66	70.24
1 400～1 500	6	194.28	120.00	265.47	56.72	29.19
1 500～1 600	11	127.51	51.68	205.69	50.59	39.68
1 600～1 700	21	131.19	52.69	348.56	73.05	55.68
1 700～1 800	22	176.90	52.69	382.00	100.63	56.88
1 800～1 900	31	126.04	47.62	243.38	53.37	42.34
1 900～2 000	28	136.20	52.69	217.85	52.25	38.36
2 000～2 100	27	141.22	64.85	439.75	76.36	54.07
2 100～2 200	12	156.18	65.86	271.55	69.49	44.50

红云红河集团中纬度不同海拔土壤速效磷状况见表 2-33。由表可知，中纬度不同海拔土壤速效磷存在一定差异，其中以 1 900～2 000m 海拔段土壤速效磷较高，为 36.67mg/kg，1 500～1 600m 海拔段土壤速效磷较低，为127.51mg/kg；各个海拔段土壤速效磷均表现为强变异或中等强度的变异。

表 2-33 中纬度不同海拔土壤速效磷状况

海拔（m）	样品数	均值（mg/kg）	极小值（mg/kg）	极大值（mg/kg）	标准差（mg/kg）	变异系数（%）
1 300～1 400	2	8.91	3.39	14.44	7.81	87.64
1 400～1 500	6	27.17	8.61	47.51	14.23	52.38
1 500～1 600	11	18.83	2.04	63.40	18.89	100.31
1 600～1 700	21	27.93	7.39	84.96	20.91	74.88
1 700～1 800	22	23.24	7.85	55.25	13.21	56.84
1 800～1 900	31	34.31	6.05	123.26	28.75	83.77
1 900～2 000	28	36.67	6.85	145.70	36.97	100.81
2 000～2 100	27	34.03	3.04	100.15	24.58	72.23
2 100～2 200	12	35.33	5.45	97.76	27.13	76.77

红云红河集团中纬度不同海拔土壤速效钾状况见表 2-34。由表可知，中纬度不同海拔土壤速效钾存在一定差异，其中以 2 000～2 100m 海拔段土壤速效钾较高，为 312.67mg/kg，1 300～1 400m 海拔段土壤速效钾较低，为 88.98mg/kg；各个海拔段土壤速效钾均表现为中等强度的变异。

表 2-34 中纬度不同海拔土壤速效钾状况

海拔（m）	样品数	均值（mg/kg）	极小值（mg/kg）	极大值（mg/kg）	标准差（mg/kg）	变异系数（%）
1 300～1 400	2	88.98	81.88	96.08	10.04	11.28
1 400～1 500	6	237.02	180.73	348.75	59.50	25.10
1 500～1 600	11	194.08	39.32	341.22	92.01	47.41
1 600～1 700	21	194.96	87.64	331.84	66.88	34.31
1 700～1 800	22	240.94	34.41	971.50	192.00	79.69
1 800～1 900	31	243.94	95.17	419.58	91.51	37.51
1 900～2 000	28	253.13	64.12	846.59	210.77	83.26
2 000～2 100	27	312.67	90.15	792.72	174.93	55.95
2 100～2 200	12	290.18	128.71	953.22	222.76	76.76

红云红河集团中纬度不同海拔土壤有效镁状况见表 2-35。由表可知，中纬度不同海拔土壤有效镁存在一定差异，其中以 1 800～1 900m 海拔段土壤有效镁较高，为 468.71mg/kg，1 300～1 400m 海拔段土壤有效镁较低，为 147.50mg/kg；各个海拔段土壤有效镁均表现为中等强度的变异。

表 2-35　中纬度不同海拔土壤有效镁状况

海拔（m）	样品数	均值（mg/kg）	极小值（mg/kg）	极大值（mg/kg）	标准差（mg/kg）	变异系数（%）
1 300～1 400	2	147.50	65	230	116.67	79.10
1 400～1 500	6	392.50	125	780	272.54	69.44
1 500～1 600	11	219.55	30	1 040	324.99	148.03
1 600～1 700	21	429.05	30	1 980	561.97	130.98
1 700～1 800	22	280.68	20	1 590	349.46	124.50
1 800～1 900	31	468.71	20	3 960	713.46	152.22
1 900～2 000	28	359.39	80	1 150	302.94	84.29
2 000～2 100	27	287.04	85	1 350	240.76	83.88
2 100～2 200	12	321.67	100	825	214.64	66.73

红云红河集团中纬度不同海拔土壤有效钙状况见表 2-36。由表可知，中纬度不同海拔土壤有效钙存在一定差异，其中以 2 100～2 200m 海拔段土壤有效钙较高，为 3 743.75mg/kg，1 700～1 800m 海拔段土壤有效钙较低，为 1 820.91mg/kg；各个海拔段土壤有效钙均表现为中等强度的变异。

表 2-36　中纬度不同海拔土壤有效钙状况

海拔（m）	样品数	均值（mg/kg）	极小值（mg/kg）	极大值（mg/kg）	标准差（mg/kg）	变异系数（%）
1 300～1 400	2	2 210.00	670	3 750	2 177.89	98.55
1 400～1 500	6	2 253.33	535	5 760	1 906.18	84.59
1 500～1 600	11	2 036.45	205	8 540	2 648.40	130.05
1 600～1 700	21	3 255.00	260	9 460	2 907.16	89.31
1 700～1 800	22	1 820.91	170	5 640	1 690.00	92.81
1 800～1 900	31	2 458.71	335	10 260	2 294.88	93.34
1 900～2 000	28	2 583.04	655	12 105	2 405.75	93.14
2 000～2 100	27	2 457.96	305	8 870	2 169.81	88.28
2 100～2 200	12	3 743.75	445	9 480	2 995.76	80.02

红云红河集团中纬度不同海拔土壤氯离子状况见表 2-37。由表可知，中纬度不同海拔土壤氯离子存在一定差异，其中以 1 300～1 400m 海拔段土壤氯离子较高，为 27.95mg/kg，1 900～2 000m 海拔段土壤氯离子较低，为 15.99mg/kg；各个海拔段土壤氯离子表现为弱变异或中等强度的变异。总体上，红云红河烟草集团云南基地土壤氯含量在适宜范围。

表 2－37　中纬度不同海拔土壤氯离子状况

海拔（m）	样品数	均值（mg/kg）	极小值（mg/kg）	极大值（mg/kg）	标准差（mg/kg）	变异系数（%）
1 300～1 400	2	27.95	27.75	28.14	0.28	0.99
1 400～1 500	6	18.51	10.52	26.58	6.87	37.10
1 500～1 600	11	21.08	9.90	28.02	5.99	28.41
1 600～1 700	21	17.98	8.04	26.75	6.66	37.06
1 700～1 800	22	17.97	8.40	28.70	6.42	35.72
1 800～1 900	31	18.03	8.04	27.91	5.42	30.08
1 900～2 000	28	15.99	8.13	28.29	5.26	32.89
2 000～2 100	27	18.77	8.59	26.78	5.21	27.75
2 100～2 200	12	20.56	16.23	26.81	3.83	18.64

红云红河集团中纬度不同海拔土壤有效硼状况见表 2－38。由表可知，中纬度不同海拔土壤有效硼存在一定差异，其中以 1 800～1 900m 海拔段土壤有效硼较高，为 0.42mg/kg，1 700～1 800m 和 2 000～2 100m 海拔段土壤有效硼较低，为 0.34mg/kg；各个海拔段土壤有效硼表现为中等强度的变异。

表 2－38　中纬度不同海拔土壤有效硼状况

海拔（m）	样品数	均值（mg/kg）	极小值（mg/kg）	极大值（mg/kg）	标准差（mg/kg）	变异系数（%）
1 300～1 400	2	0.35	0.12	0.57	0.32	92.23
1 400～1 500	6	0.36	0.10	0.54	0.16	44.03
1 500～1 600	11	0.36	0.14	0.56	0.15	43.44
1 600～1 700	21	0.38	0.14	0.65	0.15	40.07
1 700～1 800	22	0.34	0.09	0.64	0.15	45.31
1 800～1 900	31	0.42	0.09	0.63	0.14	34.72
1 900～2 000	28	0.35	0.09	0.63	0.16	45.60
2 000～2 100	27	0.34	0.13	0.65	0.17	48.96
2 100～2 200	12	0.37	0.12	0.65	0.17	45.93

红云红河集团中纬度不同海拔土壤＜0.01mm 土壤粒径状况见表 2－39 中。由表可知，中纬度不同海拔土壤＜0.01mm 土壤粒径存在一定差异，其中以 1 700～1 800m海拔段土壤＜0.01mm 土壤粒径较高，为 64.42%，1 900～2 000m海拔段土壤＜0.01mm 土壤粒径较低，为 52.34mg/kg；各个海拔段土壤＜0.01mm 土壤粒径表现为中等强度的变异。

表 2-39 中纬度不同海拔＜0.01mm 土壤粒径含量状况

海拔（m）	样品数	均值（%）	极小值（%）	极大值（%）	标准差（%）	变异系数（%）
1 300～1 400	2	58.02	41.74	74.29	23.019	39.68
1 400～1 500	6	52.55	42.59	61.51	6.675	12.70
1 500～1 600	11	65.36	40.42	91.06	13.344	20.42
1 600～1 700	21	58.08	33.12	88.44	14.906	25.67
1 700～1 800	22	64.42	30.70	80.70	12.720	19.74
1 800～1 900	31	52.78	21.13	78.92	13.273	25.15
1 900～2 000	28	52.34	22.38	82.10	13.210	25.24
2 000～2 100	27	54.56	28.48	72.12	10.082	18.48
2 100～2 200	12	53.58	36.09	75.71	12.114	22.61

红云红河集团中纬度不同海拔土壤沙粒状况见表 2-40。由表可知，中纬度不同海拔土壤沙粒差异很小，其中以 1 400～1 500m 海拔段土壤沙粒稍高，为 34.04%，1 500～1 600m 海拔段土壤沙粒较低，为 31.76%；各个海拔段土壤沙粒表现为弱变异或中等强度的变异。

表 2-40 中纬度不同海拔土壤沙粒状况

海拔（m）	样品数	均值（%）	极小值（%）	极大值（%）	标准差（%）	变异系数（%）
1 300～1 400	2	33.21	31.65	34.77	2.20	6.63
1 400～1 500	6	34.04	31.38	39.32	2.91	8.55
1 500～1 600	11	31.76	22.55	36.83	4.22	13.28
1 600～1 700	21	33.51	24.30	42.65	3.68	10.97
1 700～1 800	22	32.76	20.61	37.06	3.78	11.54
1 800～1 900	31	32.46	24.19	39.94	3.33	10.26
1 900～2 000	28	33.41	26.25	39.23	2.87	8.60
2 000～2 100	27	31.99	23.04	36.33	3.43	10.72
2 100～2 200	12	33.40	24.20	43.08	4.65	13.92

红云红河集团中纬度不同海拔土壤粗粉粒状况见表 2-41。由表可知，中纬度不同海拔土壤粗粉粒存在一定差异，其中以 1 400～1 500m 海拔段土壤粗粉粒较高，为 18.29%，1 500～1 600m 海拔段土壤粗粉粒较低，为 16.90%；各个海拔段土壤粗粉粒表现为中等强度的变异。

表 2-41　中纬度不同海拔土壤粗粉粒状况

海拔（m）	样品数	均值（%）	极小值（%）	极大值（%）	标准差（%）	变异系数（%）
1 300～1 400	2	17.84	17.00	18.68	1.19	6.65
1 400～1 500	6	18.29	16.86	21.12	1.56	8.55
1 500～1 600	11	16.90	12.12	19.79	2.15	12.70
1 600～1 700	21	18.01	13.06	22.91	1.97	10.96
1 700～1 800	22	17.60	11.07	19.91	2.03	11.54
1 800～1 900	31	17.44	13.00	21.46	1.79	10.25
1 900～2 000	28	17.95	14.10	21.08	1.54	8.60
2 000～2 100	27	17.19	12.38	19.52	1.84	10.72
2 100～2 200	12	17.94	13.00	23.15	2.50	13.92

红云红河集团中纬度不同海拔土壤黏粒状况见表 2-42。由表可知，中纬度不同海拔土壤黏粒存在一定差异，其中以 2 000～2 100m 海拔段土壤黏粒较高，为 29.12%，1 300～1 400m 海拔段土壤黏粒较低，为 19.13%；各个海拔段土壤黏粒表现为中等强度的变异。

表 2-42　中纬度不同海拔土壤黏粒状况

海拔（m）	样品数	均值（%）	极小值（%）	极大值（%）	标准差（%）	变异系数（%）
1 300～1 400	2	19.13	17.42	20.85	2.43	12.67
1 400～1 500	6	26.38	17.66	36.93	7.69	29.14
1 500～1 600	11	27.01	11.00	56.39	15.02	55.59
1 600～1 700	21	23.27	2.68	42.85	11.87	50.99
1 700～1 800	22	25.04	5.87	64.86	13.40	53.52
1 800～1 900	31	25.76	1.40	50.19	11.21	43.52
1 900～2 000	28	26.23	8.46	43.69	9.73	37.08
2 000～2 100	27	29.12	1.55	54.41	12.09	41.51
2 100～2 200	12	27.91	2.97	57.11	15.38	55.13

5.2　低纬度（22°～24°）不同海拔土壤质量评价

红云红河集团低纬度不同海拔土壤 pH 状况见表 2-43。由表可知，低纬度不同海拔土壤 pH 存在一定差异，其中以 1 300～1 400m 海拔段土壤 pH 较高，为 6.61，1 800～1 900m 海拔段土壤 pH 较低，为 6.02；各个海拔段土壤 pH 表现为弱变异或中等强度的变异。

表 2-43 低纬度不同海拔土壤 pH 状况

海拔（m）	样品数	均值	极小值	极大值	标准差	变异系数（%）
1 300～1 400	10	6.61	5.16	7.61	0.86	13.03
1 400～1 500	17	6.22	5.03	7.48	0.73	11.74
1 500～1 600	10	6.28	4.61	7.63	0.98	15.57
1 600～1 700	10	6.58	5.58	7.63	0.64	9.69
1 700～1 800	7	6.17	4.97	7.01	0.72	11.62
1 800～1 900	10	6.02	5.07	7.26	0.82	13.69

红云红河集团低纬度不同海拔土壤有机质状况见表 2-44。由表可知，低纬度不同海拔土壤有机质存在一定差异，其中以 1 800～1 900m 海拔段土壤有机质较高，为 3.09%，1 500～1 600m 海拔段土壤有机质较低 2.02%；各个海拔段土壤有机质表现为中等强度的变异。

表 2-44 低纬度不同海拔土壤有机质状况

海拔（m）	样品数	均值（%）	极小值（%）	极大值（%）	标准差（%）	变异系数（%）
1 300～1 400	10	2.13	1.42	3.54	0.63	29.33
1 400～1 500	17	2.18	0.89	4.17	0.75	34.29
1 500～1 600	10	2.02	0.39	3.32	0.74	36.53
1 600～1 700	10	2.38	1.06	4.09	0.92	38.56
1 700～1 800	7	2.88	2.05	4.54	1.02	35.32
1 800～1 900	10	3.09	1.34	4.49	0.96	31.18

红云红河集团低纬度不同海拔土壤碱解氮状况见于表 2-45。由表可知，低纬度不同海拔土壤碱解氮存在一定差异，其中以 1 800～1 900m 海拔段土壤碱解氮较高，为 141.15mg/kg，1 500～1 600m 海拔段土壤碱解氮较低，为 81.44mg/kg；各个海拔段土壤碱解氮表现为中等强度的变异。

表 2-45 低纬度不同海拔土壤碱解氮状况

海拔（m）	样品数	均值（mg/kg）	极小值（mg/kg）	极大值（mg/kg）	标准差（mg/kg）	变异系数（%）
1 300～1 400	10	95.29	75.89	116.43	15.46	16.23
1 400～1 500	17	88.45	31.41	143.88	29.24	33.06
1 500～1 600	10	81.44	24.32	120.78	25.42	31.21

（续）

海拔（m）	样品数	均值（mg/kg）	极小值（mg/kg）	极大值（mg/kg）	标准差（mg/kg）	变异系数（%）
1 600～1 700	10	110.99	53.90	218.86	48.18	43.41
1 700～1 800	7	131.22	90.18	191.50	38.63	29.44
1 800～1 900	10	141.15	48.64	231.21	57.49	40.73

红云红河集团低纬度不同海拔土壤速效磷状况见表 2－46。由表可知，低纬度不同海拔土壤速效磷存在一定差异，其中以 1 700～1 800m 海拔段土壤速效磷较高，为 39.02mg/kg，1 300～1 400m 海拔段土壤速效磷较低，为 15.17mg/kg；各个海拔段土壤速效磷表现为中等强度的变异。

表 2－46　低纬度不同海拔土壤速效磷状况

海拔（m）	样品数	均值（mg/kg）	极小值（mg/kg）	极大值（mg/kg）	标准差（mg/kg）	变异系数（%）
1 300～1 400	10	15.17	6.40	27.13	7.08	46.70
1 400～1 500	17	23.71	3.96	71.20	21.36	90.08
1 500～1 600	10	31.05	2.17	93.57	30.44	98.05
1 600～1 700	10	20.12	8.01	60.83	17.93	89.09
1 700～1 800	7	39.02	13.85	64.87	21.95	56.27
1 800～1 900	10	28.76	1.17	83.48	24.80	86.23

红云红河集团低纬度不同海拔土壤速效钾状况见表 2－47。由表可知，低纬度不同海拔土壤速效钾存在一定差异，其中以 1 700～1 800m 海拔段土壤速效钾较高，为 244.32mg/kg，1 400～1 500m 海拔段土壤速效钾较低，为 164.56mg/kg；各个海拔段土壤速效钾表现为中等强度的变异。

表 2－47　低纬度不同海拔土壤速效钾状况

海拔（m）	样品数	均值（mg/kg）	极小值（mg/kg）	极大值（mg/kg）	标准差（mg/kg）	变异系数（%）
1 300～1 400	10	238.36	140.50	460.13	94.99	39.85
1 400～1 500	17	164.56	54.60	306.84	92.37	56.13
1 500～1 600	10	211.62	61.48	383.48	114.58	54.15
1 600～1 700	10	171.20	107.55	303.56	55.41	32.37
1 700～1 800	7	244.32	106.04	340.05	75.66	30.97
1 800～1 900	10	186.63	115.26	338.47	72.23	38.70

红云红河集团低纬度不同海拔土壤有效镁状况见表 2－48。由表可知，低纬度不同海拔土壤有效镁存在一定差异，其中以 1 300～1 400m 海拔段土壤有效镁较高，为 558.63mg/kg，1 700～1 800m 海拔段土壤有效镁较低，为 263.83mg/kg；各个海拔段土壤有效镁表现为中等强度的变异或强变异。

表 2－48　低纬度不同海拔土壤有效镁状况

海拔（m）	样品数	均值（mg/kg）	极小值（mg/kg）	极大值（mg/kg）	标准差（mg/kg）	变异系数（%）
1 300～1 400	10	558.63	30	2 625	801.52	143.48
1 400～1 500	17	485.95	80	1 590	409.73	84.31
1 500～1 600	10	297.00	60	930	308.72	103.95
1 600～1 700	10	345.21	105	620	195.97	56.77
1 700～1 800	7	263.83	50	890	282.08	106.92
1 800～1 900	10	265.03	60	580	175.01	66.03

红云红河集团低纬度不同海拔土壤有效钙状况见表 2－49。由表可知，低纬度不同海拔土壤有效钙存在一定差异，其中以 1 300～1 400m 海拔段土壤有效钙较高，为 3 418.53mg/kg，1 400～1 500m 海拔段土壤有效钙较低，为 1 826.67mg/kg；各个海拔段土壤有效钙表现为中等强度的变异或强变异。

表 2－49　低纬度不同海拔土壤有效钙状况

海拔（m）	样品数	均值（mg/kg）	极小值（mg/kg）	极大值（mg/kg）	标准差（mg/kg）	变异系数（%）
1 300～1 400	10	3 418.53	120	7 740	2 533.60	74.11
1 400～1 500	17	1 826.67	80	5 400	1 766.39	96.70
1 500～1 600	10	2 089.00	125	5 500	1 434.68	68.68
1 600～1 700	10	2 519.98	150	4 747	1 646.28	65.33
1 700～1 800	7	2 262.54	888	3 770	1 039.03	45.92
1 800～1 900	10	2 211.93	850	5 160	1 220.73	55.19

红云红河集团低纬度不同海拔土壤氯离子状况见表 2－50。由表可知，低纬度不同海拔土壤氯离子存在一定差异，其中以 1 700～1 800m 海拔段土壤氯离子较高，为 20.17mg/kg，1 300～1 400m 海拔段土壤氯离子较低，为 17.47mg/kg；各个海拔段土壤氯离子表现为中等强度的变异或强变异。

表 2-50　低纬度不同海拔土壤土壤氯离子状况

海拔（m）	样品数	均值（mg/kg）	极小值（mg/kg）	极大值（mg/kg）	标准差（mg/kg）	变异系数（%）
1 300～1 400	10	17.47	8.65	28.14	6.27	35.90
1 400～1 500	17	19.19	8.22	28.74	6.69	34.85
1 500～1 600	10	18.31	10.01	28.06	6.71	36.68
1 600～1 700	10	18.96	13.05	26.67	5.21	27.48
1 700～1 800	7	20.17	12.18	27.82	5.88	29.17
1 800～1 900	10	18.88	9.13	26.88	5.71	30.23

红云红河集团低纬度不同海拔土壤有效硼状况见表 2-51。由表可知，低纬度不同海拔土壤有效硼存在一定差异，其中以 1 300～1 400m 海拔段土壤有效硼较高，为 0.48mg/kg，1 600～1 700m 和 1 800～1 900m 海拔段土壤有效硼较低，为 0.35mg/kg；各个海拔段土壤有效硼表现为中等强度的变异。

表 2-51　低纬度不同海拔土壤有效硼状况

海拔（m）	样品数	均值（mg/kg）	极小值（mg/kg）	极大值（mg/kg）	标准差（mg/kg）	变异系数（%）
1 300～1 400	10	0.39	0.11	0.65	0.18	46.60
1 400～1 500	17	0.37	0.16	0.61	0.14	38.61
1 500～1 600	10	0.37	0.10	0.62	0.17	47.13
1 600～1 700	10	0.35	0.20	0.63	0.14	41.09
1 700～1 800	7	0.38	0.16	0.65	0.16	40.73
1 800～1 900	10	0.35	0.12	0.55	0.16	43.83

红云红河集团低纬度不同海拔土壤<0.01mm 土壤粒径状况见表 2-52。由表可知，低纬度不同海拔土壤<0.01mm 土壤粒径存在一定差异，其中以 1 800～1 900m 海拔段土壤<0.01mm 土壤粒径较高，为 58.58%，1 600～1 700m海拔段土壤<0.01mm 土壤粒径较低，为 53.10%；各个海拔段土壤<0.01mm 土壤粒径表现为中等强度的变异。

表 2－52　低纬度不同海拔土壤状况<0.01mm 土壤粒径含量

海拔（m）	样品数	均值（%）	极小值（%）	极大值（%）	标准差（%）	变异系数（%）
1 300～1 400	10	56.53	39.79	79.88	12.90	22.82
1 400～1 500	17	53.37	30.56	76.60	11.35	21.27
1 500～1 600	10	53.46	30.94	71.85	14.78	27.64
1 600～1 700	10	53.10	41.92	75.31	10.10	19.02
1 700～1 800	7	53.18	33.66	65.34	10.42	19.59
1 800～1 900	10	56.92	33.67	68.32	12.51	21.97

红云红河集团低纬度不同海拔土壤沙粒状况见表 2－53 中。由表可知，低纬度不同海拔土壤沙粒存在一定差异，其中以 1 700～1 800m 海拔段土壤沙粒较高为 32.42%，1 800～1 900m 海拔段土壤沙粒最低 27.67%；各个海拔段土壤沙粒表现为中等强度的变异。

表 2－53　低纬度不同海拔土壤沙粒状况

海拔（m）	样品数	均值（%）	极小值（%）	极大值（%）	标准差（%）	变异系数（%）
1 300～1 400	10	30.08	18.43	37.67	5.58	18.56
1 400～1 500	17	30.14	19.66	42.05	5.32	17.64
1 500～1 600	10	30.68	21.59	37.16	5.09	16.58
1 600～1 700	10	29.19	23.50	34.80	3.65	12.50
1 700～1 800	7	32.42	24.15	40.83	5.49	16.94
1 800～1 900	10	27.67	22.98	33.59	2.97	10.74

红云红河集团低纬度不同海拔土壤粗粉粒状况见表 2－54。由表可知，低纬度不同海拔土壤粗粉粒存在一定差异，其中以 1 700～1 800m 海拔段土壤粗粉粒较高为 17.49%，1 800～1 900m 海拔段土壤粗粉粒较低，为 14.86%；各个海拔段土壤粗粉粒表现为中等强度的变异。

表 2－54　低纬度不同海拔土壤粗粉粒状况

海拔（m）	样品数	均值（%）	极小值（%）	极大值（%）	标准差（%）	变异系数（%）
1 300～1 400	10	16.16	9.90	20.24	3.00	18.56
1 400～1 500	17	16.19	10.56	22.59	2.86	17.64
1 500～1 600	10	16.48	11.60	19.96	2.73	16.58

（续）

海拔（m）	样品数	均值（%）	极小值（%）	极大值（%）	标准差（%）	变异系数（%）
1 600～1 700	10	15.68	12.63	18.69	1.96	12.50
1 700～1 800	7	17.49	12.97	21.94	3.03	17.35
1 800～1 900	10	14.86	12.35	18.05	1.60	10.74

红云红河集团低纬度不同海拔土壤黏粒状况见表 2－55。由表可知，低纬度不同海拔土壤黏粒存在一定差异，其中以 1 800～1 900m 海拔段土壤黏粒较高，为 36.24%，1 700～1 800m 海拔段土壤黏粒较低，为 28.15%；各个海拔段土壤黏粒表现为中等强度的变异。

表 2－55　低纬度不同海拔土壤黏粒状况

海拔（m）	样品数	均值（%）	极小值（%）	极大值（%）	标准差（%）	变异系数（%）
1 300～1 400	10	33.41	13.31	65.71	16.83	50.38
1 400～1 500	17	30.21	1.49	61.48	14.50	48.02
1 500～1 600	10	29.88	3.12	55.25	17.09	57.20
1 600～1 700	10	30.66	16.20	57.24	12.15	39.62
1 700～1 800	7	28.15	2.28	41.66	13.68	48.58
1 800～1 900	10	35.66	7.85	48.60	14.32	40.14

6　小结

6.1　红云红河云南基地植烟土壤理化性状

云南主植烟区所取土样 pH 平均值为 6.20，pH 在 5.5～6.5 的土样占总样本数的 41.33%，明显低于鄂西南植烟土壤的 68%，这可能与两地气候、土壤类型及栽培方式有关。按不同海拔梯度分组后，组间差异不明显，海拔高于 1 800m 时，pH 在最适宜范围内土样比例超过 50%，明显高于 1 800m 海拔以下土样。同样，海拔高于 1 800m 时，pH 在适宜范围内土样比例也明显高于 1 800m海拔以下土样。

研究结果表明，云南植烟土壤有机质平均含量为 2.83%，低于湖南烟区的 3.54%（罗建新等，2005），这可能与湖南以种植水稻为主，长期施用有机肥以致有机质积累较多有关。按不同海拔梯度分组后，各梯度土壤有机质存在极显著差异，当海拔低于 1 600m 时，土壤有机质适宜比例最高，为 66.07%，海拔在 1 800～2 000m 时该比例最低。随着海拔梯度逐渐升高，土壤有机质丰富比例逐渐增加，两者呈极显著正相关。

速效磷、速效钾和碱解氮在不同海拔分组间均存在极显著差异，有效镁、有效钙、土壤氯离子和有效硼各组间差异不显著。有机质、速效磷、速效钾和有效钙随着海拔梯度的改变，平均值有增高趋势。当海拔在 1 800～2 000m 时，土壤有效钙、有效硼缺乏比例最低，碱解氮适宜比例最低；海拔低于 1 600m时，土壤碱解氮适宜比例最高，速效磷、速效钾、有效镁、有效钙缺乏比例均为最高。土壤海拔高度与土壤速效磷及速效钾含量的相关性达极显著水平，与土壤碱解氮含量相关性达显著水平。

6.2 红云红河云南基地植烟土壤障碍

红云红河云南基地植烟土壤理化性状较好，基本适宜于烤烟生长和烟叶品质，但仍存在部分限制因子，如部分区域土壤碱解氮含量过高，速效钾含量偏低，有效硼含量偏低等。在这部分植烟土壤上，注意优化土壤养分管理，如控制氮素用量，增加钾肥用量，适当补充微量元素，仍然可以生产出优质烟叶。

第三节 云南基地烟叶质量评价及其限制因子

本节以红云红河集团保山市基地烤烟为研究对象，综合分析烟叶物理、外观、化学成分及感官质量总体特征、海拔分布及空间分布特点，为基地烤烟种植区划、确定生产目标、制定提高烤烟外观品质的农业措施提供理论支撑。

2009—2010 年连续 2 年在保山市 5 个县区（隆阳区、施甸县、腾冲县、昌宁县、龙陵县）43 个主要烤烟种植乡镇（西邑、辛街、丙麻、汉庄、金鸡、河图、蒲缥、道街、瓦渡、酒房、万兴、姚关、摆榔、等子、甸阳镇、何元、仁和、老麦、由旺、水长、太平、界头、曲石、固东、滇滩、明光、上营、五合、珠街、鸡飞、耈街、大田坝、柯街、卡斯、翁堵、更嘎、温泉、腊勐、木城、河头、平达、龙山、龙江）固定取样点 126 个，采集烟叶样品共 252 套（每套包含 B2F、C3F、X2F 各 1 个，每个 5kg），主要品种为 K326、红花大金元（以下简称红大）、云烟 85、云烟 87，并记录烟叶采集点经纬度与海拔高度。

1 保山市烟叶物理质量总体特征

1.1 保山市烟叶物理质量描述性统计

保山市烟叶物理质量总体状况见表 2－56。由表可知，保山市烟叶叶长平均值为 60.88cm，变化范围在 48.10～77.80cm，变幅为 29.70cm；叶宽平均值为 20.60cm，变化范围在 10.30～25.00cm，变幅为 14.70cm；开片度平均值为 0.29，最小值为 0.21，最大值为 0.46，变幅为 0.25；单叶重平均值为 10.54g，变化范围在 7.03～15.14g，变幅 8.11g；密度平均值为0.71mg/cm³，变化范围在 0.34～1.12mg/cm³，变幅为 0.78mg/cm³；含梗率平均值为 29.14%，变化范围在 14.10%～44.44%，变幅为 20.34%；平衡含水率平均值为 13.57%，变化范围在 10.78%～15.83%，变幅为 5.05%。就变异系数而言，保山市烟叶物理质量变异系数最大的指标是密度，达 23.21%，变异系数最小的指标是平衡含水率，为 7.55%，各物理质量指标变异系数大小依次为：密度＞含梗率＞叶宽＞单叶重＞开片度＞叶长＞平衡含水率，变异系数均小于 25%，均属低强度变异，说明各物理质量指标分布较均衡。综合而言，保山市烟叶物理质量较好，可能与保山市标准化生产技术体系的到位率较高有关。

表 2-56　保山市烟叶物理质量总体特征描述性统计（n=756）

项目	平均值	最大值	最小值	标准差	变异系数（%）
叶长（cm）	60.88	77.80	48.10	5.26	8.64
叶宽（cm）	20.60	25.00	10.30	3.22	18.29
开片度	0.29	0.46	0.21	0.04	13.98
单叶重（g）	10.54	15.14	7.03	1.67	14.51
密度（mg/cm³）	0.71	1.12	0.34	0.16	23.21
含梗率（%）	29.14	44.44	14.10	6.31	21.64
平衡含水率（%）	13.57	15.83	10.78	1.02	7.55

1.2　烟叶物理质量海拔分布特征

保山市烟叶不同海拔物理质量特征如图 2-4 所示。由该图可知，保山市烟叶物理质量受海拔高度影响较大，除烟叶平衡含水率基本不受海拔高度影响外，其余不同等级烟叶各物理质量指标均受海拔高度影响较明显。保山市不同等级烟叶叶长（图 2-4a）随海拔高度升高呈下降趋势，但海拔高度对 X2F 叶长的影响略小于 B2F 和 C3F。不同等级叶宽（图 2-4b）随海拔高度升高而逐渐变小，就下降趋势而言，海拔高度对不同等级叶宽的影响依次为 C3F＞B2F＞X2F。不同等级烟叶开片度（图 2-4c）基本随海拔高度升高而降低，就下降趋势来看，海拔高度对 B2F 开片度的影响略小于 C3F 及 B2F。不同等级烟叶单叶重均呈现随海拔升高而降低的趋势，且海拔高度对 B2F 单叶重的影响略小于 C3F 及 B2F。不同等级烟叶密度（图 2-4d）、含梗率（图 2-4e）则随海拔高度升高呈现增加的趋势，C3F 密度随海拔升高增加的趋势略缓于 B2F 和 X2F，B2F 含梗率随海拔升高增加的趋势略缓于 C3F 和 X2F，说明海拔高度对 C3F 密度的影响略小于 B2F 和 X2F，对 B2F 含梗率的影响略小于 C3F 和

X2F。各等级平衡含水率（图 2-4f）随海拔高度变化特征不明显，其中 B2F 平衡含水率随海拔高度变化基本无变化，而 C3F 和 X2F 平衡含水率随海拔高度升高略呈下降趋势。

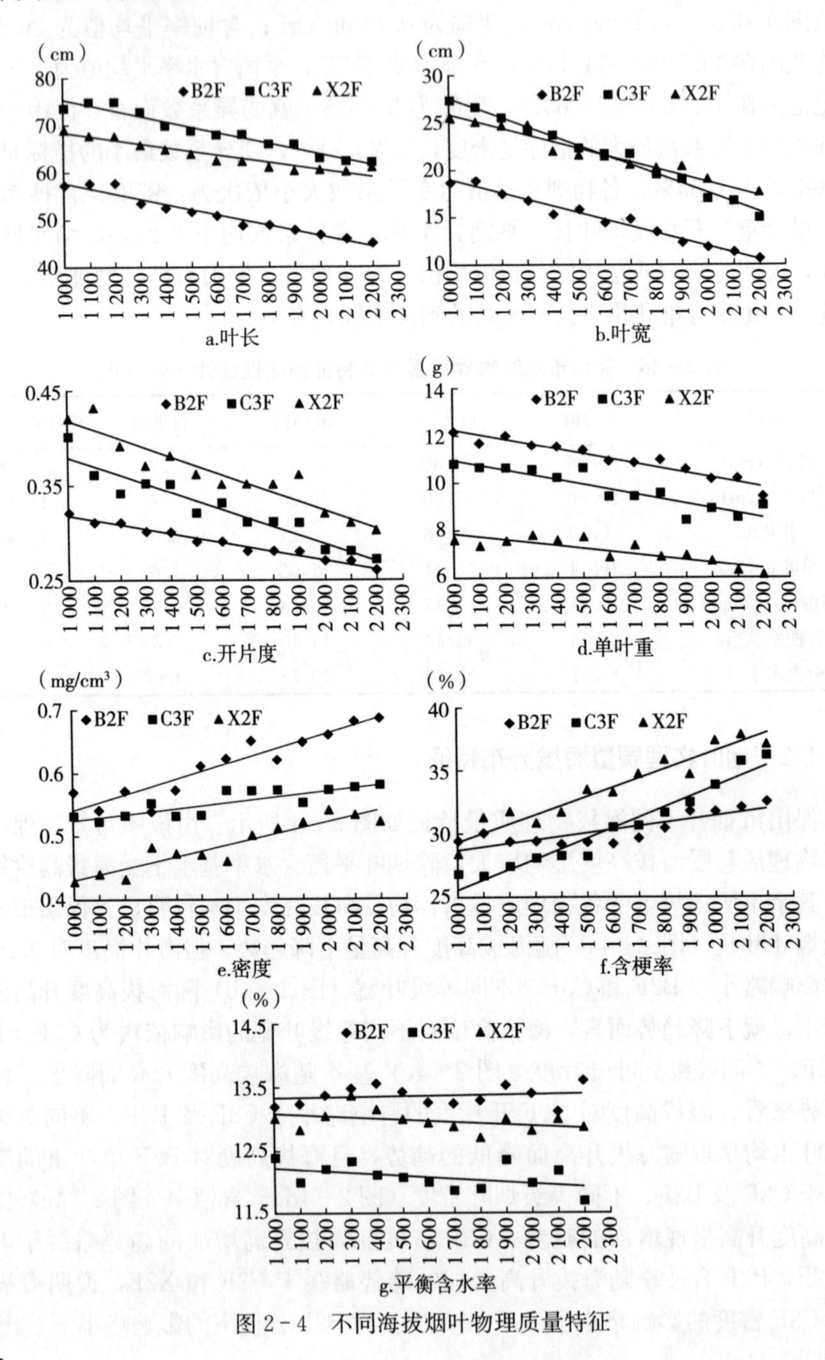

图 2-4 不同海拔烟叶物理质量特征

保山市烟叶物理质量与海拔高度的相关性列于表2-57。由该表可知，保山市不同等级烟叶物理质量整体与海拔高度相关性明显，除各等级平衡含水率与海拔高度相关不显著外，各等级其余各项物理质量指标与海拔高度均呈现高度直线相关关系，相关性均达到显著水平（$P=0.01$）。其中叶长、叶宽、开片度、单叶重均与海拔高度呈负相关关系（$P=0.01$），而含梗率、密度则均与海拔高度呈正相关（$P=0.01$）。

以上结果表明，保山市烟叶物理质量整体受海拔高度影响显著，进而对烟叶产量、工业可用性产生较大影响，因而在进行烤烟种植布局时，应充分考虑海拔高度对烟叶物理质量的影响程度。

表2-57　海拔高度与烟叶物理质量的关系

项目	等级	回归方程	相关系数（r）	决定系数（R^2）
叶长	B2F	$y=-0.007x+75.71$	0.959**	0.919
	C3F	$y=-0.011x+86.46$	0.975**	0.951
	X2F	$y=-0.011x+68.95$	0.979**	0.958
叶宽	B2F	$y=-0.007x+25.95$	0.986**	0.973
	C3F	$y=-0.01x+37.44$	0.993**	0.986
	X2F	$y=-0.007x+32.70$	0.969**	0.938
开片度	B2F	$y=-5E-05x+0.362$	0.986**	0.972
	C3F	$y=-9E-05x+0.467$	0.952**	0.906
	X2F	$y=-9E-05x+0.510$	0.942**	0.887
单叶重	B2F	$y=-0.002x+14.12$	0.963**	0.928
	C3F	$y=-0.002x+12.88$	0.902**	0.813
	X2F	$y=-0.001x+9.029$	0.858**	0.737
密度	B2F	$y=0.000\,12x+0.418$	0.935**	0.875
	C3F	$y=5E-05x+0.478$	0.841**	0.708
	X2F	$y=9E-05x+0.338$	0.930**	0.864
含梗率	B2F	$y=0.002x+26.08$	0.837**	0.700
	C3F	$y=0.008x+17.38$	0.973**	0.947
	X2F	$y=0.007x+22.40$	0.958**	0.918
平衡含水率	B2F	$y=6E-05x+13.27$	0.148	0.022
	C3F	$y=-0.000\,018x+12.47$	0.176	0.073
	X2F	$y=-0.000\,025x+13.25$	0.162	0.058

注：* 0.05水平相关显著；** 0.01水平相关显著。

2 保山市烟叶外观质量总体特征

2.1 保山市烟叶质量描述性统计

表 2-58 所列为保山市烟叶外观质量总体状况。由该表可看出，保山市烟叶外观质量得分最高的指标为烟叶结构，平均得分为 8.80，最低的指标为色度，平均为 7.84，各指标得分从高到低依次为：结构＞油分＞身份＞颜色＞色度＞成熟度。变幅最大的外观质量指标是色度，得分为 5.00，变幅最小的指标是结构和油分，为 4.00，各外观质量指标变幅由低到高依次为：油分＝结构＜成熟度＜身份＜颜色＜色度。就各指标变异系数而言，色度变异系数最大，为 14.64%，结构变异系数最小，为 6.64%，各指标变异系数大小依次为：色度＞颜色＞身份＞成熟度＞油分＞结构，均小于 25%，说明保山市烟叶各外观质量指标变异程度均较低，整体外观质量较均衡。

表 2-58 保山市烟叶外观质量总体特征描述性统计（n=756）

项目	平均值	最大值	最小值	标准差	变异系数（%）
颜色	7.91	10.00	5.00	0.94	11.86
成熟度	8.34	10.00	5.00	0.78	10.24
身份	8.40	10.00	5.00	0.95	11.35
结构	8.80	10.00	6.00	0.58	6.64
油分	8.75	10.00	6.00	0.63	7.18
色度	7.84	9.00	4.00	1.15	14.64

2.2 烟叶外观质量海拔分布特征

保山市不同海拔高度烟叶外观质量特征状况见图 2-5。由图可知，保山市各等级烟叶外观质量随海拔高度变化趋势明显，除色度受海拔高度影响较小外，其余各外观质量指标受海拔高度影响均较大，且均呈现随海拔高度升高而降低的趋势。烟叶外观质量与海拔高度的相关分析表明（表 2-59），除 B2F 和 X2F 的色度与海拔高度相关性不显著外，各等级其余各外观质量指标均与海拔高度呈现直线负相关关系，且相关性达到 0.01 显著水平。以上结果说明，保山市烟叶受海拔高度的影响显著，进而对烟农收益产生较大影响。因此，在进行烤烟种植布局时，应考虑海拔高度对烟叶外观质量的影响。

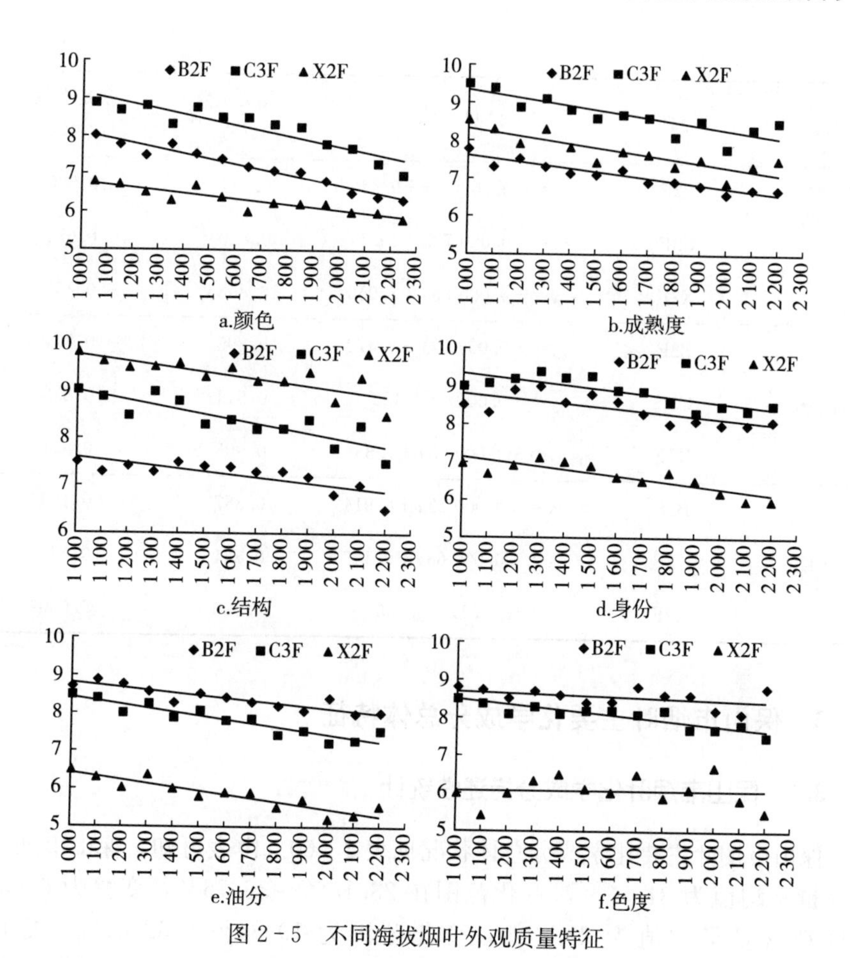

图 2-5　不同海拔烟叶外观质量特征

表 2-59　海拔高度与烟叶外观质量的关系

项目	等级	回归方程	相关系数 (r)	决定系数 (R^2)
颜色	B2F	$y=-0.139x+8.157$	0.975**	0.951
	C3F	$y=-0.140x+9.203$	0.909**	0.826
	X2F	$y=-0.071x+6.792$	0.891**	0.794
成熟度	B2F	$y=-0.000\,84x+8.414$	0.936**	0.876
	C3F	$y=-0.001x+10.35$	0.851**	0.725
	X2F	$y=-0.001x+9.292$	0.844**	0.713
结构	B2F	$y=-0.000\,59x+8.163$	0.784**	0.614
	C3F	$y=-0.001x+9.981$	0.854**	0.730
	X2F	$y=-0.000\,73x+10.492$	0.815**	0.664

（续）

项目	等级	回归方程	相关系数 (r)	决定系数 (R^2)
身份	B2F	$y=-0.000\ 65x+9.446$	0.711**	0.505
	C3F	$y=-0.000\ 78x+10.11$	0.820**	0.672
	X2F	$y=-0.000\ 83x+7.950$	0.868**	0.753
油分	B2F	$y=-0.000\ 67x+9.472$	0.895**	0.801
	C3F	$y=-0.001x+9.420$	0.914	0.835
	X2F	$y=-0.000\ 95x+7.358$	0.908**	0.824
色度	B2F	$y=-0.000\ 23x+8.914$	0.387	0.150
	C3F	$y=-0.000\ 68x+9.143$	0.881**	0.776
	X2F	$y=2E-05x+6.026$	0.000	0.000

3 保山市烟叶主要化学成分总体特征

3.1 保山市烟叶化学成分描述性统计

保山市烟叶主要化学成分总体状况见表 2 - 60。由表可知，保山市烟叶总糖含量平均值为 31.53%，变化范围在 28.13%～36.76%，变幅为 6.63%；还原糖含量平均值为 23.44%，变化范围为 19.34%～32.01%，变幅为 12.67%；总烟碱含量平均值为 2.28%，变化范围在 1.30%～3.53%，变幅为 2.23%；总氮含量平均值为 2.10%，变化范围为 1.11%～3.30%，变幅为 2.19%；烟叶含钾量平均值为 2.88%，变化范围为 0.87%～4.65%，变幅为 3.78%；烟叶含氯量平均值为 0.33%，变化范围为 0.05%～0.58%，变幅为 0.53%；蛋白质平均含量为 8.93%，变化范围为 7.25%～10.53%，变幅为 3.28%。烟叶两糖差平均值为 8.09%，变化范围为 4.69%～9.39%，变幅为 4.70%；钾氯比平均值为 9.34，变化范围为 4.32～25.61，变幅高达 21.29；糖碱比平均值为 10.68，变化范围为 6.96～18.33，变幅为 11.37；氮碱比平均值为 0.94，变化范围为 0.60～1.70，变幅为 1.10；施木克值平均值为 3.56，变化范围为 2.85～4.92。

就变异系数而言，保山市烟叶主要化学成分各指标变异系数最大的是钾氯比，为 40.38%，最小的是总糖，为 5.83%，各指标变异系数由高到低依次为：钾氯比＞含氯量＞含钾量＞总氮＞总烟碱＞糖碱比＞氮碱比＞两糖差＞还原糖＞施木克值＞蛋白质＞总糖，其中，变异系数大于25%的指标有钾氯比和含氯量，属中等变异强度指标；其余10项指标变异系数均小于25%，均属于低强度变异指标。上述结果表明，保山市烟叶主要化学成分指标变化情况不尽一致，钾氯比和含氯量变异系数较大，可能与该烟区土壤含氯量变化较大有关。

表2-60　保山市烟叶主要化学成分总体特征描述性统计（n=756）

项目	平均值	最大值	最小值	标准差	变异系数（%）
总糖（%）	31.53	36.76	28.13	1.84	5.83
还原糖（%）	23.44	32.01	19.34	2.52	10.77
总烟碱（%）	2.28	3.53	1.30	0.47	20.76
总氮（%）	2.10	3.30	1.11	0.46	21.93
含钾量（%）	2.88	4.65	0.87	0.72	24.87
含氯量（%）	0.33	0.58	0.05	0.10	29.97
蛋白质（%）	8.93	10.53	7.25	0.70	7.82
两糖差（%）	8.09	9.39	4.69	0.91	11.21
钾氯比	9.34	25.61	4.32	3.77	40.38
糖碱比	10.68	18.33	6.96	2.13	19.94
氮碱比	0.94	1.70	0.60	0.17	18.37
施木克值	3.56	4.92	2.85	0.37	10.42

3.2　烟叶主要化学海拔分布成分特征

保山市不同海拔高度烟叶主要化学成分见图2-6。由图可知，保山市烟叶各主要化学成分均不同程度受海拔高度的影响，且随海拔高度变化的趋势不尽一致。

总糖（图2-6a）、还原糖（图2-6b）、总烟碱（图2-6c）、总氮（图2-6d）和两糖差（图2-6l）随海拔高度升高均呈现先升高而后降低的趋势，总烟碱随海拔变化程度最为平缓，总氮、两糖差变化程度缓于总糖和还原糖的变化。烟叶含钾量（图2-6e）随海拔升高整体呈现“下降-平缓-下降”的趋势，在海拔1 400m后趋于缓和，在1 900m后再下降。烟叶含氯量（图2-6f）随海拔升高呈现w形变化，以1 000m海拔段含氯量最高，1 400m海拔段含氯

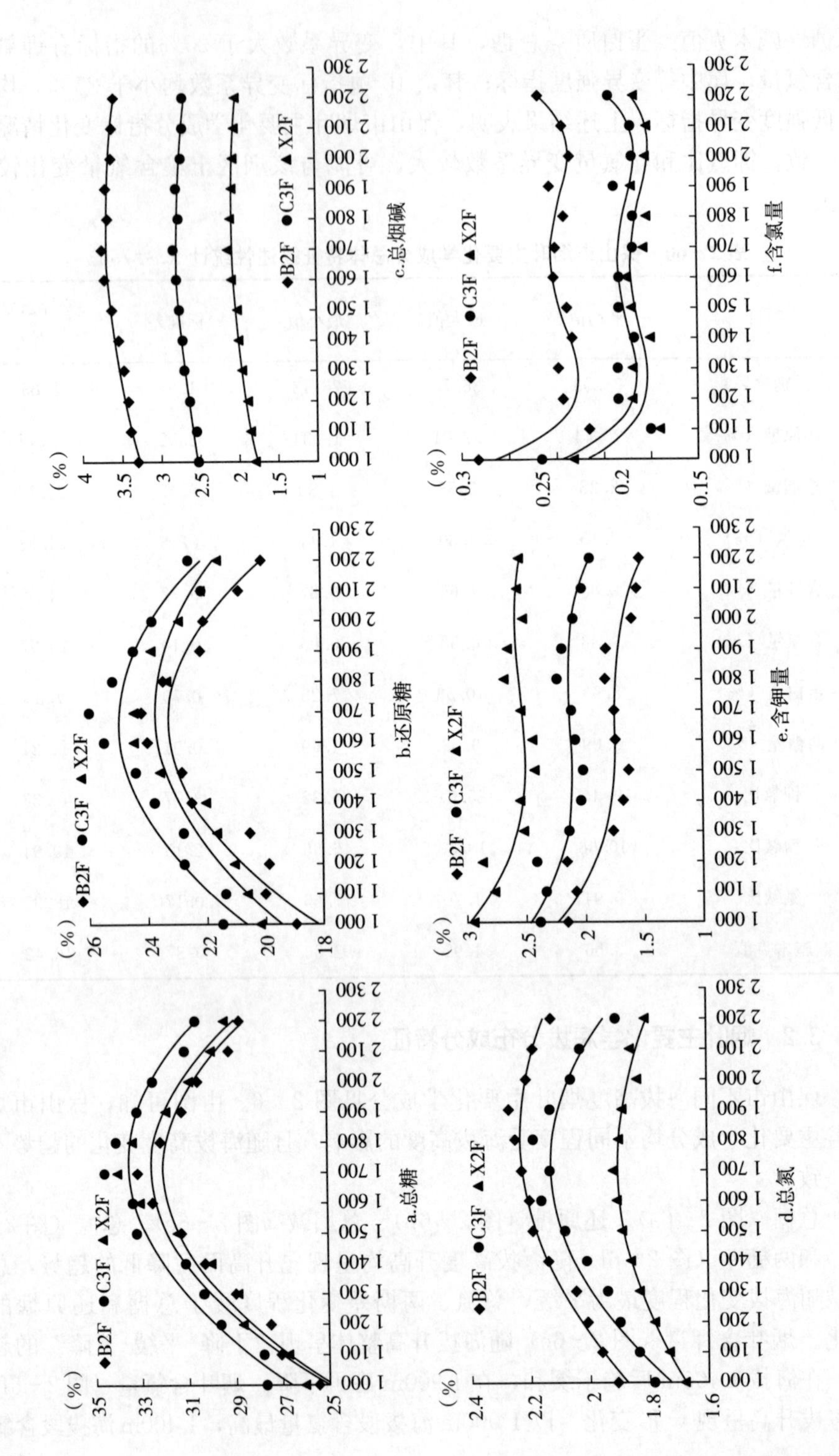
a.总糖
b.还原糖
c.总烟碱
d.总氮
e.含钾量
f.含氯量
B2F
C3F
X2F
(%)

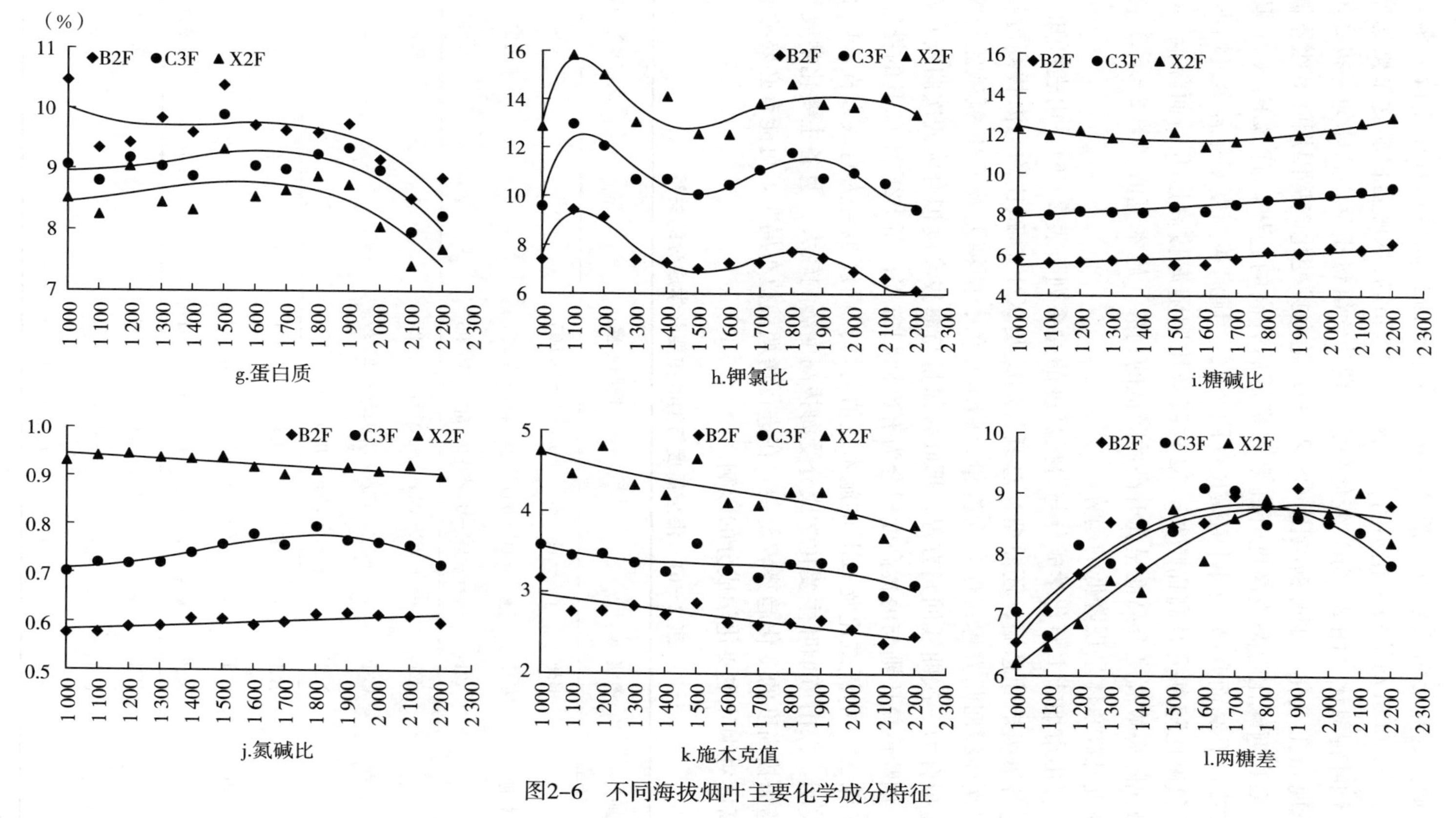

图2-6　不同海拔烟叶主要化学成分特征

量最低。烟叶蛋白质含量（图 2－6g）整体随海拔高度增加呈下降趋势，在 1 000～1 900m 海拔段变化不明显，海拔 1 900m 后烟叶蛋白质含量则急剧下降。烟叶钾氯比（图 2－6h）变化趋势与烟叶含氯量相反，总体随海拔高度升高呈现 m 形变化。烟叶糖碱比（图 2－6i）随海拔变化趋势因烟叶等级不同而异，X2F 糖碱比随海拔高度升高呈先降低后升高的趋势，而 B2F、C3F 则随海拔高度升高而升高。烟叶氮碱比（图 2－6j）随海拔高度变化各等级均不同，B2F 氮碱比随海拔升高而增加，X2F 氮碱比则随海拔高度升高而降低，C3F 氮碱比随海拔高度升高而呈先升高后降低的趋势。施木克值（图 2－6k）随海拔高度升高总体呈现降低的趋势。

保山市烟叶主要化学成分与海拔高度的关系列于表 2－61。由表可知，保山市各等级烟叶总糖、还原糖、总氮、烟碱及 X2F 糖碱比均与海拔高度拟合为二次曲线回归方程；烟叶含钾量、施木克值、两糖差及 C3F 氮碱比与海拔高度拟合为三次曲线回归方程；烟叶含氯量与海拔高度拟合为四次曲线回归方程；烟叶钾氯比则与海拔高度拟合为五次回归方程；而 B2F 和 C3F 的糖碱比、B2F 和 X2F 的氮碱比及 B2F 的施木克值与海拔高度拟合为直线方程。以上结果表明，保山市烟叶主要化学成分受海拔高度影响较大，且各主要化学成分指标随海拔高度的变化趋势较复杂，在进行烤烟种植布局时，可能有必要考虑海拔高度对烟叶主要化学成分的影响。

表 2－61　海拔高度与烟叶主要化学成分的关系

项目	等级	回归方程	决定系数（R^2）
总糖	B2F	$y=-1E-05x^2+0.049x-9.805$	0.934
	C3F	$y=-1E-05x^2+0.044x-5.222$	0.915
	X2F	$y=-1E-05x^2+0.050x-10.96$	0.899
还原糖	B2F	$y=-9E-06x^2+0.029x-1.127$	0.851
	C3F	$y=-1E-05x^2+0.032x-2.339$	0.827
	X2F	$y=-1E-05x^2+0.038x-8.409$	0.857
总氮	B2F	$y=-4E-07x^2+0.001x+0.601$	0.971
	C3F	$y=-8E-07x^2+0.002x-0.174$	0.918
	X2F	$y=-5E-07x^2+0.002x+0.461$	0.963
总烟碱	B2F	$y=-5E-07x^2+0.001x+0.538$	0.936
	C3F	$y=-5E-07x^2+0.001x+1.204$	0.947
	X2F	$y=-7E-07x^2+0.002x+1.569$	0.927

（续）

项目	等级	回归方程	决定系数（R^2）
含钾量	B2F	$y=-2E-09x^3+8E-06x^2-0.013x+9.221$	0.777
	C3F	$y=-2E-09x^3+8E-06x^2-0.012x+8.823$	0.707
	X2F	$y=-1E-09x^3+7E-06x^2-0.012x+9.833$	0.739
含氯量	B2F	$y=7E-13x^4-5E-09x^3+1E-05x^2-0.012x+5.007$	0.708
	C3F	$y=6E-13x^4-4E-09x^3+1E-05x^2-0.010x+4.252$	0.621
	X2F	$y=5E-13x^4-3E-09x^3+8E-06x^2-0.008x+3.572$	0.626
蛋白质	B2F	$y=-4E-09x^3+2E-05x^2-0.023x+20.97$	0.587
	C3F	$y=-3E-09x^3+1E-05x^2-0.012x+14.11$	0.578
	X2F	$y=-2E-09x^3+7E-06x^2-0.007x+10.84$	0.607
糖碱比	B2F	$y=0.000\,7x+4.787$	0.631
	C3F	$y=0.001x+6.831$	0.847
	X2F	$y=2E-06x^2-0.007x+17.40$	0.793
氮碱比	B2F	$y=3E-05x+0.557$	0.598
	C3F	$y=-2E-10x^3+1E-06x^2-0.001x+1.256$	0.873
	X2F	$y=-3E-05x+0.977$	0.650
钾氯比	B2F	$y=1E-13x^5-1E-09x^4+3E-06x^3-0.005x^2+3.920x-1\,188$	0.936
	C3F	$y=1E-13x^5-1E-09x^4+4E-06x^3-0.006x^2+4.824x-1\,472$	0.842
	X2F	$y=2E-12x^5-8E-09x^4+2E-05x^3-0.021x^2+14.02x-3\,723$	0.727
施木克值	B2F	$y=-0.000\,43x+3.382\,15$	0.727
	C3F	$y=-1E-09x^3+5E-06x^2-0.007x+7.138$	0.602
	X2F	$y=-7E-10x^3+3E-06x^2-0.005x+7.658$	0.724
两糖差	B2F	$y=2E-09x^3-1E-05x^2+0.024x-8.027$	0.867
	C3F	$y=-6E-10x^3-1E-06x^2+0.009x-0.991$	0.822
	X2F	$y=-2E-09x^3+9E-06x^2-0.006x+6.218$	0.902

4　保山市烟叶感官质量总体特征

4.1　保山市烟叶感官质量描述性统计

保山市烟叶感官质量总体状况见表2-62。由表可知，保山市烟叶香气质平均得分为7.14，最高得分为9.86，最低得分为3.78，变幅为6.08；香气量平均得分为7.25，最高得分为9.80，最低得分为4.14，变幅为5.66；浓度平均得分7.04，最高得分8.75，最低得分为4.69，变幅为4.06；劲头平均得分为7.88，最高得分为9.25，最低的得分为5.65，变幅为3.60；杂气平均得分为7.71，最高得分为9.47，最低得分为5.42，变幅为4.05；刺激性平均得分为7.39，最高得分为9.38，最低得分为4.95，变幅为4.43；余味平均得分为6.93，最高得分为9.05，最低得分为4.49，变幅为4.56；燃烧性平均得分为8.00，最高得分为9.30，最低得分为6.83，变幅为2.47；灰色平均得分为7.82，最高得分为9.30，最低得分为6.43，变幅为2.87；评吸总分平均为67.16，最高得分为79.03，最低得分为51.56，变幅为27.47。就变异系数而言，变异系数最大的评吸指标是香气质，变异系数为17.16%，最小的是燃烧性，变异系数为6.56%，变异系数由高到低依次为：香气质＞香气量＞余味＞刺激性＞浓度＞杂气＞劲头＞评吸总分＞灰色＞燃烧性。各指标变异系数均小于25%，均属弱变异。

表2-62　保山市烟叶感官质量总体特征描述性统计（$n=756$）

项目	平均值	最大值	最小值	标准差	变异系数(%)
香气质	7.14	9.86	3.78	1.23	17.16
香气量	7.25	9.80	4.14	1.16	15.96
浓度	7.04	8.75	4.69	0.80	11.39
劲头	7.88	9.25	5.65	0.76	9.71
杂气	7.71	9.47	5.42	0.80	10.39
刺激性	7.39	9.38	4.95	0.90	12.17
余味	6.93	9.05	4.49	0.98	14.16
燃烧性	8.00	9.30	6.83	0.52	6.56
灰色	7.82	9.30	6.43	0.63	8.10
评吸总分	67.16	79.03	51.56	5.75	8.57

4.2　烟叶感官质量海拔分布特征

图2-7所示为保山市不同海拔高度烟叶感官质量特征。由该图可知，保山市烟叶感官质量整体受海拔高度影响较大，除燃烧性及平衡含水率随海拔高度变化趋势不明显外，其余各感官质量指标均随海拔高度呈现明显的变化趋

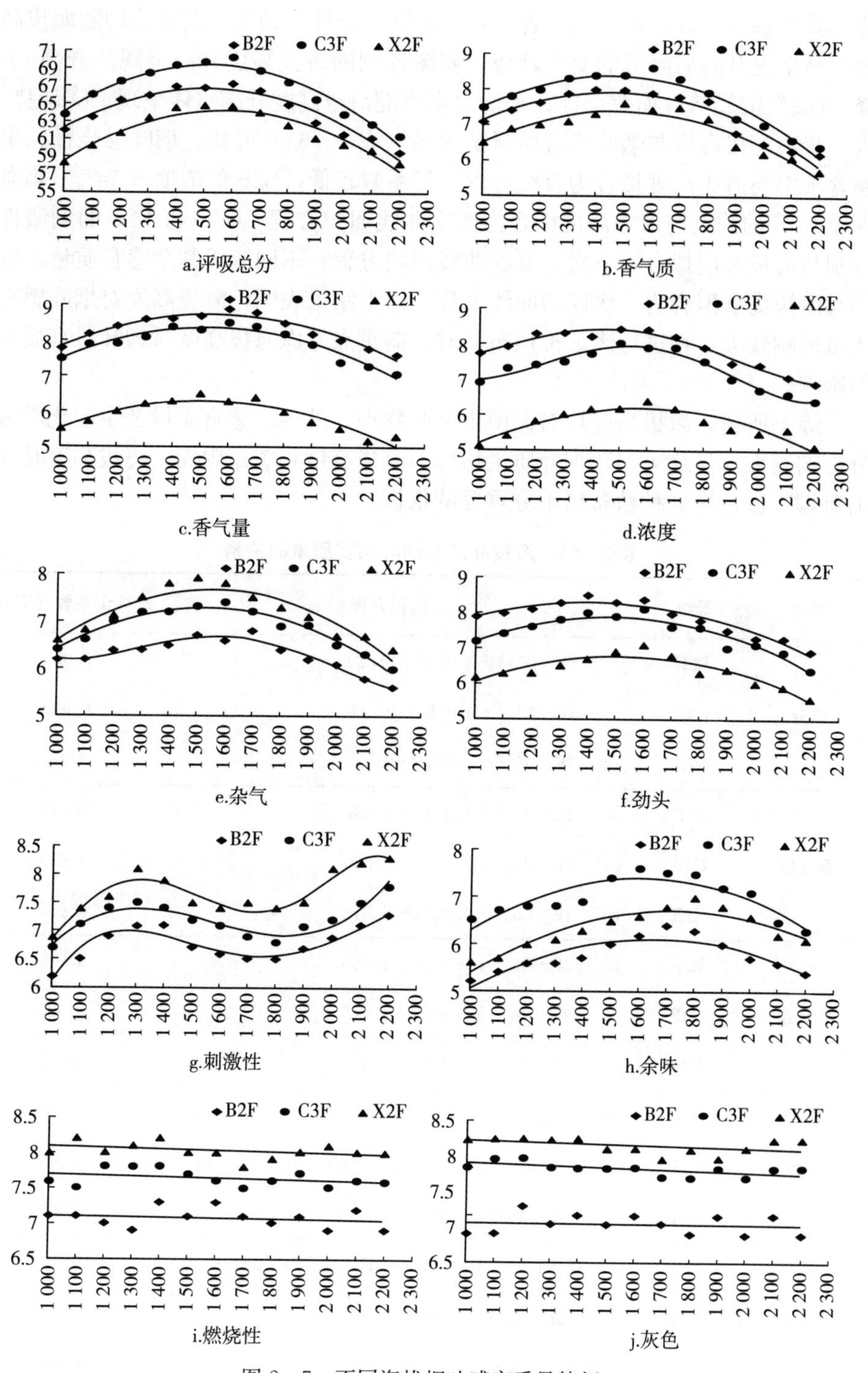

图 2－7　不同海拔烟叶感官质量特征

势。其中感官总分、香气质、香气量、浓度、杂气、劲头、余味等均随海拔高度升高呈先升高后降低的变化趋势，刺激性则随海拔高度升高呈现“升高-下降-升高”的趋势，而燃烧性、平衡含水率随海拔高度升高整体呈现下降趋势。进一步由海拔高度与烟叶感官质量的关系（表 2-63）可知，烟叶燃烧性、平衡含水率与海拔高度拟合为直线方程，但系数较低；B2F 的浓度、杂气、刺激性及 C3F 的浓度与海拔高度拟合为四次曲线回归方程，C3F 和 X2F 的刺激性分别与海拔高度拟合为三次、五次曲线回归方程，不同等级其余感官质量指标均与海拔高度拟合为二次回归曲线方程。以上结果表明，海拔高度对烟叶感官质量影响较大，在进行烤烟种植布局时，需重点考虑海拔高度对烟叶感官质量的影响。

综上所述，海拔高度均对保山市烟叶物理、外观、感官质量及主要化学成分影响较大，且绝大多数烟叶质量指标与海拔高度相关。因而，海拔高度是保山市烟区进行烤烟种植布局十分重要的依据。

表 2-63　海拔高度与烟叶感官质量的关系

项目	等级	回归方程	决定系数（R^2）
总分	B2F	$y=-2E-05x^2+0.050x+28.22$	0.938
	C3F	$y=-2E-05x^2+0.058x+25.00$	0.949
	X2F	$y=-2E-05x^2+0.054x+21.20$	0.923
香气质	B2F	$y=-4E-06x^2+0.010x-0.037$	0.912
	C3F	$y=-4E-06x^2+0.012x-0.560$	0.938
	X2F	$y=-4E-06x^2+0.011x-0.913$	0.905
香气量	B2F	$y=-3E-06x^2+0.009x+1.659$	0.940
	C3F	$y=-3E-06x^2+0.009x+1.017$	0.925
	X2F	$y=-3E-06x^2+0.008x-0.412$	0.881
浓度	B2F	$y=4E-12x^4-2E-08x^3+4E-05x^2-0.034x+16.75$	0.965
	C3F	$y=1E-11x^4-6E-08x^3+0.000x^2-0.125x+49.14$	0.960
	X2F	$y=-3E-06x^2+0.009x-1.394$	0.862
杂气	B2F	$y=5E-12x^4-3E-08x^3+7E-05x^2-0.073x+32.08$	0.946
	C3F	$y=-3E-06x^2+0.009x+0.015$	0.962
	X2F	$y=-4E-06x^2+0.011x-0.930$	0.890

（续）

项目	等级	回归方程	决定系数（R^2）
劲头	B2F	$y=-2E-06x^2+0.006x+3.689$	0.922
	C3F	$y=-3E-06x^2+0.008x+1.424$	0.907
	X2F	$y=-3E-06x^2+0.008x+0.608$	0.844
刺激性	B2F	$y=-7E-12x^4+5E-08x^3-0.000x^2+0.151x-55.02$	0.901
	C3F	$y=6E-09x^3-3E-05x^2+0.045x-15.48$	0.907
	X2F	$y=-2E-14x^5+2E-10x^4-5E-07x^3+0.000x^2-0.462x+123.4$	0.919
余味	B2F	$y=-2E-06x^2+0.008x-0.645$	0.823
	C3F	$y=-3E-06x^2+0.009x-0.339$	0.796
	X2F	$y=-2E-06x^2+0.008x-0.657$	0.882
燃烧性	B2F	$y=-6E-05x+7.173$	0.029
	C3F	$y=-9E-05x+7.779$	0.093
	X2F	$y=-9E-05x+8.172$	0.111
灰色	B2F	$y=-2E-05x+6.934$	0.003
	C3F	$y=-9E-05x+7.633$	0.285
	X2F	$y=-7E-05x+7.852$	0.131

5　小结

5.1　保山市烟叶质量海拔分布特征

保山市烟叶物理质量受海拔高度影响较大，除烟叶平衡含水率基本不受海拔高度影响外，其余不同等级烟叶各物理质量指标均受海拔高度影响较明显，均呈现随海拔高度升高而降低的趋势，与海拔高度相关性均达到显著水平（$P=0.01$）。

保山市各等级烟叶外观质量随海拔高度变化趋势明显，除色度受海拔高度影响较小外，其余各外观质量指标受海拔高度影响均较大，且均呈现随海拔高度升高而降低的趋势，各等级其余各外观质量指标均与海拔高度呈现直线负相关关系，且相关性达到显著水平（$P=0.01$）。

保山市烟叶各主要化学成分均不同程度受海拔高度的影响，且随海拔高度变化的趋势不尽一致。各等级烟叶总糖、还原糖、总氮、烟碱及 X2F 的糖碱比均与海拔高度拟合为二次曲线回归方程；烟叶含钾量、施木克值、两糖差及 C3F 的氮碱比与海拔高度拟合为三次曲线回归方程；烟叶含氯量与海拔高度拟合为四次曲线回归方程；烟叶钾氯比则与海拔高度拟合为五次曲线回归方程；而 B2F 和 C3F 的糖碱比、B2F 和 X2F 的氮碱比及 B2F 的施木克值与海拔高度拟合为直线方程。

保山市烟叶感官质量整体受海拔高度影响较大，除燃烧性及平衡含水率随海拔高度变化趋势不明显外，其余各感官质量指标均随海拔高度呈现明显的变化趋势。其中感官总分、香气质、香气量、浓度、杂气、劲头、余味等均随海拔高度升高大体呈现先升高后降低的变化趋势，刺激性则随海拔高度升高呈现“升高-下降-升高”的趋势，而燃烧性、平衡含水率随海拔高度升高整体呈现下降趋势。

5.2 烟叶品质障碍及海拔对烟叶质量的影响

保山市烟叶质量海拔高度分布特征表明，烟叶物理质量、外观质量、主要化学成分及烟叶感官质量随海拔高度变化均呈现一定的规律。叶长、叶宽、开片度随海拔高度升高而变短、变窄、变小，特别是海拔达到 1 700m 以上时，叶宽、开片度已低于优质烟叶标准，叶片呈典型的“海带烟”（细长的烟叶），烟叶含梗率、密度随海拔高度升高而增加，海拔 1 700m 以上时，含梗率超过 30%，这一结果与陈传孟（1997）、李永智（2010）、马继良（2011）研究结果一致；研究结果表明，保山市烟叶外观质量得分随海拔高度增加而降低，特别是当海拔达 1 700m 以上时，烟叶成熟度、组织结构和颜色得分均大幅下降。海拔高度对烟叶化学成分的影响较为复杂，其中钾含量受海拔升高的负面影响较大，当海拔超过 1 800m 时，烟叶钾含量加速下降。

综上，红云红河保山市基地烟叶质量较好，部分海拔超过 1 700m 的区域存在一定的品质障碍，如下：叶宽变窄，开片率下降、含梗率大幅增加，烟叶成熟度、组织结构和颜色得分均大幅下降，烟叶钾含量加速下降。

第四节　本章小结

通过对红云红河烟草集团云南基地气象条件、土壤质量和烟叶质量进行全面分析，初步掌握了基地的生态条件和烟叶质量现状及其限制因子，概述如下：

（1）红云红河烟叶基地光照充足、雨量充沛，温度基本适宜，但也存在一些不足和障碍，如成熟期降水量过高，以及高海拔区域（>1 700m）大田期特别是成熟期温度偏低，对于上部烟叶开片和烟叶成熟落黄存在不利影响，是红云红河烟叶基地主要气象限制因子。

（2）红云红河云南基地植烟土壤理化性状较好，基本适宜于烤烟生长和烟叶品质，但仍存在部分限制因子，如部分区域土壤碱解氮含量过高、速效钾含量偏低、有效硼含量偏低等。在这部分植烟土壤中，注意优化土壤养分管理（如控制氮素用量，增加钾肥用量，适当补充微量元素），仍然可以生产出优质烟叶。

（3）红云红河保山市基地烟叶质量较好，部分海拔超过 1 700m 的区域存在一定的品质障碍，如叶宽变窄，开片率下降、含梗率大幅增加，烟叶成熟度、组织结构和颜色得分均大幅下降，烟叶钾含量加速下降。

通过以上研究发现，红云红河集团云南基地的生态条件在海拔 1 700m 以上区域普遍存在成熟期温度偏低，以及大部分烟区存在成熟期雨量偏高这两个重要障碍；而随后的烟叶质量分析也印证了生态因子的分析，即在海拔 1 700m以上区域，烟叶质量出现一系列品质障碍（如叶宽变窄，开片率下降、含梗率大幅增加，烟叶成熟度、组织结构和颜色得分均大幅下降，烟叶钾含量加速下降等）。因此，红云红河云南基地大部分区域生态条件适宜，烟叶质量较好。海拔在 1 700m 以上的区域烟叶质量存在一定障碍，而高海拔高度是这部分区域烤烟品质障碍的主要成因；不同海拔高度差异最大的生态因子是温度，初步推断高海拔区域的较低温度是造成烟叶品质障碍的直接原因。

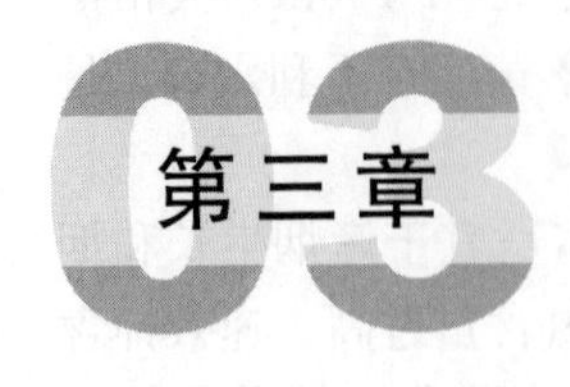

第三章 云南烟叶品质对海拔的响应

生态条件是烟叶品质的主要影响因素，烟叶质量风格的形成是多种环境因素共同作用的结果，光、温、水、肥、气、热等都是影响烟叶品质的重要生态因子，而这些因子往往随海拔高度的变化而发生相应改变，因此，海拔高度不是单一的因子，而是一个综合性的生态指标。云南烟区海拔差异大，烟区立体气候明显，生态条件复杂多样，同时，不同品种对海拔高度会表现出不同程度的敏感性，因此，只有将品种特性与海拔等自然条件结合起来，才能发挥优良品种的潜力，合理进行品种布局，充分利用自然资源，是提高烟叶品质的重要措施。

第一节 低纬度基地主栽烤烟品种对海拔的品质适应性（保山市）

大量研究表明，烤后烟叶总氮、钾、烟碱与海拔呈显著或极显著负相关，总糖和还原糖与海拔呈显著或极显著正相关，马继良等（2011）研究表明叶宽与海拔呈负相关，陈传孟等（1997）研究认为随海拔高度的升高，株高稍矮、茎围稍粗、节距稍短、叶片短窄。以上研究侧重于海拔对烟叶内在品质和物理性状的影响，关于海拔因素和土壤因素对烤烟的影响效应大小的比较以及品种适宜种植海拔段的研究则鲜见报道。本研究通过分析海拔及土壤因素对保山市烟区 3 个主栽品种烟叶的物理性状和化学成分的影响，旨在探索主栽品种适宜种植的海拔区间，以期为保山市烟区进一步优化品种立体布局提供参考。

1 材料与方法

1.1 试验设计

采用 GPS 定位技术，2011 年在保山市 2 个主要植烟县的 4 个种烟乡镇布置 48 个试验取样点，选取当地规划种植的主栽品种，腾冲县曲石镇和界头镇联合布置 K326，界头镇和固东镇联合布置云烟 87，昌宁县耉街乡布置红花大金元，以每 100m 为海拔梯度，每个试验品种在海拔为 1 450m、1 550m、

1 650m、1 750m、1 850m、1 950m、2 050m 和 2 150m 的 8 个海拔点分水稻土和红壤 2 种土壤布置取样点，取样点海拔高度可根据当地实际情况上下浮动 10m，每个取样点取 3 个重复样品。栽培措施均按保山市优质烟叶生产标准进行，田间选择生长正常的烤烟挂牌标记作为试验取样烟株，严格成熟采收，按三段式烘烤工艺科学烘烤。烤烟收获后，采集 C3F（中部橘黄三级）初烤烟叶样品 144 份。采集的烟叶样品由专职评级人员按照国家标准《烤烟》（GB 2635—92）进行分级，等级合格率达到 85%以上，每个样品取 3.0 kg。

1.2 样品测定

1.2.1 烤烟化学成分测定指标及方法 烟叶总糖、还原糖、烟碱的测定依据《YC/T 159—2002》，采用连续流动法进行测定，检测数据都换算成百分率，总氮和钾的含量按照王瑞新等（2003）的方法测定，氯离子用离子色谱法测定，并计算糖碱比、氮碱比和钾氯比。

1.2.2 烤烟物理性状测定指标及方法 物理特性测定指标主要有单叶重、开片度、含梗率、叶片厚度、叶面积质量（叶质重）和平衡含水率（吸湿性）。单叶重是指一片叶的重量；开片度是指叶宽与叶长的百分比；叶质重指单位面积的烟叶重量；叶密度是指单位体积的烟叶重量。物理性状指标测定均参照邓小华（2009）研究方法。

1.3 数据处理与分析

烟叶化学成分可用性指数（Chemical Components Usability Index，CCUI）采用隶属度函数模型与指数和法来确定，即按公式 $CCUI=\sum_{j=1}^{m}N_{ij}\times W_{ij}$ 计算，式中，N_{ij} 和 W_{ij} 分别表示第 i 个烟叶样本、第 j 个指标的隶属度值和权重系数，其中 $0<N_{ij}\leqslant 1$，$0\leqslant W_{ij}\leqslant 1$ 且满足 $\sum_{j=1}^{m}W_{ij}=1$。采用主成分分析法确定各参评指标的权重，m 为化学成分指标的个数。采用 Excel 软件和 SPSS17.0 处理分析数据。

2 结果与分析

2.1 保山市不同品种烤后烟叶物理性状和化学成分的描述性分析

保山市不同品种烤后烟叶物理性状和化学成分分析表明（表 3 - 1 和表 3 - 2），不同品种烟叶的物理性状差异较大，而化学成分差异较小，3 个品种物理性状的变异系数总体均小于化学成分的变异系数。说明烟叶化学成分受海拔和土壤因素的影响较大。

表3-1 保山市不同品种烤后烟叶物理性状的描述性统计

品种	统计量	单叶重 (g)	开片度 (%)	含梗率 (%)	叶厚 (μm)	叶质重 (g/m²)	含水率 (%)
K326	均值±标准差	9.98±1.82	27.57±2.01	31.39±3.28	136.66±19.95	91.57±24.30	14.63±2.59
	变幅	6.85~13.35	25.04~33.49	25.48~39.33	98.00~178.00	51.81~156.57	10.52~24.30
	变异系数	18.26	7.29	10.43	14.60	26.53	17.69
红大	均值±标准差	11.39±1.67	32.52±1.65	30.13±4.98	149.31±18.36	113.63±11.88	12.74±0.96
	变幅	8.85~16.70	28.78~36.61	18.55~42.15	113.33~202.67	87.49~138.45	11.15~16.49
	变异系数	14.64	5.07	16.51	12.30	10.46	7.53
云烟87	均值±标准差	12.18±1.74	28.46±1.42	31.17±3.13	156.99±16.00	111.92±12.58	12.30±1.24
	变幅	9.20~16.90	25.87~30.75	25.62~36.96	120.67~196.17	80.69~137.17	9.90~15.51
	变异系数	14.25	5.00	10.03	10.82	11.24	10.11

表3-2 保山市不同品种烤后烟叶化学成分的描述性统计

品种	统计量	总糖 (%)	还原糖 (%)	总氮 (%)	烟碱 (%)	氯 (%)	钾 (%)
K326	均值±标准差	31.97±2.84	24.33±3.47	2.08±0.36	3.04±0.79	0.24±0.12	2.35±0.69
	变幅	25.63~38.42	14.49~30.73	1.39~2.87	1.37~4.76	0.06~0.55	1.34~3.90
	变异系数	8.89	14.25	17.14	25.95	48.50	29.51
红大	均值±标准差	31.50±3.03	24.51±3.97	2.13±0.40	2.89±0.65	0.22±0.11	2.24±0.42
	变幅	26.55~39.60	14.90~38.62	1.37~2.94	1.11~4.00	0.02~0.62	1.47~3.15
	变异系数	9.61	16.20	18.75	22.60	51.03	18.54
云烟87	均值±标准差	31.91±4.34	25.06±3.83	1.98±0.40	2.95±0.83	0.25±0.15	2.25±0.54
	变幅	21.49~42.14	16.44~32.68	1.15~3.02	1.12~4.42	0.05~0.79	1.26~3.26
	变异系数	13.59	15.24	20.16	28.12	60.01	23.80

2.2 烤后烟叶物理性状和化学成分与海拔相关性分析

由简单相关分析结果可知（表3-3），3个品种物理性状与海拔相关性达显著（$P<0.05$）或极显著（$P<0.01$）的指标少于化学成分，这也说明海拔因素对化学成分的影响效应要大于物理性状；K326的开片度和含水率与海拔呈显著负相关（$P<0.05$），红大的单叶重和开片度与海拔分别呈显著（$P<0.05$）和极显著（$P<0.01$）负相关，云烟87的叶厚和叶质重与海拔分

别呈显著（$P<0.05$）或极显著（$P<0.01$）负相关，这说明在物理性状中，开片度受海拔影响较大；K326的总糖和还原糖与海拔分别呈显著和极显著正相关，总氮和钾与海拔分别呈极显著和显著负相关，红大的总糖与海拔呈极显著正相关，总氮、烟碱、钾与海拔呈极显著负相关，云烟87还原糖与海拔呈显著正相关，这说明K326和红大受海拔因素影响较大，云烟87受海拔因素影响较小。

表3-3 海拔与烤后烟叶物理性状和化学成分之间的相关系数

	K326	红大	云烟87
单叶重	0.037	−0.341*	−0.099
开片度	−0.330*	−0.434**	0.062
含梗率	0.224	0.164	−0.125
叶厚	−0.155	0.194	−0.351*
叶质重	−0.217	0.099	−0.435**
含水率	−0.315*	0.114	−0.188
总糖	0.344*	0.338*	0.208
还原糖	0.402**	0.189	0.305*
总氮	−0.442**	−0.430**	−0.222
烟碱	−0.157	−0.450**	0.067
氯	−0.225	−0.106	0.170
钾	−0.350*	−0.440**	−0.201

注：*0.05水平相关显著；**0.01水平相关极显著。下同。

2.3 保山市烟区不同土壤和海拔条件下烤烟的物理性状和化学成分方差分析

保山市烟区不同土壤和海拔条件下烤烟的化学成分方差齐性检验结果见表3-4。

表3-4 保山市烟区不同土壤和海拔条件下烤后烟叶化学成分指标误差方差等同性的Levene检验

指标	K326				红大				云烟87			
	F	自由度1	自由度2	$F_{0.05}$	F	自由度1	自由度2	$F_{0.05}$	F	自由度1	自由度2	$F_{0.05}$
总糖	1.654	15	32	1.992	1.439	15	32	1.992	1.463	15	32	1.992
还原糖	1.732	15	32	1.992	2.388	15	32	1.992	1.884	15	32	1.992

（续）

指标	K326				红大				云烟 87			
	F	自由度 1	自由度 2	$F_{0.05}$	F	自由度 1	自由度 2	$F_{0.05}$	F	自由度 1	自由度 2	$F_{0.05}$
总氮	2.611	15	32	1.992	1.404	15	32	1.992	1.960	15	32	1.992
烟碱	1.862	15	32	1.992	1.619	15	32	1.992	2.211	15	32	1.992
氯	2.089	15	32	1.992	2.487	15	32	1.992	0.646	15	32	1.992
钾	1.695	15	32	1.992	1.465	15	32	1.992	2.896	15	32	1.992

除 K326 的总氮和氯、红大的还原糖和氯、云烟 87 的烟碱和钾外，3 个品种其余各化学成分的 F 值均小于 $F_{0.05}$ 值，说明该处理的总体方差相等，满足方差分析的前提条件。

主效应方差分析结果表明（表 3－5），海拔对 K326 总糖和还原糖含量有显著影响（$F=3.01$，$P<0.05$；$F=2.60$，$P<0.05$）；海拔对红大的总糖、总氮、烟碱和钾含量有显著影响（$F=4.52$，$P<0.05$；$F=3.68$，$P<0.05$；$F=5.29$，$P<0.05$；$F=3.22$，$P<0.05$）。同时，土壤和海拔与土壤的互作效应对红大的烟碱含量有显著影响（$F=8.61$，$P<0.05$；$F=3.27$，$P<0.05$）；海拔和土壤对云烟 87 的氯含量有显著影响（$F=3.49$，$P<0.05$；$F=8.21$，$P<0.05$）；说明海拔对红大化学成分影响较大，其次是 K326，而对云烟 87 的化学成分影响较小。

由方差分析平方和占总计平方和的比例（表 3－5）可知，海拔、土壤及其互作效应对上述化学成分指标含量变异的影响程度不同，影响效应依次是海拔＞海拔×土壤＞土壤。

表 3－5　保山市烟区不同土壤和海拔条件下烤烟的物理性状和化学成分方差分析

指标	变异来源	K326			红大			云烟 87		
		均方	F	$F_{0.05}$	均方	F	$F_{0.05}$	均方	F	$F_{0.05}$
总糖	海拔	17.77	3.01	2.31	29.209	4.52	2.31	14.19	0.62	2.31
	土壤	6.04	1.02	4.15	11.447	1.77	4.15	2.17	0.10	4.15
	海拔×土壤	8.64	1.46	2.31	1.057	0.16	2.31	7.91	0.35	2.31
还原糖	海拔	25.45	2.60	2.31	14.71	0.85	2.31	17.61	1.12	2.31
	土壤	39.97	4.09	4.15	0.03	0.00	4.15	0.30	0.02	4.15
	海拔×土壤	4.79	0.49	2.31	12.05	0.70	2.31	8.53	0.54	2.31
总氮	海拔	0.29	2.97	2.31	0.39	3.68	2.31	0.21	1.21	2.31
	土壤	0.01	0.14	4.15	0.29	2.71	4.15	0.05	0.29	4.15
	海拔×土壤	0.13	1.31	2.31	0.16	1.51	2.31	0.08	0.49	2.31

（续）

指标	变异来源	K326			红大			云烟87		
		均方	F	$F_{0.05}$	均方	F	$F_{0.05}$	均方	F	$F_{0.05}$
烟碱	海拔	0.40	0.58	2.31	1.06	5.29	2.31	0.29	0.40	2.31
	土壤	0.12	0.18	4.15	1.72	8.61	4.15	0.17	0.24	4.15
	海拔×土壤	0.62	0.89	2.31	0.65	3.27	2.31	0.96	1.30	2.31
氯	海拔	0.01	0.82	2.31	0.01	0.83	2.31	0.05	3.49	2.31
	土壤	0.02	1.38	4.15	0.17	17.03	4.15	0.11	8.21	4.15
	海拔×土壤	0.01	0.33	2.31	0.01	1.13	2.31	0.03	1.98	2.31
钾	海拔	0.69	1.48	2.31	0.42	3.22	2.31	0.47	1.90	2.31
	土壤	0.08	0.17	4.15	0.44	3.37	4.15	0.11	0.43	4.15
	海拔×土壤	0.38	0.81	2.31	0.07	0.56	2.31	0.30	1.20	2.31

注：表中海拔、土壤、海拔×土壤、误差的自由度分别为7、1、7、32。

2.4 烟叶主要化学成分可用性综合评价

将主要化学成分指标作为评价各品种不同海拔段烤烟化学成分可用性的因子，运用模糊数学理论计算各质量指标的隶属度，使各参评指标的原始数据转换为0.1～1.0的数值。常用于综合评价的隶属函数类型主要有3种，分别为反S形、S形和抛物线形，其中烤烟总糖含量、还原糖含量、总氮含量、烟碱含量、氯含量、氮碱比和糖碱比的函数类型均为抛物线形，函数表达式为：

烤烟钾含量和钾氯比的函数类型均为S形，函数表达式为：

$$f(x)=\begin{cases}0.1 & x<x_1;x>x_2\\ 0.9(x-x_1)/(x_3-x_1)+0.1 & x_1\leqslant x<x_3\\ 1.0 & x_3\leqslant x\leqslant x_4\\ 1.0-0.9(x-x_4)/(x_2-x_4) & x_4<x\leqslant x_2\end{cases}$$

$$f(x)=\begin{cases}1 & x>x_2\\ 0.9(x-x_1)/(x_2-x_1)+0.1 & x_1\leqslant x\leqslant x_2\\ 0.1 & x<x_1\end{cases}$$

式中，x_1 为下限；x_2 为上限；x_3 为最优值下限；x_4 为最优值上限，x 为各化学成分的实际含量。根据以往研究，结合实践经验，确定各参评指标的函数类型及转折点，并采用主成分分析方法计算权重（表3-6）。

表 3-6　保山市烟区烤烟化学成分可用性评价的指标选取、函数拐点及权重值

化学成分指标	函数类型	下临界值 x_1	最优值下限 x_3	最优值上限 x_4	上临界值 x_2	权重（%）
总糖（%）	抛物线形	10	20	28	35	12.86
还原糖（%）		11.5	19	20	27	12.19
总氮（%）		1.1	2	2.3	3.4	8.82
烟碱（%）		1.2	2.1	2.4	3.5	13.74
氯（%）		0.2	0.3	0.8	1.2	8.74
氮/碱		0.55	0.95	1.05	1.45	11.06
糖/碱		2	8.5	9.5	15	13.85
钾（%）	S形	0.8			2.5	6.17
钾/氯		0.8			8	12.56

表 3-7　保山市烟区主栽品种不同海拔烤烟化学成分可用性指数比较

海拔（m）	K326			红大			云烟 87		
	均值	变幅	变异系数（%）	均值	变幅	变异系数（%）	均值	变幅	变异系数（%）
1 400～1 500	0.83a	0.75～0.98	10.64	0.82a	0.76～0.89	7.00	0.80a	0.72～0.92	9.28
1 500～1 600	0.82a	0.75～0.94	9.01	0.85a	0.79～0.93	5.35	0.69a	0.44～0.91	25.01
1 600～1 700	0.83a	0.64～0.95	15.82	0.81ab	0.71～0.88	6.91	0.77a	0.70～0.82	5.28
1 700～1 800	0.81a	0.59～0.95	16.57	0.80ab	0.72～0.88	7.28	0.61a	0.43～0.86	30.37
1 800～1 900	0.63b	0.49～0.80	19.70	0.75abc	0.49～0.85	17.72	0.70a	0.39～0.90	32.69
1 900～2 000	0.71a	0.58～0.79	11.13	0.71abc	0.53～0.80	16.95	0.62a	0.39～0.77	29.56
2 000～2 100	0.71a	0.49～0.80	18.42	0.68bc	0.33～0.81	27.59	0.75a	0.46～0.96	22.69
2 100～2 200	0.67b	0.41～0.98	21.65	0.65cd	0.35～0.79	26.58	0.68a	0.48～0.84	22.95
合计	0.75	0.41～0.98	17.57	0.76	0.33～0.93	16.80	0.70	0.39～0.96	23.11

注：表中不同字母表示在 0.05 水平差异显著。

由烤烟化学成分可用性指数比较分析（表 3-7）可知，红大化学成分可用性指数最高，其次是 K326，云烟 87 最小；按分值≥0.90、0.75～0.90、0.60～0.75、<0.60 将烤烟化学成分可用性分为好、较好、中等和稍差 4 个档次，总体上三品种烟叶可用性依次为红大>K326>云烟 87；K326 在海拔 1 400～1 800m 烟叶化学成分可用性均为较好，显著好于 1 900～2 000m 和 2 100～2 200m 海拔段烟叶（$P<0.05$），好于 1 900～2 100m 海拔段烟叶，但差异不显著（$P>0.05$）；红大在海拔 1 400～1 800m 烟叶化学成分可用性均为较好，且变异较小，1 400～1 600m 海拔段烟叶化学成分可用性好于1 600～2 000m海拔段的烟叶（$P>0.05$），显著好于 2 000～2 200m 海拔段烟叶（$P<0.05$），且随海拔的升高烟叶化学成分可用性呈降低趋势；云烟 87 不同海拔段烟叶可用性无显著差异（$P>0.05$）。说明 K326 和红大烟叶化学成分可用性受海拔影响较大，在 1 400～2 200m 海拔段，一定程度上随海拔升高烟叶可用性降低，而云烟 87 烟叶化学成分可用性受海拔影响较小。

3 结论

烟叶物理性状和化学成分是决定烟叶质量的重要因素。本研究表明海拔因素对烟叶物理性状和化学成分有重要影响，并且海拔对烟叶化学成分的影响大于物理性状；在一定海拔范围内，烟叶开片度、氮、钾、烟碱与海拔呈显著或极显著负相关，总糖和还原糖与海拔呈显著或极显著正相关，这与已有研究结论一致；同时，海拔因素对烟叶物理性状和化学成分的影响效应大于土壤因素，也有研究表明，同一地域海拔高度对烤烟的影响程度远大于该区域土壤农化性质。由于云南省保山市地形地貌复杂，立体气候明显，随海拔升高气温下降，光照强度和降水量也会发生很大变化，从而导致了烤烟在不同海拔条件下，烟叶物理性状和化学成分发生很大变化。

已有研究表明，不同品种对海拔高度表现出不同程度的敏感性，本研究表明，K326 和红大受海拔因素影响较大，云烟 87 受海拔因素影响较小；K326 和红大烟叶开片度与海拔呈显著负相关（$P<0.05$），说明其物理质量也随海拔升高而呈降低趋势，同时，在一定程度上，随海拔升高烟叶化学成分可用性降低，尤其当海拔超过 1 800m，烟叶化学成分可用性下降明显。通过分析云南省不同海拔高度的气象因子，初步把海拔 1 297.95～1 706.60m 和1 706.60～2 219.35m分为 2 个不同的气象区域。因此，K326 和红大更适宜在1 700m 左右及以下海拔区域种植，近年实践也表明，在保山市烟区种植红大逐步向海拔较低或纬度较低、热量充足的烟区转移。云烟 87 海拔适应性较强，可以在较为广泛的海拔区域种植。

第二节 中纬度基地主栽烤烟品种对海拔的品质适应性（昆明市）

陈传孟等（1997）早在 20 世纪 90 年代就开始了对海拔高度与烤烟品质关系的研究；李天福等（2006）运用典型相关分析法研究了云南烟叶香吃味与海

拔和经纬度的关系，发现海拔是影响烤烟香气量和刺激性的重要因素；马继良等（2011）对曲靖烟叶物理性状与海拔及经纬度的关系进行了研究，结果表明，叶宽与海拔呈负相关；李自强等（2010）、王世英等（2007）、简永兴等（2007）对种植海拔与烤烟化学成分的关系进行了大量的研究，结果表明，烟叶总糖和还原糖与海拔呈显著或极显著正相关，总氮、烟碱和钾与海拔呈显著或极显著负相关。以上研究都集中在海拔因素对烤烟感官质量或物理性状、化学成分的影响，缺乏深入性和系统性。昆明市地处云南省中部，常年植烟面积在 $4.3\times10^4\ hm^2$ 以上，海拔在1 400～2 800m，生态条件复杂多样，立体气候明显，境内关于不同品种烤烟适宜种植海拔段的研究还是空白。鉴此，笔者通过分析海拔高度对昆明市烟区 K326、云烟 87 和红花大金元 3 个主栽品种的物理性状、化学成分含量和感官质量的影响，旨在探索各品种的适宜种植海拔区间，以期为昆明市烟区进行品种立体优化布局和生产特色优质烟叶提供理论依据。

1 材料与方法

1.1 试验设计与样品采集

采用GPS定位技术，在昆明市石林县和宜良县的 4 个种烟乡镇，按照200m 的海拔梯度共布置 12 个取样点，并于 2012—2013 年连续 2 年在取样点种植规划的主栽品种，其中宜良县古城镇布置 K326，宜良县竹山镇布置红花大金元，石林县大可镇和长湖镇联合布置云烟 87，每个试验品种在海拔高度为1 500、1 700、1 900 和 2 100m 的 4 个海拔点布置取样点（表 3-8），试验点的土壤类型均为红壤，坡度和朝向等条件基本保持一致，海拔高度根据实际情况可以上下浮动 20m，12 个取样点每年各取 10 个重复样品。对试验田正常生长的烟株进行挂牌标记，严格成熟采收，并在当地烤房按照三段式烘烤工艺进行烘烤调制，烤后烟叶由专职人员按照国家标准《烤烟》（GB 2635—92）采集 C3F（中橘三）等级样品共计 240 份（2012 年和 2013 年各取 120 份），每份 2kg，具体烟叶生产措施均按照昆明市优质烟叶生产标准进行。

表 3-8 试验点分布情况

海拔	K326（n=80）	红花大金元（n=80）	云烟 87（n=80）
1 500 m（1 400～1 600 m）	宜良县古城镇（n=20）	宜良县竹山镇（n=20）	石林县大可镇（n=20）
1 700 m（1 600～1 800 m）	宜良县古城镇（n=20）	宜良县竹山镇（n=20）	石林县大可镇（n=20）
1 900 m（1 800～2 000 m）	宜良县古城镇（n=20）	宜良县竹山镇（n=20）	石林县长湖镇（n=20）
2 100 m（2 000～2 200 m）	宜良县古城镇（n=20）	宜良县竹山镇（n=20）	石林县长湖镇（n=20）

1.2　样品的测定

烟叶样品统一寄送湖南农业大学烟草研究院进行物理性状和化学成分含量的检测，其中物理性状测定指标有单叶重、开片度、含梗率、叶片厚度和含水率，测定方法均参照邓小华（2009）的研究方法；常规化学成分检测指标有总糖、还原糖、总氮、烟碱、钾和氯，钾的测定采用火焰光度计法（王瑞新，2003），其余指标的测定采用连续流动分析法；采用高效液相色谱法测定烟叶绿原酸、芸香苷和莨菪亭（王音军等，2014），采用气质联用仪进行内标法（硝基苯）测定新植二烯等中性香气物质（江厚龙等，2014）。并由红云红河集团专职人员参照 YC/T 138—1998 和单料烟 9 分制评吸方法（邓小华等，2009）对烟叶样品的香气量等 14 项指标进行评定。

1.3　数据处理与分析

烟叶化学成分可用性指数（Chemical Components Usability Index，CCUI）根据隶属函数模型指数和方法确定，计算公式为：

$$CCUI = \sum_{j=1}^{m} N_{ij} * W_{ij} (i = 1,2,\cdots,n; j = 1,2,\cdots,m)$$

式中，N_{ij} 和 W_{ij} 分别表示第 i 个样品的第 j 个化学成分指标的隶属度值和对应的权重系数（$0<N_{ij}\leqslant 1$，$0\leqslant W_{ij}\leqslant 1$）。根据主成分分析方法确定各烟叶化学成分指标的权重，利用 SPSS 19.0 和 Excel 等统计学软件进行数据处理与分析。

2　结果与分析

2.1　烤后烟叶物理性状、化学成分含量和感官质量的描述性分析

由表 3－9 可知，除香气量和劲头外，昆明市烟区不同主栽品种间感官质量其余指标差异均显著（$P<0.05$）或极显著（$P<0.01$）；化学成分含量除氯和绿原酸差异极显著（$P<0.01$）、新植二烯和质体色素降解产物总量差异显著（$P<0.05$）外，其余指标同物理性状一样差异均不显著。从变异系数来看，3 个主栽品种的常规化学成分、主要多酚和香气物质含量的变异系数最大，其次为物理指标，感官质量指标的变异系数最小，物理指标和感官质量指标的变异系数基本控制在 20%以内，而化学成分指标的变异系数最高可达 66.67%。说明海拔高度对烟叶化学成分含量的影响较大，而对物理性状和感官质量指标的影响较小。

表 3-9 昆明市烟叶物理性状、化学成分含量和感官质量的描述性分析

指标	K326		红花大金元 Hongda		云烟 87 Yunyan 87	
	均值±标准差	变异系数（%）	均值±标准差	变异系数（%）	均值±标准差	变异系数（%）
单叶重（g）	12.59±1.96 Aa	15.56	12.78±2.50 Aa	19.58	12.16±1.96 Aa	16.15
开片度（%）	33.40±4.21Aa	12.60	32.65±5.39Aa	16.51	34.88±5.32Aa	15.25
含梗率（%）	32.87±3.77 Aa	11.47	32.84±4.60 Aa	14.00	32.57±3.43 Aa	10.53
叶片厚度（μm）	134.42±24.15 Aa	17.96	144.1±20.1 Aa	13.95	137.30±20.47 Aa	14.91
含水率（%）	14.15±0.99 Aa	6.99	13.84±0.94 Aa	4.62	15.19±2.91 Aa	19.17
总糖（%）	27.38±6.77 Aa	24.73	25.21±6.54 Aa	25.94	26.69±6.37 Aa	23.87
还原糖（%）	22.72±5.57 Aa	24.51	21.88±5.51 Aa	25.18	22.05±5.53 Aa	25.08
总氮（%）	1.84±0.31 Aa	16.85	1.71±0.37 Aa	21.64	1.80±0.39 Aa	21.67
烟碱（%）	2.75±0.87 Aa	31.64	3.18±0.83 Aa	26.10	2.81±0.83 Aa	29.54
钾（%）	1.41±0.41 Aa	29.07	1.31±0.41 Aa	31.29	1.45±0.69 Aa	47.58
氯（%）	0.53±0.30ABb	56.60	0.73±0.35Aa	47.95	0.39±0.26Bb	66.67
绿原酸（mg/g）	13.43±5.66Bb	42.13	24.12±11.47Aa	47.58	13.65±7.25Bb	53.12
芸香（mg/g）	14.02±8.70 Aa	62.11	13.64±7.54 Aa	55.34	11.83±7.23 Aa	61.12
莨菪亭（mg/g）	0.09±0.04 Aa	43.63	0.09±0.04 Aa	48.22	0.10±0.04 Aa	42.34
新植二烯（μg/g）	1 120.5±420.80 Aab	37.56	1 164.5±478.8 Aa	41.12	1 109.7±437.7 Ab	39.45
除新植二外的质体色素降解产物总量（μg/g）	76.93±34.82 Aab	45.26	80.14±38.96 Aa	48.62	73.55±37.59 Ab	51.11
愉悦性	6.73±0.38Aa	5.64	6.61±0.36ABa	5.44	6.41±0.33Bb	5.14
丰富性 Richness	6.77±0.38Aa	5.61	6.57±0.40ABab	6.08	6.41±0.36Bb	5.61
透发性	6.63±0.33Aa	4.97	6.58±0.32Aab	4.86	6.41±0.45Ab	7.02
香气量	6.59±0.49 Aa	7.43	6.53±0.37 Aa	5.66	6.39±0.46 Aa	7.19
细腻度	6.79±0.38Aa	5.59	6.67±0.29ABab	4.34	6.52±0.32Bb	4.91
甜度	6.67±0.40Aa	5.99	6.40±0.37ABb	5.78	6.27±0.37Bb	5.90
绵延性	6.63±0.33Aa	4.97	6.54±0.27Aab	4.12	6.45±0.30Ab	4.65
成团性	6.63±0.30Aa	4.52	6.57±0.32Aab	4.87	6.36±0.38Bb	5.97
柔和性	6.75±0.29Aa	4.29	6.61±0.32ABab	4.84	6.50±0.31Bb	4.76
浓度	6.63±0.33ABab	4.97	6.79±0.36Aa	5.30	6.45±0.37Bb	5.73
杂气	6.52±0.38Aa	5.82	6.50±0.32Aab	4.92	6.32±0.36Aac	5.69
刺激性	6.52±0.38ABab	5.83	6.64±0.31Aa	4.66	6.38±0.26Bb	4.07
余味	6.60±0.40Aa	6.06	6.51±0.37Aa	5.68	6.41±0.33Aa	5.14
劲头	6.38±0.35Aa	5.48	6.42±0.39Aa	6.00	6.47±0.42Aa	6.49

注：同一列不同字母分别表示 $P<0.05$（小写）和 $P<0.01$（大写）水平差异显著。下同。

2.2　烤后烟叶物理性状、化学成分和感官质量与海拔高度的相关性分析

由表 3-10 可知，3 个主栽品种的化学成分含量与海拔高度相关性达显著（$P<0.05$）或极显著（$P<0.01$）水平的指标要多于物理性状和感官质量。具体来讲，红花大金元品种的开片度与海拔高度呈极显著（$P<0.01$）负相关，含水率与海拔高度呈显著（$P<0.05$）正相关；云烟 87 的开片度与海拔高度呈极显著（$P<0.01$）负相关，说明物理性状中的开片度和含水率受海拔影响较大。K326 的总糖和还原糖与海拔分别呈极显著（$P<0.01$）和显著（$P<0.05$）正相关，芸香苷和烟碱、莨菪亭、柔和性与海拔分别呈极显著（$P<0.01$）和显著（$P<0.05$）负相关；红花大金元的总糖和还原糖与海拔呈极显著（$P<0.01$）正相关，烟碱、莨菪亭和钾、氯、绿原酸与海拔分别呈极显著（$P<0.01$）和显著（$P<0.05$）负相关；云烟 87 的总氮和芸香苷与海拔呈显著（$P<0.05$）负相关，刺激性与海拔呈显著（$P<0.05$）正相关。综上可知，种植海拔对红花大金元和 K326 品种的影响较大，对云烟 87 品种的影响相对较小。

表 3-10　烤后烟叶质量评价指标与海拔高度的相关系数

指标	K326	红大	云烟 87	指标	K326	红大	云烟 87	指标	K326	红大	云烟 87
单叶重	−0.163	0.054	−0.116	绿原酸	−0.082	−0.398*	−0.264	香气量	0.141	−0.170	0.100
开片度	−0.358	−0.445**	−0.729**	芸香苷	−0.697**	0.110	−0.353*	细腻度	−0.352	0.031	0.131
含梗率	−0.277	−0.241	0.011	莨菪亭	−0.456*	−0.482**	−0.312	甜度	−0.075	−0.121	0.171
叶片厚度	−0.047	−0.119	−0.074	新植二烯	0.336	0.297	0.132	绵延性	−0.166	−0.238	0.282
含水率	−0.233	0.341*	−0.071	质体色素降解产物香气物质总量（除新植二烯外）	−0.305	0.401	0.225	成团性	0.202	0.191	0.247
总糖	0.516**	0.492**	0.039					柔和性	−0.391*	−0.322	0.219
还原糖	0.327*	0.458**	0.057					浓度	−0.081	0.108	−0.035
总氮	−0.287	−0.249	−0.330*					杂气	−0.274	0.084	−0.092
烟碱	−0.317*	−0.527**	0.122	愉悦性	0.102	0.044	0.048	刺激性	−0.141	−0.032	0.401*
钾	−0.001	−0.427*	0.292	丰富性	0.013	−0.065	−0.073	余味	−0.064	0.089	0.352
氯	−0.040	−0.342*	−0.337	透发性	0.154	0.026	0.071	劲头	0.046	−0.013	−0.211

注：* 0.05 水平显著，** 0.01 水平极显著。

2.3 不同海拔条件下烟叶化学成分含量的方差分析

由方差齐次性检验结果（表3－11）可知，除K326的钾、红花大金元的还原糖和氯、云烟87的莨菪亭外，3个品种的其余化学成分指标P值均大于0.05，说明该处理的总体方差相等，满足方差分析的前提条件。主效应方差分析结果（表3－12）表明，种植海拔对K326品种的总糖、总氮、烟碱、芸香苷和莨菪亭含量有显著影响（$F=10.46$，$P<0.05$；$F=1.04$，$P<0.05$；$F=4.54$，$P<0.05$；$F=2.44$，$P<0.05$；$F=3.66$，$P<0.05$）；种植海拔对红花大金元品种的总糖、还原糖、烟碱、钾、氯、绿原酸和莨菪亭含量有显著影响（$F=7.66$，$P<0.05$；$F=5.54$，$P<0.05$；$F=9.36$，$P<0.05$；$F=2.44$，$P<0.05$；$F=2.54$，$P<0.05$；$F=2.44$，$P<0.05$；$F=2.54$，$P<0.05$）；种植海拔对云烟87品种的总氮和芸香苷含量有显著影响（$F=3.66$，$P<0.05$；$F=2.44$，$P<0.05$）。由此可知，海拔高度对不同品种烤烟化学成分含量变化的影响规律为红花大金元＞K326＞云烟87。

表3－11 不同海拔条件下的烤烟化学成分指标误差方差等同性的Levene检验

指标 Index	K326				红大				云烟87			
	F	自由度1	自由度2	P	F	自由度1	自由度2	P	F	自由度1	自由度2	P
总糖	0.931	14	21	0.472	1.976	14	21	0.107	1.345	14	21	0.279
还原糖	0.910	14	21	0.483	5.863	14	21	0.001	1.276	14	21	0.323
总氮	1.276	14	21	0.323	1.764	14	21	0.148	0.931	14	21	0.472
烟碱	0.389	14	21	0.813	1.345	14	21	0.279	1.976	14	21	0.107
钾	3.147	14	21	0.046	1.418	14	21	0.250	1.201	14	21	0.325
氯	1.825	14	21	0.177	5.068	14	21	0.002	0.910	14	21	0.483
绿原酸	1.201	14	21	0.325	1.801	14	21	0.132	1.882	14	21	0.146
芸香苷	1.857	14	21	0.180	1.882	14	21	0.146	1.082	14	21	0.465
莨菪亭	0.920	14	21	0.480	1.522	14	21	0.201	3.661	14	21	0.012
新植二烯	1.276	14	21	0.323	1.976	14	21	0.107	1.040	14	21	0.459
香气物总量（除新植二烯外）	0.751	14	21	0.582	1.418	14	21	0.250	1.062	14	21	0.446

表 3-12　不同海拔条件下的烤烟化学成分方差分析

指标	变异来源	K326				红大				云烟 87			
		平方和	均方	F	P	平方和	均方	F	P	平方和	均方	F	P
总糖	海拔	1 540.56	110.04	10.46	0.000	1 252.60	89.47	7.66	0.000	64.40	4.60	1.91	0.168
	误差	220.92	10.52			245.10	11.67			50.61	2.41		
	总计	1 761.48				1 497.71				115.01			
还原糖	海拔	8.12	0.58	3.66	0.012	837.43	59.81	5.54	0.000	55.58	3.97	1.08	0.465
	误差	3.36	0.16			226.69	10.79			77.28	3.68		
	总计	11.48				1 064.1				132.86			
总氮	海拔	19.18	1.37	1.04	0.459	0.82	0.06	0.32	0.984	323.84	23.13	3.66	0.012
	误差	30.03	1.43			3.87	0.18			132.72	6.32		
	总计	49.21				4.70				466.56			
烟碱	海拔	178.64	12.76	4.54	0.004	20.54	1.46	9.36	0.000	8.16	0.58	1.08	0.465
	误差	59.01	2.81			3.29	0.16			11.34	0.54		
	总计	237.65				23.83				19.50			
钾	海拔	18.90	1.35	0.93	0.534	3.64	0.26	2.44	0.031	31.01	2.21	0.71	0.717
	误差	30.45	1.45			2.23	0.11			65.52	3.12		
	总计	49.35				5.87				96.53			
氯	海拔	46.30	3.31	1.06	0.446	2.64	0.19	2.54	0.026	61.87	4.42	1.54	0.261
	误差	65.52	3.12			1.56	0.07			60.27	2.87		
	总计	111.82				4.20				122.14			
绿原酸	海拔	240.49	17.18	1.97	0.107	3.64	0.26	2.44	0.031	71.06	5.07	1.20	0.325

（续）

指标	变异来源	K326				红大				云烟 87			
		平方和	均方	F值	P	平方和	均方	F值	P	平方和	均方	F值	P
	误差	183.12	8.72			2.23	0.11			88.83	4.23		
	总计	423.61				5.87				159.89			
芸香苷	海拔	6.86	0.49	2.44	0.031	0.98	0.07	0.30	0.979	74.13	5.29	2.44	0.031
	误差	4.20	0.20			4.83	0.23			45.57	2.17		
	总计	11.06				5.81				119.70			
莨菪亭	海拔	8.12	0.58	3.66	0.012	2.64	0.19	2.54	0.026	52.64	3.76	1.34	0.279
	误差	3.36	0.16			1.56	0.07			59.01	2.81		
	总计	11.48				4.20				111.65			
新植二烯	海拔	102.70	7.33	1.52	0.201	28.98	2.07	1.97	0.107	44.92	3.21	0.93	0.472
	误差	101.22	4.82			22.05	1.05			72.45	3.45		
	总计	203.92				51.03				117.37			
香气物总量（除新植二烯外）	海拔	130.58	9.33	1.28	0.323	21.70	1.55	1.76	0.148	59.37	4.24	1.52	0.201
	误差	153.51	7.31			18.48	0.88			58.59	2.79		
	总计	284.09				40.18				117.96			

注：表中海拔和误差的自由度分别为 14 和 21。

2.4　烟叶化学成分可用性综合评价

选取总糖、还原糖、总氮、烟碱、钾、氯、钾氯比、糖碱比和氮碱比共9项指标，作为评价烟叶化学成分可用性的因子。按照模糊数学理论，根据隶属函数公式将各烟叶化学成分指标的原始数值转化为0～1分布的、无量纲差异的隶属度值。常用于综合评价的隶属函数类型主要有S形、反S形和抛物线形3种，其中烟叶总糖、还原糖、总氮、烟碱、氯、糖碱比和氮碱比的函数类型均为抛物线形，钾含量和钾氯比的函数类型均为S形，函数表达式分别为式(1)和式(2)。

$$f(x)=\begin{cases}0.1 & x\leqslant x_1, x\geqslant x_4\\ 0.9\times(x-x_1)/(x_2-x_1)+0.1 & x_1<x<x_2\\ 1.0 & x_2\leqslant x\leqslant x_3\\ 1.0-0.9\times(x-x_3)/(x_4-x_3) & x_3<x<x_4\end{cases}\quad(1)$$

$$f(x)=\begin{cases}1.0 & x\geqslant x_4\\ 0.9\times(x-x_1)/(x_4-x_1)+0.1 & x_1<x<x_4\\ 0.1 & x\leqslant x_1\end{cases}\quad(2)$$

式中，x为各化学成分指标的实际测量值，x_4和x_1表示各指标的上、下临界值，x_3和x_2表示各指标的上、下限最优值。确定各烟叶化学成分指标的隶属函数类型及阈值（表3-13）。将烟叶样品各化学成分指标的实测值代入式(1)和式(2)，计算各参评指标的隶属度值，并基于转化后的隶属度值进行主成分分析，求出各烟叶化学成分指标的权重（表3-13）。

表3-13　昆明市烟叶化学成分指标的隶属函数类型、阈值及权重

阈值	抛物线形							S形	
	总糖(%)	还原糖(%)	总氮(%)	烟碱(%)	糖碱比	氮碱比	氯(%)	钾(%)	钾氯比
x_1	10	11.5	1.1	1.2	3	0.55	0.2	0.8	0.8
x_2	20	19	2	2.1	11	0.95	0.3		
x_3	28	20	2.3	2.4	13	1.05	0.8		
x_4	35	27	3.4	3.5	18	1.45	1.2	2.5	8
公因子方差	0.872	0.872	0.862	0.894	0.955	0.919	0.637	0.546	0.857
权重	0.117 7	0.117 7	0.116 4	0.120 6	0.128 9	0.123 9	0.086 1	0.073 1	0.115 6

主成分分析结果（表3-14）表明，以特征值大于1，共提取了3个主成分，累积方差贡献率为86.374%（大于85%），说明前3个公因子基本包含了

全部变量的主要信息。因此，选择前3个因子为主因子，具有代表性，也说明表3-13中各烟叶化学成分指标的权重值较准确，能够反映昆明市烤烟的实际情况。

表3-14 因子分析的总方差解释

因子	1	2	3	4	5	6	7	8	9
初始特征值	4.180	2.062	1.171	0.840	0.348	0.235	0.093	0.060	0.011
方差的百分比（%）	46.443	22.915	17.016	5.332	3.862	2.611	1.038	0.665	0.119
累积百分比（%）	46.443	69.358	86.374	91.706	95.568	98.179	99.216	99.881	100.000

结合昆明市烟叶实际情况，按化学成分可用性指数分值≥0.9、0.75～0.9、0.60～0.75和≤0.6，将烟叶化学成分可用性情况分为好、较好、中等和稍差4个档次。由表3-15可知，3个主栽品种中红花大金元的化学成分可用性指数最高，其次为K326，云烟87最低。K326在1 400～1 800m海拔段的烟叶化学成分可用性均处于“较好”水平，其中1 600～1 800m海拔段的烟叶质量最好，*CCUI*得分高于1 400～1 600m海拔段烟叶，显著高于1 800～2 200m海拔段烟叶（$P<0.05$）；红花大金元在1 400～1 800m海拔段的烟叶化学成分可用性同样处在“较好”水平，好于1 800～2 000m海拔段烟叶，显著好于2 000～2 200m海拔段烟叶（$P<0.05$），且随海拔高度的升高，烟叶化学成分可用性指数表现出逐渐降低的趋势；由方差分析可知，云烟87各海拔段烟叶的化学成分可用性指数无显著差异（$P>0.05$），说明海拔对云烟87烟叶化学成分可用性的影响较小。

表3-15 主栽品种不同种植海拔的烟叶化学成分可用性指数比较

海拔（m）	K326（$n=80$）			红花大金元（$n=80$）			云烟87（$n=80$）		
	均值	标准差	变异系数（%）	均值	标准差	变异系数（%）	均值	标准差	变异系数（%）
1 400～1 600	0.831 5ab	0.17	20.69	0.855 8a	0.20	38.77	0.769 5a	0.12	16.01
1 600～1 800	0.860 5a	0.18	21.41	0.845 5a	0.11	24.69	0.767 3a	0.10	13.39
1 800～2 000	0.726 4b	0.13	18.99	0.738 6ab	0.09	17.02	0.729 4a	0.13	18.88
2 000～2 200	0.612 8c	0.13	21.21	0.664 0b	0.08	17.24	0.652 2a	0.13	19.92
平均	0.757 8	0.15	19.96	0.775 9	0.11	21.62	0.729 6	0.12	16.52

注：同一列中不同小写字母表示$P<0.05$水平差异显著，$n=80$表示一个品种在一个海拔区间有20个样本数、一个品种4个海拔区间的样本总数为80。下同。

2.5　海拔高度对不同品种烤烟主要多酚含量的影响

由表 3-16 可知，烟叶多酚总量除在 1 800～2 000m 海拔段表现为红花大金元>云烟 87>K326 外，其余任何海拔段均呈现出红花大金元>K326>云烟 87 的趋势；且除 K326 的莨菪亭、红花大金元的芸香苷和云烟 87 的绿原酸、莨菪亭含量随海拔变化无明显规律外，3 个品种的其余多酚含量均随海拔的升高而逐渐降低。一般多酚含量与烟叶等级呈正相关，多酚含量越高，烟叶及卷烟品质越好。据此可知，在 3 个主栽品种中红花大金元的烟叶品质最好，其次为 K326，云烟 87 相对较差，且在 1 400～2 200m 范围内，1 400～1 600m 海拔段的烟叶多酚含量最高，烟叶品质最好。

表 3-16　主栽品种不同种植海拔的主要多酚含量比较

海拔 (m)	K326 (n=80)			
	绿原酸	芸香苷	莨菪亭	总量
1 400～1 600	14.14a	13.15a	0.13a	27.42a
1 600～1 800	13.48ab	13.08a	0.08a	26.64ab
1 800～2 000	13.40ab	12.16ab	0.10a	25.66b
2 000～2 200	13.37ab	11.35b	0.09a	24.81b

海拔 (m)	红花大金元 Hongda (n=80)			
	绿原酸	芸香苷	莨菪亭	总量
1 400～1 600	26.78a	15.73a	0.15a	42.66a
1 600～1 800	26.71a	14.51a	0.12a	41.34a
1 800～2 000	24.41b	13.27b	0.08a	37.75b
2 000～2 200	22.98c	13.60b	0.09a	36.67b

海拔 (m)	云烟 87 Yunyan87 (n=80)			
	总量	绿原酸	芸香苷	莨菪亭
1 400～1 600	13.85a	12.67a	0.09a	26.60a
1 600～1 800	13.89a	12.31a	0.09a	26.28a
1 800～2 000	13.52a	12.04a	0.11a	25.67ab
2 000～2 200	13.03a	10.25b	0.15a	23.42b

2.6　海拔高度对不同品种烤烟质体色素降解产物香气物质的影响

由表 3-17 可知，新植二烯和色素降解产物香气物质总量在各海拔段均表现为红花大金元>云烟 87>K326，且含量随海拔升高呈现先增高后降低的趋势，3 个品种烤烟的新植二烯和色素降解产物香气物质总量均表现出 1 600～

表 3-17 主栽品种不同种植海拔的质体色素降解产物香气物质含量比较

指标（μg/g）	K326（n=80）				红花大金元（n=80）				云烟 87（n=80）			
	1 400～1 600m	1 600～1 800m	1 800～2 000m	2 000～2 200m	1 400～1 600m	1 600～1 800m	1 800～2 000m	2 000～2 200m	1 400～1 600m	1 600～1 800m	1 800～2 000m	2 000～2 200m
β-大马酮	30.45	31.79	27.43	26.05	26.10	29.24	25.32	24.36	27.12	27.26	26.37	24.52
香叶基丙酮	2.13	2.48	1.93	1.29	3.11	3.23	2.55	1.65	2.49	2.54	2.33	2.24
β-紫罗兰酮	0.45	0.55	0.35	0.29	0.55	0.58	0.53	0.51	0.56	0.57	0.55	0.52
巨豆三烯酮-A	2.57	3.46	2.85	2.00	3.33	3.36	3.34	2.94	2.20	2.27	2.33	2.17
巨豆三烯酮-B	9.33	10.12	10.65	6.63	9.94	10.94	10.26	6.95	6.78	6.75	7.12	7.82
巨豆三烯酮-C	2.01	2.93	2.25	1.52	2.19	3.30	2.12	1.77	1.76	2.43	1.91	1.88
巨豆三烯酮-D	12.01	13.53	13.08	9.45	12.88	13.42	12.98	10.94	12.05	12.94	12.68	12.65
氧化异佛尔酮	1.10	0.18	0.08	0.08	0.35	0.31	0.26	0.28	0.23	0.22	0.08	0.08
β-二氢大马酮	2.95	3.06	2.21	2.42	5.34	5.55	4.26	3.23	2.88	2.98	2.19	2.25
二氢猕猴桃内酯	0.93	0.93	0.96	0.84	1.88	1.74	1.74	1.26	1.32	1.31	1.29	0.97
6-甲基-5-庚烯-2-酮	1.02	1.16	0.79	0.72	1.82	1.89	1.63	1.09	1.08	1.15	0.95	0.72
6-甲基-5-庚烯-2-	0.37	0.38	0.35	0.32	0.52	0.55	0.49	0.37	0.31	0.33	0.30	0.27
3-羟基-β-二氢大马酮	0.75	0.88	0.50	1.65	1.32	1.38	1.37	1.35	1.88	1.99	1.29	1.32
法尼基丙酮	13.26	15.13	12.48	12.66	11.43	11.55	12.87	16.43	13.01	15.03	14.22	11.76
新植二烯	1 103	1 241	1 092	1 046	1 133	1 307	1 129	1 089	1 108	1 221	1 089	1 021
香气物总量（除新植二烯外）	79.33	86.58	75.91	65.92	80.76	87.04	79.64	73.13	73.67	77.77	73.61	69.17

1 800m＞1 400～1 600m＞1 800～2 000m＞2 000～2 200m 的趋势。所有的色素质体降解产物中以β-大马酮、β-二氢大马酮、法尼基丙酮和巨豆三烯酮类的含量较高，而β-紫罗兰酮、二氢猕猴桃内酯、6-甲基-5-庚烯-2-醇和3-羟基-β-二氢大马酮的含量较低。色素降解产物香气物质中除K326的巨豆三烯酮-A、氧化异佛尔酮和二氢猕猴桃内酯、红花大金元的巨豆三烯酮-A、氧化异佛尔酮、二氢猕猴桃内酯和法尼基丙酮以及云烟87的巨豆三烯酮-A、巨豆三烯酮-B、氧化异佛尔酮和二氢猕猴桃内酯外，其他降解产物均以1 600～1 800 m 海拔段烟叶的含量最高。

3　讨论与结论

烟叶质量由外在物理特性和外观质量、内在化学成分和感官质量以及安全性等组成。本研究表明，昆明市烟区不同主栽品种间感官质量和香气成分差异较大，而物理性状和常规化学成分差异较小，这可能与试验品种的生长环境以及烤烟品种间的遗传基础不同有关。烟叶质量是基因型与环境条件共同作用的结果，生态环境、品种、栽培烘烤技术对烟叶质量的贡献率分别为56%、32%、10%左右；本研究的4个乡镇同属于滇东高原黔西南中山丘陵烤烟区，生态环境差异较小，但由于烟叶香气成分的基因表达对生态环境的敏感性非常强，4个乡镇间的生态环境差异以及品种因素的不同，共同决定了3个品种烤烟显著的香气成分差异；而烟叶物理性状对生态环境的敏感性较弱，因此，不同品种间的差异不显著；由于感官质量与香气成分含量关系密切，多酚和中性香气物质含量的不同使得昆明烟区3个主栽品种间感官质量亦差异显著。另外，海拔因素对烟叶物理指标、化学成分含量和感官质量有较大的影响，影响程度表现为化学成分＞物理性状＞感官质量；在1 400～2 200 m 的研究范围内，烟叶开片度、总氮、烟碱、钾、氯、主要多酚和柔和性与海拔高度呈显著或极显著负相关，含水率、总糖、还原糖和刺激性与海拔高度呈显著或极显著正相关。同时，海拔因素对不同品种的影响效应也不同，具体表现为红花大金元＞K326＞云烟87。

本研究认为，在1 400～2 200 m 海拔段范围内，烟叶化学成分可用性指数和主要多酚含量均随海拔的升高而逐渐降低，而质体色素降解产物香气物质含量随海拔升高表现为先升高后降低的规律。具体来讲，K326在1 600～1 800m、红花大金元和云烟87在1 400～1 600m 海拔段烟叶化学成分可用性指数最高，化学成分协调性最好；而3个品种的主要多酚含量均是以1 400～1 600m海拔段的烟叶最高，质体色素降解产物香气物质含量均以1 600～1 800m海拔段的烟叶最高。综合烟叶常规化学成分、主要多酚和香气物质含量认为，昆明市烟区主栽烤烟品种 K326、红花大金元和云烟 87 均更适宜种植在 1 400～1 800m 的海拔区间。近年的实践情况也表明，在昆明市烟区，红花大金元和 K326 等品种的种植逐步在向海拔较低、热量较足的区域转移。根据李向阳等（2011）的研究，云南地区立体气候明显、不同海拔段的气象因子差异较大，海拔高于 1 706.60m 后气温偏低，而烟叶的种植对热量要求较高，大多数品种烤烟都对低温敏感，由此分析，低温可能是限制昆明市高海拔烟区烟叶品质和化学成分可用性的主要生态因子，具体原因还有待开展试验进行深入研究。

本研究通过对昆明市烟区主栽烤烟品种 K326、红花大金元和云烟 87 对海拔高度的适应性进行初步探讨，对于指导烤烟品种立体优化布局和特色优质烟叶的开发具有一定的理论意义。但是由于受到样本来源和数量的限制，该研究具有一定的地域相对性，且同一品种烤烟在相同海拔高度条件下对土壤类型和地形条件等生态环境的响应规律还有待进一步研究。

第三节　本章小结

在分析并初步推断海拔高度是影响烟叶品质主要因子的基础上，本章着重分析了烟叶品质对海拔高度的响应，主要结果如下：

（1）低纬度基地主栽烤烟品种对海拔的品质适应性　保山市烟区研究表明海拔因素对烟叶物理性状和化学成分有重要影响，并且海拔对烟叶化学成分的影响大于物理性状；在一定海拔范围内，烟叶开片度、氮、钾、烟碱与海拔呈显著或极显著负相关，总糖和还原糖与海拔呈显著或极显著正相关，这与已有研究结论一致；同时，海拔因素对烟叶物理性状和化学成分的影响效应大于土壤因素，K326 和红大受海拔因素影响较大，云烟 87 受海拔因素影响较小；K326 和红大烟叶开片度与海拔呈显著负相关（$P<0.05$），说明其物理质量也随海拔升高而呈降低趋势，同时，在一定程度上，随海拔升高，烟叶化学成分可用性降低，尤其当海拔超过 1 800m，烟叶化学成分可用性下降明显。通过分析云南不同海拔高度的气象因子，初步把海拔 1 297.95～1 706.60m 和 1 706.60～2 219.35m 分为 2 个不同的气象区域。因此，K326 和红大更适宜在 1 700m 左右及以下海拔区域种植，近年实践也表明，在保山市烟区种植红大逐步向海拔较低或纬度较低、热量充足的烟区转移。云烟 87 海拔适应性较强，可以在较为广泛的海拔区域种植。

（2）中纬度基地主栽烤烟品种对海拔的品质适应性　昆明市烟区研究表明，海拔因素对烟叶物理指标、化学成分含量和感官质量有较大的影响，影响程度表现为化学成分>物理性状>感官质量；在 1 400～2 200 m 的研究范围内，烟叶开片度、总氮、烟碱、钾、氯、主要多酚和柔和性与海拔高度呈显著或极显著负相关，含水率、总糖、还原糖和刺激性与海拔高度呈显著或极显著正相关，同时，海拔因素对不同品种的影响效应也不同，具体表现为红花大金元>K326>云烟 87。

在 1 400～2 200 m 海拔段范围内，烟叶化学成分可用性指数和主要多酚含量均随海拔的升高而逐渐降低，而质体色素降解产物香气物质含量随海拔升高表现为先升高后降低的规律。具体来讲，K326 在 1 600～1 800m、红花大金元和云烟 87 在 1 400～1 600m 海拔段烟叶化学成分可用性指数最高，化学成分协调性最好；而 3 个品种的主要多酚含量均是以 1 400～1 600m 海拔段的烟叶最高，质体色素降解产物香气物质含量均以 1 600～1 800m 海拔段的烟叶最高。综合烟叶常规化学成分、主要多酚和香气物质含量认为，昆明市烟区主栽烤烟品种 K326、红花大金元和云烟 87 均更适宜种植在 1 400～1 800m 的海拔区间。近年的实践情况也表明，在昆明市烟区，红花大金元和 K326 等品种的种植逐步在向海拔较低、热量较足的区域转移。根据李向阳等的研究，云南省地区立体气候明显、不同海拔段的气象因子差异较大，海拔高于 1 706.60m 后气温偏低，而烟叶的种植对热量要求较高，大多数品种烤烟都不耐寒，推断低温可能是限制昆明高海拔烟区烟叶品质和化学成分可用性的主要生态因子，具体原因还有待开展试验进行深入研究。

第四章 云南省基地烟叶品质对海拔的响应及影响因子聚焦

烟叶是卷烟工业的基础，其质量的好坏对卷烟的品质起着举足轻重的作用，因此，主攻烟叶质量已成为我国烟草行业的共识。烟叶质量是消费者对烟叶燃吸过程中所产生的香气、劲头、吃味、刺激性等几个主要因素的综合反映和吸烟安全性的综合评价（国家烟草专卖局科技教育司，2005），是反映和体现烟叶必要性状均衡情况的综合性概念（訾天镇，1996）。烟叶质量包括外观质量、感官质量、物理性状、化学成分和安全性等5个方面（周冀衡，1996；王瑞新，2003；左天觉，1993；唐远驹，2006）。优质烟叶和烟制品具有完美的外观特征、优良的内在品质（即香气和吃味）、完善的物理性状、协调的化学成分、无毒无害的相对安全。近年来，随着卷烟企业对中式卷烟原料需求目标的不断提高，当前卷烟工业企业不仅强调生产颜色橘黄、成熟度好、结构疏松的烟叶，而且也开始重视烟叶在工业上的“可用性”，即由外观质量、内在质量、物理特性、化学成分和安全性等各方面质量指标间的协调平衡程度决定其使用价值。

第一节 云南省基地烟叶质量形成的影响因素

烤烟质量是遗传因素、生态环境和栽培技术共同作用的结果。有关研究表明，影响烟叶品质和风格特色的诸因素中，生态环境（光、温、水、土）的影响＞品种、肥料＞栽培烘烤技术。环境条件的差异不仅影响烟草的形态特征和农艺性状，而且还能直接影响烟叶的化学成分和质量。海拔高度对烟叶质量的影响是综合环境要素的结果，统一区域，海拔高度不同，则意味着热量条件（含平均气温、最高温、最低温、有效积温、昼夜温差）、降水条件、日照条件、土壤条件等均有可能不同，从而对烟叶物理、外观、化学成分、感官质量等的影响是多方面的。另外，由于海拔高度的不同，使地理位置（即经度、纬度）有可能成为影响烟叶质量的因素之一，因为海拔高度的变化对环境气候变化可能产生重要影响，如保山市由于海拔落差大，形成了“一山有四季、十里不同天”的立体气候；由于高黎贡山对气流的影响，形成了保山市东部、西部两种差异较大的气候特征。

栽培烘烤技术可以人为加以控制，基因型可以通过人工选育而固定，但其表达方式和表达程度则受到栽培技术和环境条件的制约，虽然某些生态条件（如土壤）可以通过栽培技术和工程技术在一定程度上加以改良，但多数生态因素却是很难改变，如气候条件就难以用人为方法加以改变。因而，烟叶质量影响的多因素、多变化、难定量等特点，其生态环境的影响表现得更为突出，而作为外因的生态因素是烟株田间长相长势、烟叶的产量和产值、物理性状、化学成分、致香物质含量和烟叶感官质量形成的基础条件，对烟叶产量、产值、物理性状、外观质量、化学成分、致香物质含量、感官质量等的影响均大于品种，它使烟叶品质和香吃味具有明显的、不可代替的地域特色和生态优势。

最小偏二乘回归法最早产生于化学领域，由著名化学家伍德（Wold S.）和阿巴诺（C. Albano）于 1983 年首次提出，被称为第二代回归分析方法，在统计应用中主要有 3 个方面的重要性：①是一种多因变量对多自变量的回归建模方法，特别是各变量内部存在过度相关性时，用最小二乘回归进行回归建模，比逐个因变量做多元回归更加有效，其结论更加可靠、整体性更强。这也是该方法重要的特征。②可以较好地解决许多用普通多元回归无法解决的问题。最典型的就是自变量间的多重相关性，普通多元线性回归分析结果会有较大的误差；另外，在变量较多而样本较少时，普通多元回归往往无能为力，而最小偏二乘回归法则可以很好地解决该问题。③是多种数据分析方法的综合应用。最小偏二乘回归可以集多元线性回归、典型相关分析和主成分分析的基本功能于一体，将预测类型的数据分析方法与非模型数据认识分析方法有机结合。同时，该方法具有意义明确、计算简单、建模效果好，解释性强等优点。该方法已得到不断完善和提升。

SIMCA - P 软件由伍德及其合作者开发完成，主要是支持最小偏二乘回归计算和结果计算，目前已在化学、工程学、经济学、金融及基因工程等领域广泛应用。

本部分试图通过对保山市烟叶质量（即物理、外观、感官质量及化学成分）及地理、气候（热量、降水、日照）、土壤、品种因素建立工程模型，利用 SIMCA - P 11.5 软件，探讨影响烟叶质量的内部因素及外部因素，并对影响烟叶质量的各因素进行重要性评估，以期确定烟叶质量各因素的影响程度，并对各影响因素进行量化，解决烟叶质量影响因素难以定量的问题，为保山市烤烟种植布局提供理论依据，并为同行提供新的研究思路。

1 数据来源与方法

1.1 气象数据来源

收集2006—2010年连续5年保山市5个县区（隆阳区、施甸县、腾冲县、昌宁县、龙陵县）43个主要烤烟种植乡镇（西邑、辛街、丙麻、汉庄、金鸡、河图、蒲缥、道街、瓦渡、酒房、万兴、姚关、摆榔、等子、甸阳镇、何元、仁和、老麦、由旺、水长、太平、界头、曲石、固东、滇滩、明光、上营、五合、珠街、鸡飞、耈街、大田坝、柯街、卡斯、翁堵、更嘎、温泉、腊勐、木城、河头、平达、龙山、龙江）的烤烟大田期（4～9月）气象资料（降水量、日照时数、平均温、最高气温、最低气温、温差及≥10℃有效积温），由保山市气象局提供，并记录气象采集点经纬度与海拔高度。

1.2 土壤样品采集

根据植烟土壤分布情况，确定土壤取样原则，取样实施方案，各地同时采样，样品统一分析，同时在取样时对每个取样点的基础信息采取实地调查进行收集。

1.2.1 土壤取样原则

a. 取样范围为每个植烟村委会内所有的植烟土壤，取样年份包括2004—2010年连续7年。

b. 每个植烟村委会的土壤取样点不少于3个。

c. 一个植烟村委会内当年种烟的地块与轮作地块分开划分取样区域，当年种烟地块的取样点不少于1个，轮作地块的取样点不少于1个。

d. 在当年种烟的地块和轮作地块里根据地形地貌划分不同取样区域，地形地貌按平坝、半山区、山区来划分。

e. 按地形地貌划分的取样区域内再按土壤类型确定取样点，土壤类型按红壤、黄壤、紫色土、水稻土、冲积土等来划分。

f. 取样点必须为某一农户的地块。在选定取样区域后，在该取样区域内选择有代表性的某一农户的地块作为土样取样点。选择农户地块的要求：①地块肥力中等；②取样地块面积大于667m^2，且位于取样区域的中部；③取样地块的烟农有一定的生产水平。

1.2.2 土壤样品采集

a. 取样点定位：用GPS对取样点进行经纬度和海拔定位。

b. 在定位的取样点上梅花形或蛇形选取5个样点进行取样，然后混合均匀，再按四分法（图4-1）收集2kg的混合样品。

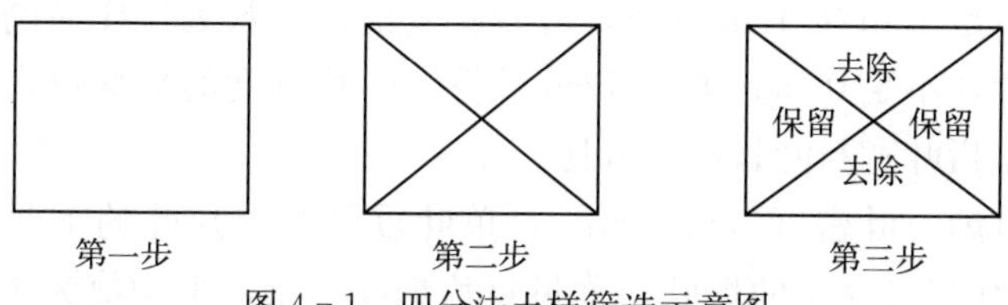

图 4-1　四分法土样筛选示意图

c. 取样时，每个样点去掉表层土 2～4cm 后，垂直挖耕层土（约 20cm 深）后取该剖面的土壤 2kg，然后将 5 个分样土壤混合（约 10kg）放在塑料盆或布上，用手捏碎摊平，用四分法对角取 2 份，如果样品仍大于 2kg，按上述步骤继续四分，直至样品重量约为 2kg。

d. 样品收集与保存：对所采集的 2kg 混合土样，放入样品布袋内，内外均附土样标签，待样品风干后装入取样袋保存。

e. 注意事项：取样时应避免田边、路边、沟边和堆过肥料等特殊部位的地方。遇到有种植作物的取样田块，取样点在作物行间（即两株作物的中间）进行取样（严禁在作物的根际内取样）。

f. 取样时必须有专人负责记录相关信息。采集土壤混合样品时如实填写“土样标签”“取样点基本情况调查表”记录相关信息。

g. 土壤样品由云南省农业科学研究院环境资源研究所统一分析，分析、前处理和提交数据要求保持一致，采集土壤样品 4 411 个。

1.3　烟叶样品采集和检测

1.3.1　研究材料　2009—2010 年连续 2 年保山市 5 个县区（隆阳区、施甸县、腾冲县、昌宁县、龙陵县）43 个主要烤烟种植乡镇（西邑、辛街、丙麻、汉庄、金鸡、河图、蒲缥、道街、瓦渡、酒房、万兴、姚关、摆榔、等子、甸阳镇、何元、仁和、老麦、由旺、水长、太平、界头、曲石、固东、滇滩、明光、上营、五合、珠街、鸡飞、耈街、大田坝、柯街、卡斯、翁堵、更嘎、温泉、腊勐、木城、河头、平达、龙山、龙江）固定取样点 126 个，采集烟叶样品共 252 套（每套包含 B2F、C3F、X2F 各 1 个，每个 5kg），主要品种为 K326、红花大金元（以下简称红大）、云烟 85、云烟 87，并记录烟叶采集点经纬度与海拔高度。

1.3.2　检测内容及方法

（1）物理性状

物理性状指标：叶长、叶宽、开片度、单叶重、含梗率、叶密度、平衡含水率。参照 YC/T 31—1996 进行烟叶样品前处理。

叶长（cm）、叶宽（cm）、开片度（%）：随机选取 10 片烟叶，逐片测量叶片长度，不足1cm按1cm计算，叶片长度的平均数为该样品的长度；逐片测量叶片宽度，不足0.5cm按0.5cm计算，叶片宽度的平均数为该样品的宽度。开片度是指叶宽与叶长的百分比。

单叶重（g）、叶密度（mg/cm^3）：单叶重是指一片叶的重量。随机抽取20片含水率为15%左右的烟叶，称量每片烟叶重量，平均值为单叶重。每片烟叶任取一个半叶，沿着半叶的叶尖、叶中及叶基部等距离取5个点，用圆形打孔器打5片直径（D）为15mm的圆形小片，将50片圆形小片放入水分盒中，100℃烘2h，冷却30min后称重，根据下面公式计算叶密度：

叶密度（g/cm^3）＝（烘后重量－水分盒重量）/［$50\pi h\ (D/2)^2$］。

含梗率（%）：随机抽取20片烟叶，平衡含水率为（16.5±0.5）%的烟叶，分离叶肉与主脉，分别称烟片和烟梗的重量，按含梗率＝［烟梗重量/（叶肉重量＋烟叶重量）］×100%计算含梗率。

平衡含水率（%）：随机抽取10片烟叶，每叶沿主脉剪开成2个半叶，每片烟叶任取一个半叶，切成宽度不超过5mm的小片，在标准空气条件下［气温（22±1）℃，相对湿度（60±3）%］平衡7d。混匀后用已知干燥重量的样品盒称取试样5～10g，计下称得的试样重量。去盖后放入（100±2）℃的烘箱内，自温度回升至100℃时算起，烘2h，加盖，取出，放入干燥器内，冷却至室温，再称重。按下列公式计算烟叶含水率。

烟叶含水率（%）＝（试样重量－烘后重量）/试样重量×100%。

（2）外观质量　参照GB 2635—92，结合专家咨询法，建立外观质量评定标准。颜色、成熟度、组织结构、身份、油分、色度按10分制进行打分，具体评分标准见表4-1。样品外观质量鉴定时，烟叶水分平衡到含水率16%～18%，随机抽取每个等级的30片烟叶，由5名烤烟分级专家共同进行外观质量鉴定，按照打分标准，对成熟度、发育状况、组织结构、身份、油分、色泽、色均匀度逐项进行打分，平均值作为该样品该项的鉴定分值。

表4-1　烤烟外观质量评分标准

颜色	分数	成熟度	分数	结构	分数	身份	分数	油分	分数	色度	分数
橘黄	7～10	成熟	7～10	疏松	8～10	中等	7～10	多	8～10	浓	8～10
柠檬黄	6～9	完熟	6～9	尚疏松	5～8	稍薄	4～7	有	5～8	强	6～8
红棕	3～7	尚熟	4～7	稍密	3～5	稍厚	4～7	稍有	3～5	中	4～6
微带青	3～6	欠熟	0～4	紧密	0～3	薄	0～4	少	0～3	弱	2～4
青黄	1～4	假熟	3～5			厚	0～4			谈	0～2
杂色	0～3										

(3) 主要化学成分　烟叶化学成分测定方法：总糖、还原糖：YC/T 159—2002；烟碱：YC/T 160—2002；总氮：YC/T 161—2002；钾：YC/T 217—2007；氯 YC/T 162—2002；蛋白质：YC/T 166—2003。

(4) 烟叶评吸指标　参考《全国烟草种植区划研究》项目组（国家烟草专卖局科技教育司，2005）以标准 YC/T 138—1998《烟草及烟草制品》感官评价方法为基础，采用香气质、香气量、杂气、浓度、劲头、刺激性、余味、燃烧性、灰色等 9 个指标，按 1、2、3、4、5 等 5 个档次进行评价。对各项评吸因素进行赋值，具体见表 4-2。

表 4-2　烤烟感官质量评分标准

评吸项目	程度	分值	评吸项目	程度	分值
香气质	较好、中偏上	6.1～9	刺激性	微有	6.1～9
	中等	3.1～6		有	3.1～6
	偏下、较差	≤3		略大、较大	≤3
香气量	较足、尚足	6.1～9	余味	舒适、较舒适	6.1～9
	有	3.1～6		尚适	3.1～6
	较少、少	≤3		欠适、滞舌	≤3
浓度	浓、较浓	6.1～9	燃烧性	强、较强	6.1～9
	中等	3.1～6		中等	3.1～6
	较淡、淡	≤3		较差、熄火	≤3
杂气	无、较轻	6.1～9	灰色	白	6.1～9
	有	3.1～6		灰白	3.1～6
	略重、较重、重	≤3		灰、黑灰	≤3
劲头	大、较大	3.1～6			
	中等	6.1～9			
	较小、小	3.1～6			

1.4　数据分析方法

利用最小偏二乘回归（partial least-squares regression）法，通过 SIMCA—P 11.5 软件进行建模，提取主成分，评估模型有效性，评价烟叶质量影响因素的重要性，并依据模型建立烟叶质量回归方程。

1.4.1　PLS 模型建立　建立主要模型（B2F、C3F 和 X2F 等 3 个叶位分别建立)，本章主要以C3F叶位所建模型进行重点阐述。

1.4.2 PLS模型判别指标 PLS模型主要有如下判别指标：

模型有效性判别：①累计 Q^2Y（累计交叉有效性，即模型拟合效果）≥0.5，累计 R^2Y（因变量累计测定系数，即累计解释率）≥0.9，说明自变量能很好地解释因变量，则所建模型非常好；②累计 Q^2Y≥0.5，累计 R^2Y≥0.7，说明自变量能较好地解释因变量，则所建模型较好；③累计 Q^2Y<0.5，累计 R^2Y≥0.8，且观察值个数不小于变量总数，说明自变量对因变量解释性一般，所建模型一般；④其他情况下，所建模型不合适。

模型数据有效性判别：拟合模型所有观察值 t[c1]/t[c2] 散点分布均位于椭圆内，则模型所有观察值有效，否则需对观察值进行剔除。

VIP系数（variable importance in the projection）判别：VIP≥1，表示自变量指标非常重要；VIP<0.5，表示自变量指标不重要；VIP位于0.5～1，表示自变量指标重要性一般。

2 结果与分析

2.1 地理、气候、土壤、品种对烟叶质量的影响

2.1.1 地理、气候、土壤、品种对烟叶感官质量的影响 保山市烟叶感官质量（*Y*）与地理、气候、土壤及品种等因素（*X*）PLS模型主成分提取情况见图4-2。由该图可知，烟叶感官质量与地理、气候、土壤及品种PLS模型，提取6个PLS主成分，即得到最佳拟合模型，累计 R^2Y>0.8，累计 Q^2Y>0.7，说明自变量对因变量解释性很强，累计交叉有效性高，该模型拟

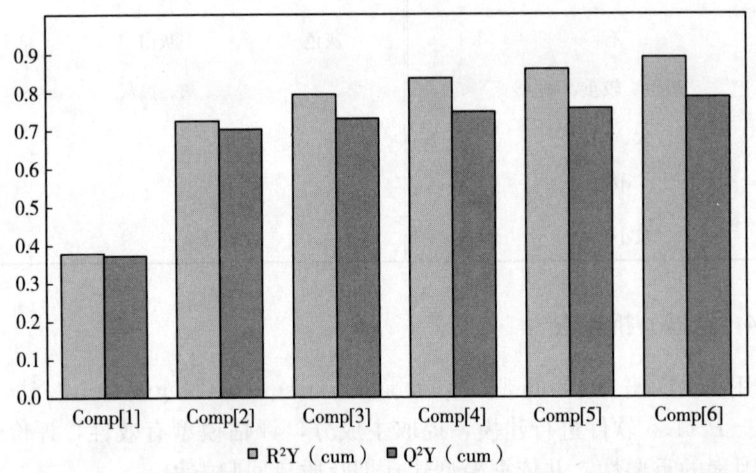

图4-2 烟叶感官质量与地理、气候、土壤、品种因子PLS模型主成分

合效果很好，所建模型判别结果为非常好。

烟叶感官质量与物理、外观质量及主要化学成分 PLS 模型 t[1]/t[2] 离散分布见图 4-3。由该图可看出，该模型所选观测值均位于椭圆内，不存在特异点，说明模型拟合效果好。判别结果为，该模型所选观测值均符合模型拟合范围，不需要对模型做改动。

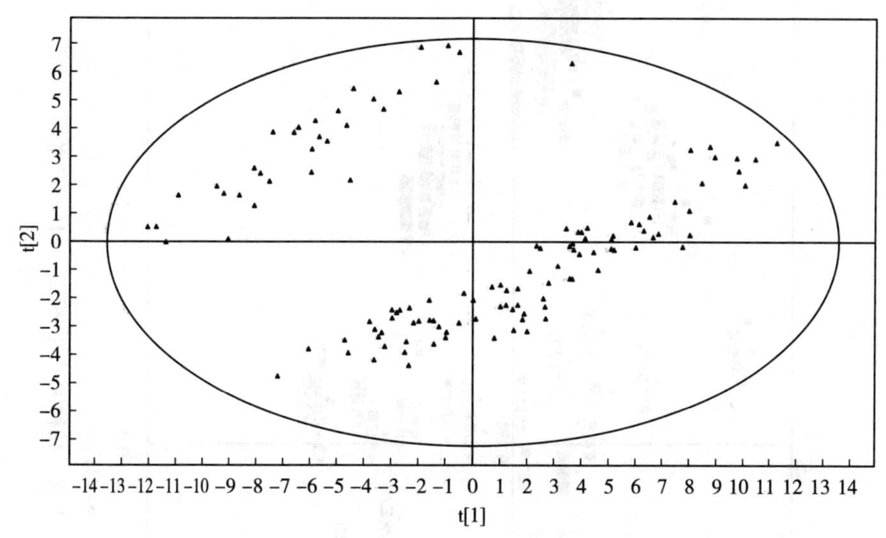

图 4-3　烟叶感官质量与地理、气候、土壤、品种因子 PLS 模型 t[1]/t[2] 离散分布

图 4-4 所示为烟叶感官质量与地理、气候、土壤及品种 PLS 模型 w∗c1/ w∗c2 平面图，该图较为直观地展现了保山市地理、气候、土壤及品种与烟叶感官质量的关系。就地理条件而言，烟叶感官质量各指标均与海拔高度存在高度负相关关系，与经度均存在负相关关系，而与纬度存在正相关关系。就气候条件而言，烟叶感官质量与大田期各月平均温、温差（4 月除外）、最高温、最低温、有效积温及 4～9 月温差、最高温、平均温、最低温平均值、总有效积温等热量条件存在高度的正相关关系，与各月日照时数、降水量及 4～9 月总日照时数、总降水量存在负相关关系。土壤条件而言，烟叶感官质量与有机质、碱解氮、速效磷、水溶性氯含量存在正相关关系，与有效硼、有效镁、有效锌、速效钾含量及 pH 则存在负相关关系。就品种而言，烟叶感官质量与 K326、红大等品种存在正相关关系，与云烟 87 及云烟 85 存在负相关关系。以上结果说明，海拔高度越高，烟叶感官质量越差；热量条件越好，感官质量越好；K326、红大 2 个品种感官质量好于云烟 87 及云烟 85。

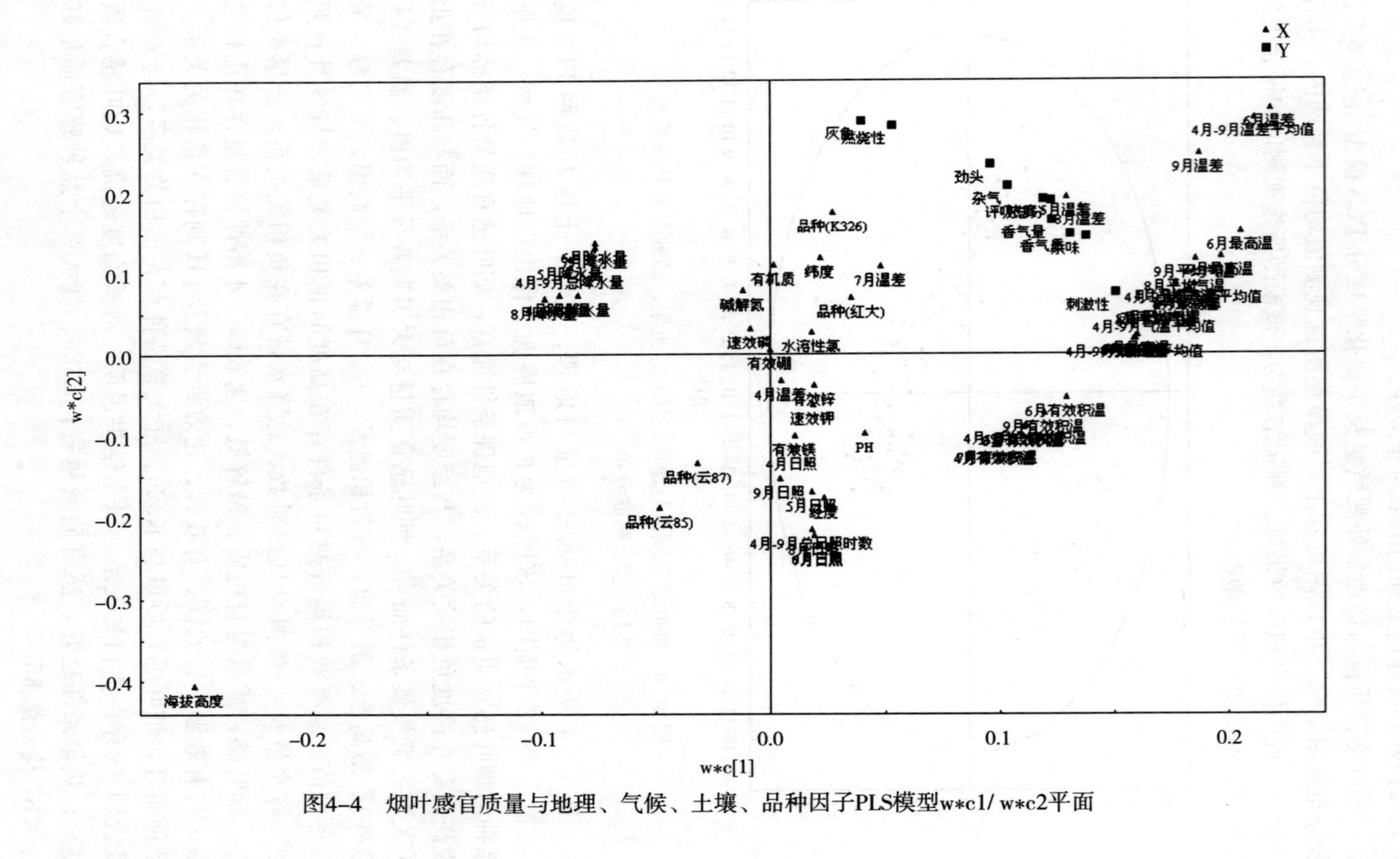

图4-4 烟叶感官质量与地理、气候、土壤、品种因子PLS模型w*c1/ w*c2平面

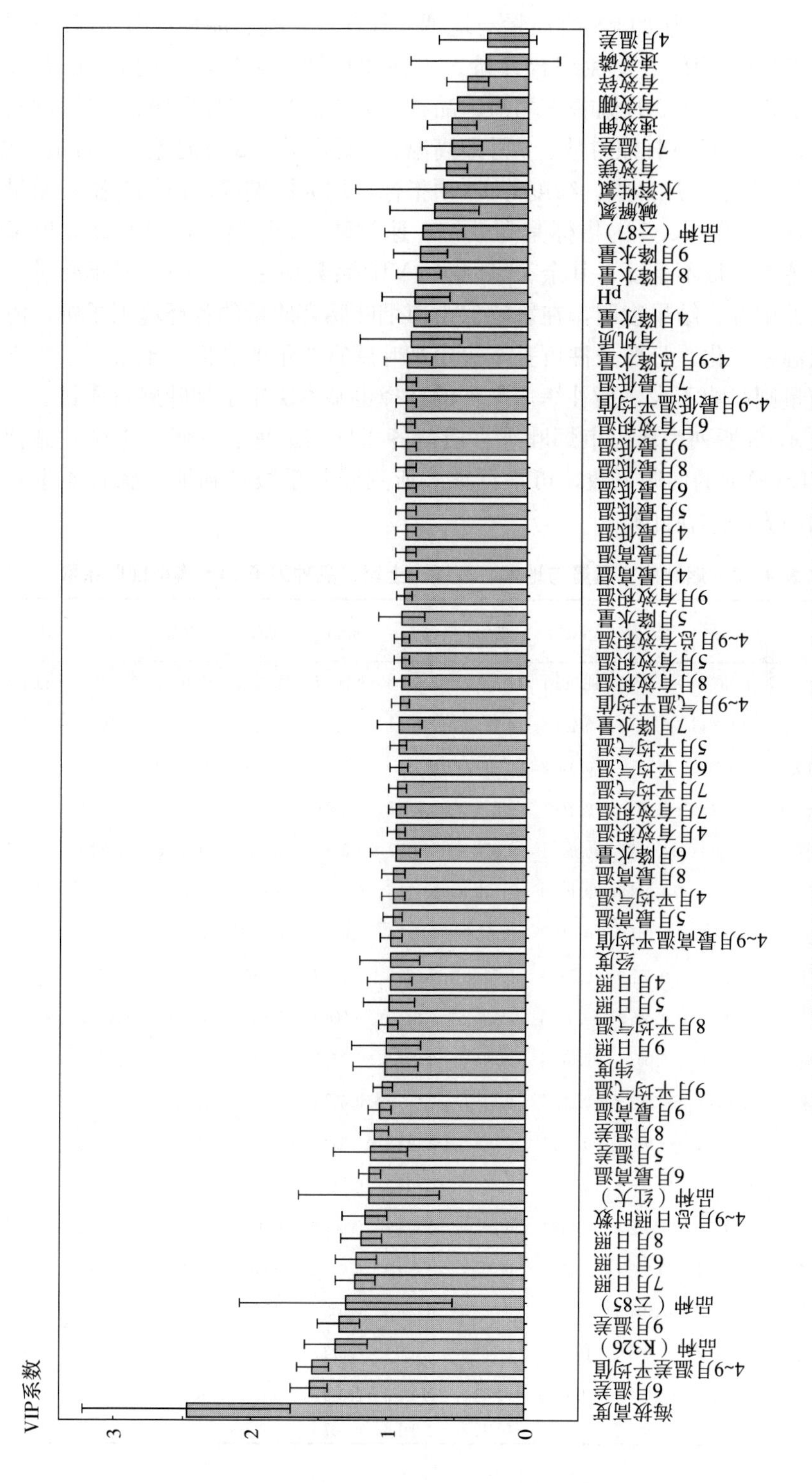

图4-5　烟叶感官质量与地理、气候、土壤、品种因子PLS模型指标重要性

图4-5所示为烟叶感官质量与地理、气候、土壤、品种成分PLS模型各自变量指标的VIP重要性综合评价。由该图可知，VIP>1的指标是海拔高度、6月温差、4～9月温差平均值、品种、9月温差、7月日照、6月日照、8月日照、4～9月总日照时数、6月最高温、5月温差、8月温差、9月最高温、9月平均气温、9月日照、纬度等16项指标，均为影响保山市烟叶感官质量的重要指标；VIP<0.5的指标是有效锌、速效磷、4月温差，说明该3项指标对烟叶感官质量不重要；其余44项指标VIP系数均在0.5～1，对烟叶感官质量重要性中等。结果表明，在影响保山市烟叶感官质量的各环境因子中，海拔高度及温差变化、日照条件可基本决定烟叶感官质量的高低，土壤因子对烟叶感官质量则影响不大，另外烤烟品种的选择也基本决定了烟叶感官质量。

表4-3所列为保山市烟叶感官质量各指标与地理、气候、土壤、品种等因素PLS模型的回归系数，可根据该表所列回归系数得到烟叶感官质量各指标的回归方程（在此略）。

表4-3　烟叶感官质量与地理、气候、土壤、品种因子PLS模型回归系数

项目	香气质	香气量	浓度	劲头	杂气	刺激性	余味	燃烧性	灰色	评吸总分
常数	9.883 8	11.203 2	11.065 1	11.612 7	11.629 6	9.961 7	12.025 3	26.164 3	24.590 5	13.428 4
品种（K326）	0.073 1	0.115 0	0.124 3	0.105 9	0.162 1	0.062 2	0.113 7	0.206 5	0.201 7	0.124 7
品种（红大）	0.123 1	0.105 9	−0.036 8	0.079 1	−0.067 7	0.034 2	−0.026 7	−0.074 1	−0.087 9	0.023 9
品种（云85）	−0.183 0	−0.201 0	−0.073 5	−0.160 4	−0.082 8	−0.089 0	−0.075 7	−0.096 1	−0.077 1	−0.130 5
品种（云87）	−0.060 1	−0.076 5	−0.044 1	−0.074 7	−0.045 1	−0.032 7	−0.039 7	−0.086 8	−0.083 4	−0.061 0
经度	−0.054 6	−0.053 5	−0.102 0	−0.073 2	−0.114 7	−0.056 7	−0.088 9	−0.104 0	−0.104 8	−0.084 4
纬度	0.045 4	0.067 9	0.011 2	0.023 0	0.054 4	0.002 3	0.014 2	0.020 8	0.009 8	0.032 0
海拔高度	−0.462 5	−0.437 9	−0.596 8	−0.524 3	−0.576 3	−0.464 7	−0.556 3	−0.581 0	−0.569 0	−0.553 8
pH	0.092 7	0.085 5	0.043 8	0.057 2	0.047 1	0.066 4	0.052 1	0.003 7	−0.008 3	0.061 4
有机质	−0.031 8	−0.003 1	−0.012 4	−0.021 2	0.021 6	−0.038 7	−0.014 7	0.034 2	0.033 8	−0.010 4
碱解氮	−0.050 2	−0.023 7	−0.033 7	−0.035 7	−0.009 7	−0.052 4	−0.035 3	0.017 1	0.019 0	−0.031 1
速效磷	−0.033 3	−0.020 4	−0.024 5	−0.025 1	−0.014 2	−0.032 3	−0.025 1	0.001 8	0.003 5	−0.023 7
速效钾	−0.009 8	0.003 8	−0.025 5	−0.005 9	−0.029 6	−0.014 0	−0.021 2	0.006 3	0.005 3	−0.012 6
有效镁	0.023 6	0.022 5	−0.018 7	0.002 1	−0.021 7	0.007 6	−0.010 6	−0.032 4	−0.038 2	−0.002 2
有效锌	−0.002 4	0.008 4	−0.000 8	0.007 1	−0.004 9	0.000 2	0.000 4	0.028 1	0.028 3	0.004 4
有效硼	0.035 1	0.041 3	−0.035 0	0.002 5	−0.020 2	−0.008 8	−0.026 5	−0.047 7	−0.057 5	−0.005 9
水溶性氯	0.083 2	0.096 1	0.090 5	0.097 6	0.090 1	0.072 6	0.086 5	0.124 5	0.120 0	0.097 7
4月降水量	−0.006 8	−0.000 5	−0.014 6	−0.013 6	0.006 8	−0.023 6	−0.016 2	−0.013 3	−0.015 2	−0.010 9
4月平均气温	0.006 3	0.006 2	0.006 3	0.012 8	−0.001 8	0.007 4	0.005 8	0.009 6	0.010 8	0.007 1

（续）

项目	香气质	香气量	浓度	劲头	杂气	刺激性	余味	燃烧性	灰色	评吸总分
4月日照	0.093 8	0.104 3	0.091 5	0.085 0	0.100 2	0.085 9	0.094 9	0.099 3	0.089 7	0.099 9
5月降水量	−0.014 2	−0.004 8	−0.012 6	0.000 4	−0.006 1	−0.026 5	−0.018 4	0.017 0	0.019 4	−0.009 1
5月平均气温	0.000 6	−0.000 5	−0.008 7	0.003 7	−0.019 7	0.000 2	−0.007 3	−0.007 2	−0.006 2	−0.004 7
5月日照	0.005 2	0.010 3	−0.024 6	−0.003 2	−0.037 7	0.003 2	−0.015 8	−0.013 7	−0.016 9	−0.009 2
6月降水量	0.021 5	0.023 7	0.017 7	0.030 4	0.022 5	0.003 2	0.010 9	0.029 9	0.030 1	0.021 1
6月平均气温	0.002 8	0.002 0	−0.013 8	0.003 2	−0.024 7	−0.001 5	−0.011 5	−0.013 2	−0.013 0	−0.006 9
6月日照	−0.029 7	−0.032 0	−0.047 4	−0.052 3	−0.050 8	−0.016 8	−0.035 2	−0.067 3	−0.069 9	−0.043 3
7月降水量	0.006 2	0.012 6	−0.002 3	0.019 1	−0.000 7	−0.012 6	−0.008 4	0.022 9	0.024 2	0.004 8
7月平均气温	0.009 5	0.007 6	−0.003 4	0.011 0	−0.014 9	0.006 3	−0.001 9	−0.004 2	−0.003 9	0.001 9
7月日照	−0.034 9	−0.037 7	−0.053 0	−0.057 8	−0.056 9	−0.021 3	−0.040 6	−0.073 9	−0.076 1	−0.049 1
8月降水量	−0.011 7	−0.011 0	−0.043 3	−0.014 6	−0.042 6	−0.034 8	−0.044 2	−0.037 5	−0.037 4	−0.030 9
8月平均气温	0.015 8	0.016 2	0.001 5	0.020 2	−0.009 1	0.008 2	0.001 8	0.006 9	0.007 0	0.008 7
8月日照	−0.003 9	−0.003 5	−0.019 2	−0.024 8	−0.020 1	0.005 1	−0.008 3	−0.034 1	−0.038 5	−0.013 9
9月降水量	0.018 9	0.017 5	−0.019 7	0.004 0	−0.010 3	−0.012 3	−0.019 5	−0.030 9	−0.034 9	−0.005 8
9月平均气温	0.017 2	0.017 9	0.005 6	0.024 1	−0.005 2	0.009 8	0.005 0	0.013 1	0.013 5	0.012 1
9月日照	−0.053 9	−0.032 7	−0.044 6	−0.041 2	−0.047 6	−0.036 4	−0.038 7	0.005 9	0.008 1	−0.039 3
4月最高温	0.023 3	0.025 2	0.023 7	0.015 8	0.029 7	0.023 4	0.026 4	0.013 8	0.010 7	0.024 1
5月最高温	0.033 5	0.036 5	0.035 6	0.031 7	0.040 5	0.030 0	0.035 9	0.032 0	0.029 3	0.036 5
6月最高温	0.053 8	0.057 5	0.059 3	0.058 7	0.063 0	0.045 6	0.056 3	0.061 9	0.059 2	0.060 3
7月最高温	0.020 1	0.021 7	0.020 7	0.012 6	0.026 3	0.021 1	0.023 6	0.010 4	0.007 5	0.020 8
8月最高温	0.035 9	0.038 2	0.040 1	0.034 1	0.044 9	0.033 6	0.040 3	0.035 0	0.032 2	0.040 0
9月最高温	0.047 5	0.050 4	0.054 5	0.050 2	0.058 6	0.042 7	0.052 5	0.053 4	0.050 8	0.054 1
4月最低温	0.020 1	0.021 7	0.020 7	0.012 6	0.026 3	0.021 1	0.023 6	0.010 4	0.007 5	0.020 8
5月最低温	0.020 1	0.021 7	0.020 7	0.012 6	0.026 3	0.021 1	0.023 6	0.010 4	0.007 5	0.020 8
6月最低温	0.020 1	0.021 7	0.020 7	0.012 6	0.026 3	0.021 1	0.023 6	0.010 4	0.007 5	0.020 8
7月最低温	0.019 7	0.021 3	0.019 6	0.012 0	0.025 0	0.020 5	0.022 5	0.009 3	0.006 4	0.019 9
8月最低温	0.020 1	0.021 7	0.020 7	0.012 6	0.026 3	0.021 1	0.023 6	0.010 4	0.007 5	0.020 8
9月最低温	0.020 1	0.021 7	0.020 7	0.012 6	0.026 3	0.021 1	0.023 6	0.010 4	0.007 5	0.020 8
4月温差	−0.047 7	−0.045 4	−0.017 8	−0.041 2	−0.012 8	−0.026 1	−0.018 1	−0.013 7	−0.009 8	−0.030 6
5月温差	−0.076 0	−0.057 1	−0.106 2	−0.067 9	−0.098 6	−0.096 6	−0.104 7	−0.065 9	−0.062 2	−0.088 9
6月温差	0.116 7	0.120 4	0.126 2	0.137 1	0.124 8	0.093 8	0.114 7	0.142 1	0.138 7	0.129 1
7月温差	−0.007 5	0.003 8	−0.007 1	−0.002 1	0.005 2	−0.017 0	−0.008 9	0.012 3	0.012 1	−0.003 2

（续）

项目	香气质	香气量	浓度	劲头	杂气	刺激性	余味	燃烧性	灰色	评吸总分
8月温差	−0.051 4	−0.050 4	−0.035 3	−0.034 9	−0.036 9	−0.044 8	−0.040 0	−0.024 6	−0.017 8	−0.042 8
9月温差	−0.007 7	0.002 5	−0.023 7	0.003 6	−0.021 0	−0.028 0	−0.026 9	0.000 7	0.002 2	−0.013 1
4月有效积温	−0.002 5	−0.009 8	−0.015 2	−0.026 2	−0.013 2	0.004 2	−0.006 7	−0.050 4	−0.053 9	−0.015 2
5月有效积温	0.002 1	−0.004 5	−0.009 6	−0.019 3	−0.007 7	0.007 4	−0.002 0	−0.042 1	−0.045 5	−0.009 3
6月有效积温	0.012 2	0.006 3	0.002 3	−0.006 1	0.004 0	0.015 3	0.008 4	−0.027 1	−0.030 6	0.002 6
7月有效积温	−0.003 0	−0.010 3	−0.015 6	−0.026 5	−0.013 8	0.003 7	−0.007 2	−0.050 6	−0.054 0	−0.015 6
8月有效积温	0.002 9	−0.003 9	−0.008 1	−0.018 5	−0.006 3	0.008 5	−0.000 6	−0.041 1	−0.044 5	−0.008 3
9月有效积温	0.007 9	0.001 3	−0.002 0	−0.011 9	−0.000 3	0.012 5	0.004 7	−0.033 6	−0.037 0	−0.002 2
4~9月气温平均值	0.004 2	0.002 3	−0.007 1	0.004 2	−0.016 9	0.002 9	−0.005 0	−0.009 8	−0.009 6	−0.002 8
4~9月最高温平均值	0.037 7	0.040 4	0.041 3	0.036 5	0.046 1	0.034 3	0.041 2	0.037 4	0.034 6	0.041 7
4~9月最低温平均值	0.020 1	0.021 6	0.020 6	0.012 5	0.026 1	0.021 0	0.023 4	0.010 2	0.007 3	0.020 7
4~9月温差平均值	0.016 3	0.026 7	0.017 6	0.035 2	0.021 4	−0.000 7	0.010 7	0.045 1	0.046 7	0.022 5
4~9月总有效积温	0.003 4	−0.003 4	−0.007 9	−0.018 0	−0.006 1	0.008 7	−0.000 5	−0.040 7	−0.044 2	−0.007 9
4~9月总日照时数	−0.013 4	−0.009 1	−0.028 8	−0.028 0	−0.032 7	−0.004 2	−0.018 3	−0.029 8	−0.032 9	−0.021 3
4~9月总降水量	0.006 2	0.009 3	−0.011 8	0.008 4	−0.006 5	−0.016 0	−0.015 6	−0.001 5	−0.001 8	−0.003 3

2.1.2 地理、气候、土壤、品种对烟叶外观质量的影响 图4-6所示为烟叶外观质量与地理、气候、土壤、品种等因素PLS模型主成分提取情况。由该图可知，烟叶感官质量（*Y*）与烟叶物理、外观质量及主要化学成分（*X*）PLS模型，提取7个PLS主成分，即得到最佳拟合模型，累计 $R^2Y>0.8$，累计 $Q^2Y>0.5$，说明自变量对因变量解释性强，累计交叉有效性高，该模型拟合效果好，所建模型判别结果为非常好。

图4-7为烟叶外观质量与地理、气候、土壤、品种PLS模型t[1]/t[2]离散分布。由该图可看出，该模型所选观测值均位于椭圆内，不存在特异点，说明模型拟合效果好。判别结果为，该模型所选观测值均符合模型拟合范围，不需要对模型做改动。

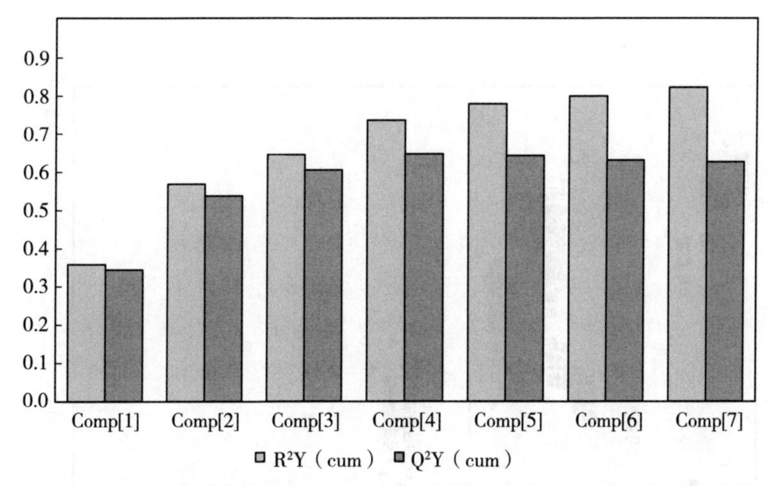

图 4-6　烟叶外观质量与地理、气候、土壤、品种因子 PLS 模型主成分

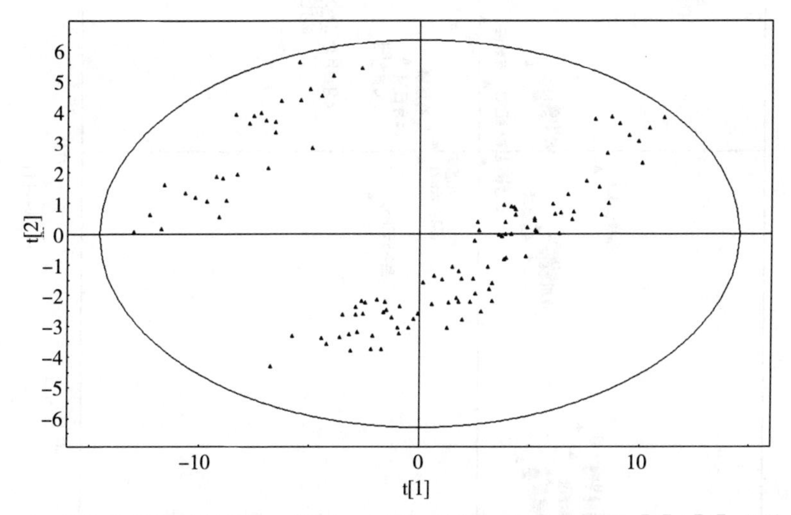

图 4-7　烟叶外观质量与地理、气候、土壤、品种因子 PLS 模型 t[1]/t[2] 离散分布

图 4-8 所示为烟叶外观质量与地理、气候、土壤、品种等因素 PLS 模型 w＊c1/ w＊c2 平面图。由该图可知，烟叶外观质量各指标与海拔高度、降水量存在高度负相关关系，与热量条件（4 月温差除外）存在高度正相关关系，与日照时数、4 月温差、土壤 pH、有效镁、速效钾含量及品种云烟 85、云烟 87 等存在负相关关系，与经度、纬度、土壤碱解氮、有机质、速效磷、水溶性氯、有效锌、有效硼含量及品种 K326、红大等存在正相关关系。说明海拔高度越高、降水量越大，保山市烟叶外观质量越差；热量条件越好，外观质量越好；品种 K326、红大外观品种好于云烟 85、云烟 87。

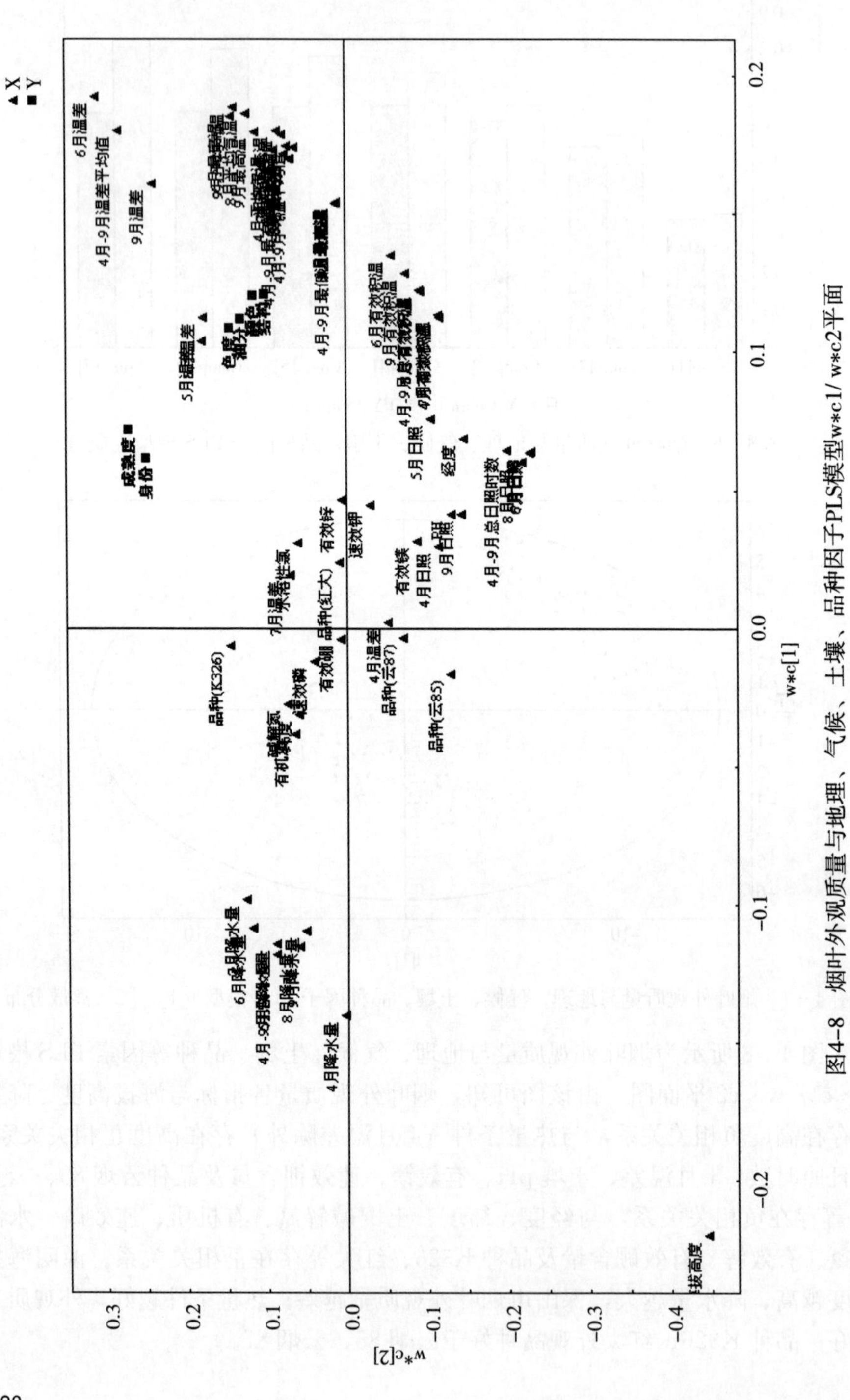

图4-8 烟叶外观质量与地理、气候、土壤、品种因子PLS模型w*c1/ w*c2平面

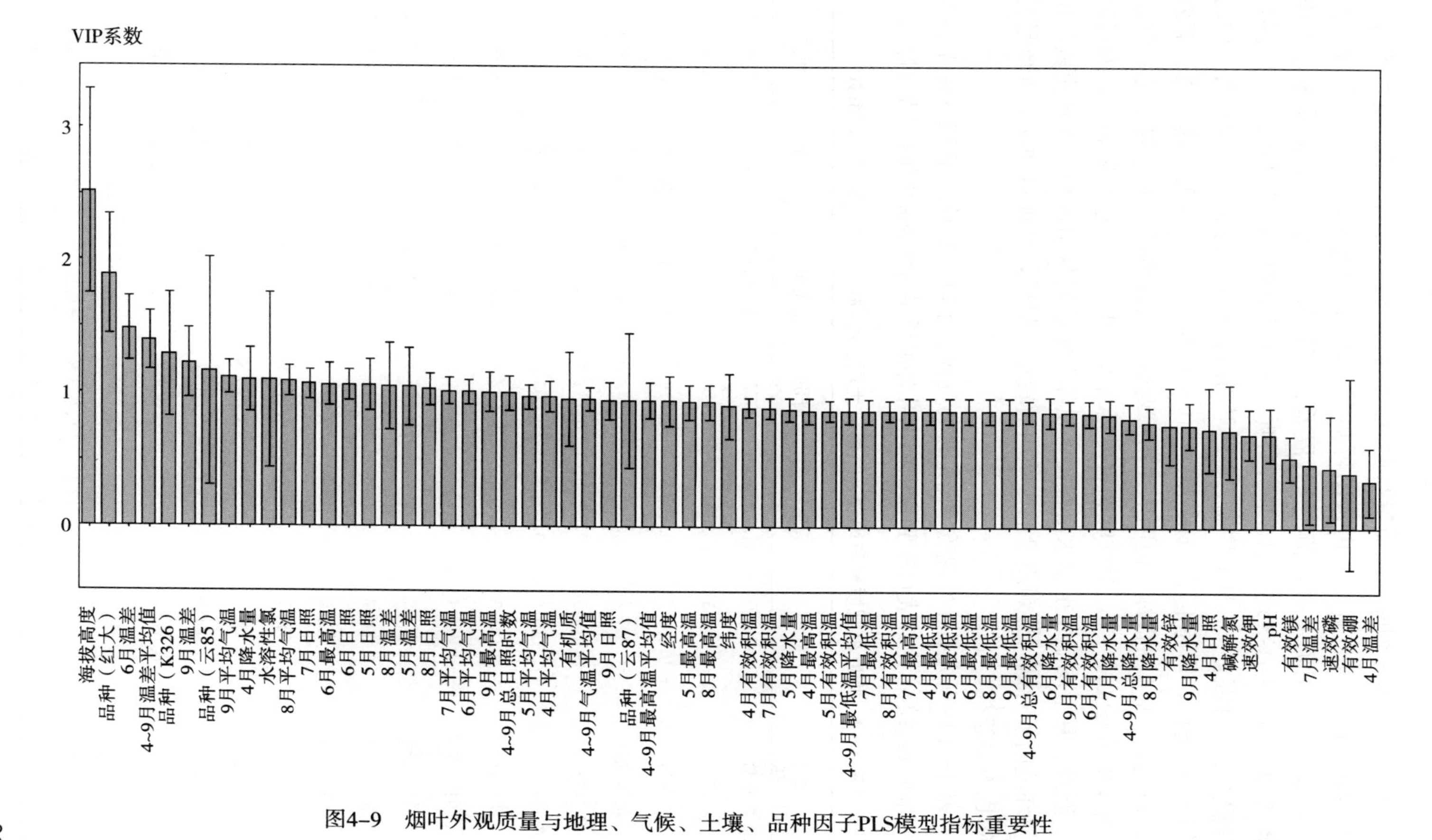

图4-9　烟叶外观质量与地理、气候、土壤、品种因子PLS模型指标重要性

图 4-9 所示为烟叶外观质量与地理、气候、土壤、品种 PLS 模型各自变量指标的 VIP 重要性评价。由该图可知，VIP>1 的指标是海拔高度、品种、6 月温差、4～9 月温差平均值、9 月温差、9 月平均气温、4 月降水量、土壤水溶性氯含量、8 月平均气温、7 月日照、6 月最高温、6 月日照、5 月日照、8 月温差、5 月温差、7 月平均温、6 月平均温、9 月最高温、4～9 月总日照时数等 19 项指标，均为重要指标；VIP<0.5 的指标为 7 月温差、速效磷、有效硼、4 月温差等 4 项指标，说明上述指标对烟叶感官质量为非重要指标；其余 38 项 VIP 介于 0.5～1，对烟叶感官质量重要性中等。上述结果表明，海拔高度、温差、月平均温及土壤水溶性氯含量能基本决定保山市烟叶外观质量，而其他环境因子对烟叶外观质量的影响相对较小；另外，品种对烟叶外观质量的影响也不容忽视。

表 4-4 所列为烟叶外观质量与地理、气候、土壤、品种因子 PLS 模型各因子变量回归系数。由该表可得到保山市烟叶外观质量各指标的回归方程（略）。

表 4-4 烟叶外观质量与地理、气候、土壤、品种因子 PLS 模型回归系数

项目	颜色	成熟度	身份	结构	油分	色度
常数	8.509 0	11.725 6	8.577 8	15.836 3	14.233 3	7.009 2
经度	−0.035 5	−0.090 8	−0.123 9	−0.047 9	−0.005 5	0.032 0
纬度	−0.058 7	0.048 3	−0.019 9	−0.014 9	−0.029 5	−0.005 9
海拔高度	−0.497 7	−0.516 8	−0.632 7	−0.516 5	−0.495 2	−0.409 1
4 月降水量	−0.161 5	−0.094 3	−0.111 2	−0.134 9	−0.128 2	−0.113 9
4 月平均气温	0.004 6	−0.004 7	−0.003 5	−0.009 5	−0.007 5	−0.006 4
4 月日照	0.045 3	0.048 7	0.082 7	0.063 3	0.058 5	0.041 9
5 月降水量	−0.076 4	−0.043 4	−0.040 5	−0.076 3	−0.064 4	−0.056 9
5 月平均气温	0.022 9	−0.001 3	−0.008 1	0.003 9	0.009 5	0.015 2
5 月日照	0.093 8	0.026 0	0.015 9	0.072 2	0.087 2	0.098 7
6 月降水量	−0.020 6	0.003 1	0.013 1	−0.016 9	0.000 1	0.001 9
6 月平均气温	0.044 7	0.015 0	−0.007 6	0.021 1	0.024 5	0.035 5
6 月日照	−0.042 3	−0.076 5	−0.073 8	−0.033 4	−0.022 3	−0.016 1
7 月降水量	−0.008 9	0.003 4	−0.003 7	−0.018 3	−0.002 2	0.008 5
7 月平均气温	0.053 6	0.023 8	0.008 8	0.032 0	0.037 5	0.045 5
7 月日照	−0.045 4	−0.080 7	−0.079 4	−0.037 1	−0.025 5	−0.018 4
8 月降水量	−0.040 8	−0.043 1	−0.052 8	−0.043 0	−0.008 0	0.011 3
8 月平均气温	0.058 5	0.033 3	0.008 3	0.032 2	0.033 7	0.044 6

（续）

项目	颜色	成熟度	身份	结构	油分	色度
8 月日照	−0. 026 0	−0. 054 4	−0. 044 6	−0. 014 6	−0. 006 2	−0. 004 5
9 月降水量	−0. 040 0	−0. 024 9	−0. 061 5	−0. 032 5	−0. 007 3	0. 017 9
9 月平均气温	0. 060 7	0. 037 2	0. 015 1	0. 033 7	0. 034 9	0. 044 4
9 月日照	−0. 075 7	−0. 086 1	−0. 084 0	−0. 089 7	−0. 093 1	−0. 083 6
4 月最高温	−0. 015 8	0. 003 1	−0. 012 6	−0. 006 6	−0. 012 8	−0. 008 2
5 月最高温	0. 003 0	0. 024 2	0. 010 6	0. 008 6	0. 004 3	0. 008 0
6 月最高温	0. 040 5	0. 063 8	0. 057 5	0. 041 9	0. 035 6	0. 033 6
7 月最高温	−0. 015 5	0. 002 1	−0. 012 5	−0. 006 8	−0. 013 0	−0. 009 0
8 月最高温	0. 010 1	0. 030 8	0. 020 6	0. 016 2	0. 010 0	0. 010 9
9 月最高温	0. 029 6	0. 052 5	0. 045 8	0. 033 7	0. 027 6	0. 026 1
4 月最低温	−0. 015 5	0. 002 1	−0. 012 5	−0. 006 8	−0. 013 0	−0. 009 0
5 月最低温	−0. 015 5	0. 002 1	−0. 012 5	−0. 006 8	−0. 013 0	−0. 009 0
6 月最低温	−0. 015 5	0. 002 1	−0. 012 5	−0. 006 8	−0. 013 0	−0. 009 0
7 月最低温	−0. 019 2	−0. 001 9	−0. 015 4	−0. 010 2	−0. 014 3	−0. 009 7
8 月最低温	−0. 015 5	0. 002 1	−0. 012 5	−0. 006 8	−0. 013 0	−0. 009 0
9 月最低温	−0. 015 5	0. 002 1	−0. 012 5	−0. 006 8	−0. 013 0	−0. 009 0
4 月温差	−0. 018 2	−0. 003 3	−0. 038 6	−0. 018 1	−0. 050 5	−0. 047 3
5 月温差	−0. 097 3	−0. 067 1	−0. 094 6	−0. 105 7	−0. 069 1	−0. 035 5
6 月温差	0. 147 4	0. 166 3	0. 188 3	0. 139 0	0. 137 0	0. 119 3
7 月温差	−0. 055 5	−0. 012 4	−0. 041 8	−0. 055 2	−0. 068 6	−0. 056 9
8 月温差	−0. 061 5	−0. 042 5	−0. 040 0	−0. 077 2	−0. 076 9	−0. 075 0
9 月温差	0. 001 5	0. 027 3	0. 017 2	−0. 010 1	0. 001 6	0. 011 5
4 月有效积温	−0. 033 0	−0. 040 1	−0. 039 4	−0. 014 9	−0. 008 6	−0. 007 4
5 月有效积温	−0. 026 5	−0. 031 5	−0. 031 1	−0. 009 8	−0. 003 5	−0. 002 4
6 月有效积温	−0. 010 8	−0. 013 4	−0. 011 0	0. 004 1	0. 009 1	0. 008 2
7 月有效积温	−0. 033 6	−0. 040 8	−0. 039 7	−0. 015 8	−0. 009 1	−0. 007 9
8 月有效积温	−0. 024 2	−0. 029 4	−0. 027 8	−0. 007 4	−0. 001 7	−0. 001 5
9 月有效积温	−0. 016 7	−0. 020 6	−0. 018 0	−0. 000 6	0. 004 9	0. 004 3

（续）

项目	颜色	成熟度	身份	结构	油分	色度
4～9月气温平均值	0.025 8	0.002 2	−0.007 3	0.009 3	0.014 7	0.020 9
4～9月最高温平均值	0.011 7	0.032 9	0.022 1	0.017 2	0.011 3	0.012 5
4～9月最低温平均值	−0.016 1	0.001 4	−0.013 0	−0.007 3	−0.013 2	−0.009 1
4～9月温差平均值	0.022 0	0.056 6	0.048 6	0.009 9	0.013 1	0.017 6
4～9月总有效积温	−0.024 0	−0.029 1	−0.027 6	−0.007 2	−0.001 4	−0.001 0
4～9月总日照时数	−0.013 6	−0.049 5	−0.045 2	−0.012 5	−0.003 8	0.001 7
4～9月总降水量	−0.040 0	−0.022 1	−0.032 1	−0.038 7	−0.016 9	−0.003 0
品种（K326）	0.081 8	0.180 9	−0.005 8	0.063 0	−0.048 6	−0.009 5
品种（红大）	−0.191 6	−0.260 4	−0.176 3	−0.139 8	0.160 2	0.251 4
品种（云85）	0.005 9	0.002 2	0.157 7	0.006 5	−0.085 9	−0.194 1
品种（云87）	0.138 1	0.090 3	0.059 2	0.093 0	−0.044 4	−0.095 9
pH	−0.024 3	−0.036 4	−0.033 6	−0.001 7	0.016 2	0.019 8
有机质	−0.105 3	0.005 7	0.016 7	−0.064 3	−0.046 0	−0.034 3
碱解氮	−0.013 4	0.048 7	0.042 3	−0.007 2	−0.016 6	−0.010 6
速效磷	−0.035 2	0.002 3	−0.023 4	−0.034 9	−0.032 6	−0.013 9
速效钾	−0.026 1	−0.037 8	−0.039 1	−0.040 6	−0.018 1	0.000 5
有效镁	0.035 4	−0.005 6	−0.002 3	0.030 6	0.036 3	0.035 2
有效锌	0.071 6	0.053 7	0.067 5	0.057 7	0.067 8	0.069 5
有效硼	0.056 8	0.055 5	0.045 7	0.071 8	0.086 2	0.090 6
水溶性氯	0.141 2	0.132 0	0.017 0	0.089 6	0.012 2	0.033 3

2.1.3 地理、气候、土壤、品种对烟叶主要化学成分的影响 保山市烟叶主要化学成分（Y）与地理、气候、土壤、品种因子（X）PLS模型主成分提取状况见图4－10。由该图可知，提取6个PLS主成分，即得到最佳拟合模型，但累计$Q^2Y<0.5$且$R^2Y<0.8$，说明自变量对因变量解释性较差，累计交叉有效性低，所建模型判别结果为不合适。说明保山市烟叶主要化学成分影响因子可能不是外部环境因子及品种差异，有可能是由于配套栽培措施差异所导致，如施肥量不同可能影响烟叶总氮、总烟碱等含氮化合物含量的差异。

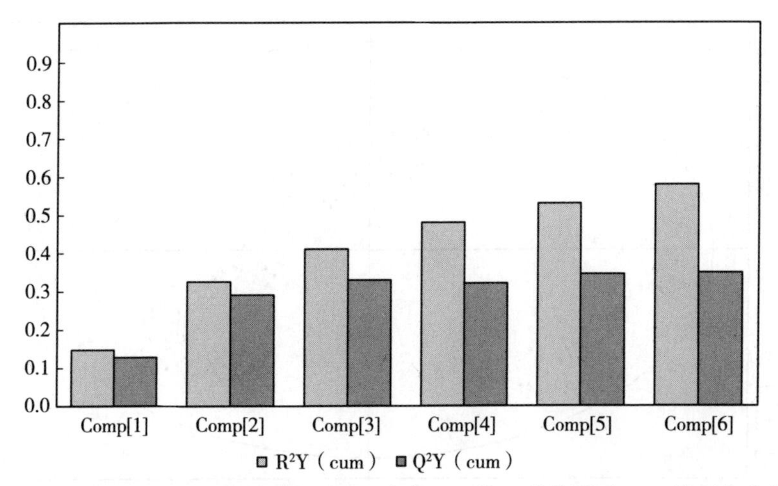

图 4-10　烟叶主要化学成分与地理、气候、土壤、品种因子 PLS 模型主成分

2.1.4　地理、气候、土壤、品种对烟叶物理质量的影响　烟叶物理质量（*Y*）与地理、气候、土壤、品种因子（*X*）PLS 模型主成分提取状况（图 4-11），由该图可知，提取 6 个 PLS 主成分，即得到最佳拟合模型，累计 $R^2Y>0.9$，累计 $Q^2Y>0.8$，说明自变量对因变量解释性很强，累计交叉有效性高，该模型拟合效果很好，所建模型判别结果为非常好。

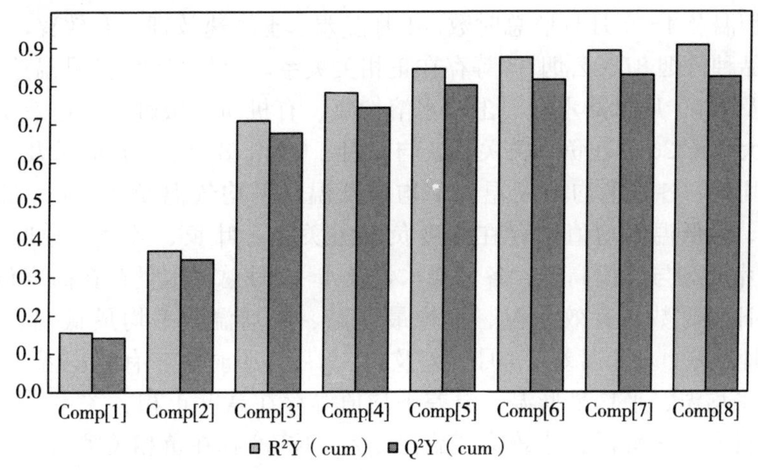

图4-11　烟叶物理质量与地理、气候、土壤、品种因子 PLS 模型主成分

烟叶物理质量（*Y*）与地理、气候、土壤、品种因子（*X*）PLS 模型 t[1]/t[2]离散分布见图 4-12。由该图可看出，该模型所选观测值均位于椭圆内，不存在特异点，说明模型拟合效果好。判别结果为，该模型所选观测值均符合模型拟合范围，不需要对模型做改动。

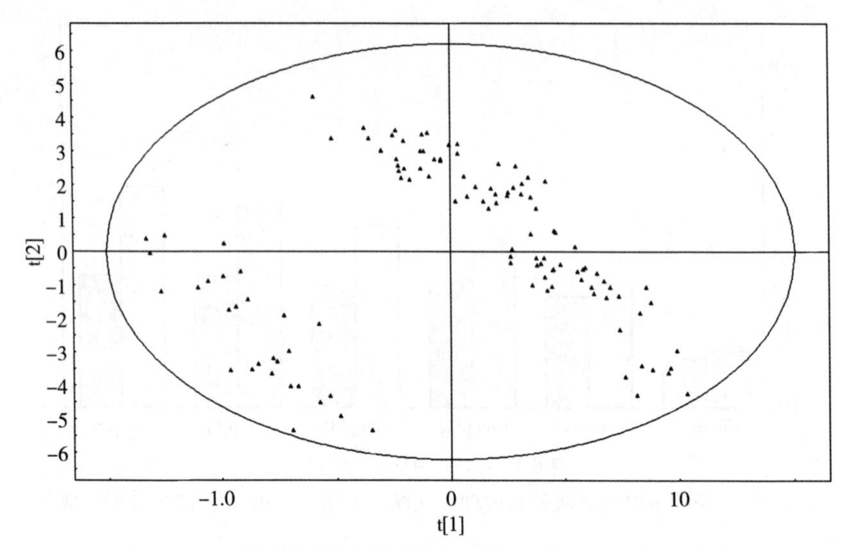

图 4-12 烟叶物理质量与地理、气候、土壤、品种因子 PLS 模型 t[1]/t[2] 离散分布

图 4-13 所示为烟叶物理质量与地理、气候、土壤、品种因子 PLS 模型 w＊c1/w＊c2 平面图。由该图可知，保山市烟叶含水率、平衡含水率与海拔高度存在高度正相关关系，与经度、各月日照时数及 4～9 月日照总时数、各月有效积温及 4～9 月日照总时数、4 月温差、土壤速效钾、有效锌、有效硼含量、品种云烟 87、云烟 85 等存在正相关关系，而与纬度、7 月温差、各月降水量及 4～9 月总降水量、土壤水溶性氯、有机质、碱解氮、速效磷含量、品种红大、K326 存在负相关关系，与 5 月、6 月、8 月、9 月温差及 4～9 月温差平均值、各月平均最高温、平均最低温、平均气温及 4～9 月最高温、月均温、最低温平均值则存在高度负相关关系。叶长、叶宽、单叶重、密度、开片度等与海拔高度、各月降水量及 4～9 月总降水量存在高度负相关，与各月日照时数、有效积温、平均最高温、平均温、平均最低温、5 月温差、6 月温差、8 月温差、9 月温差及 4～9 月日照时数、有效积温、平均最高温、平均温、平均最低温、温差平均值等存在高度正相关关系，与纬度、土壤有机质、碱解氮、速效磷、品种红大、K326 存在负相关关系，与经度、4 月温差、7 月温差、土壤有效钾、有效锌、有效硼、水溶性氯含量、pH 及品种云烟 87、云烟 85 存在正相关关系。以上结果说明，海拔高度越高、降水量越大，对保山市烟叶物理质量越不利；热量条件、日照条件越好则烟叶物理质量越好；土壤因素对烟叶物理质量影响相对较小；品种红大、K326 物理质量好于云烟 87、云烟 85。

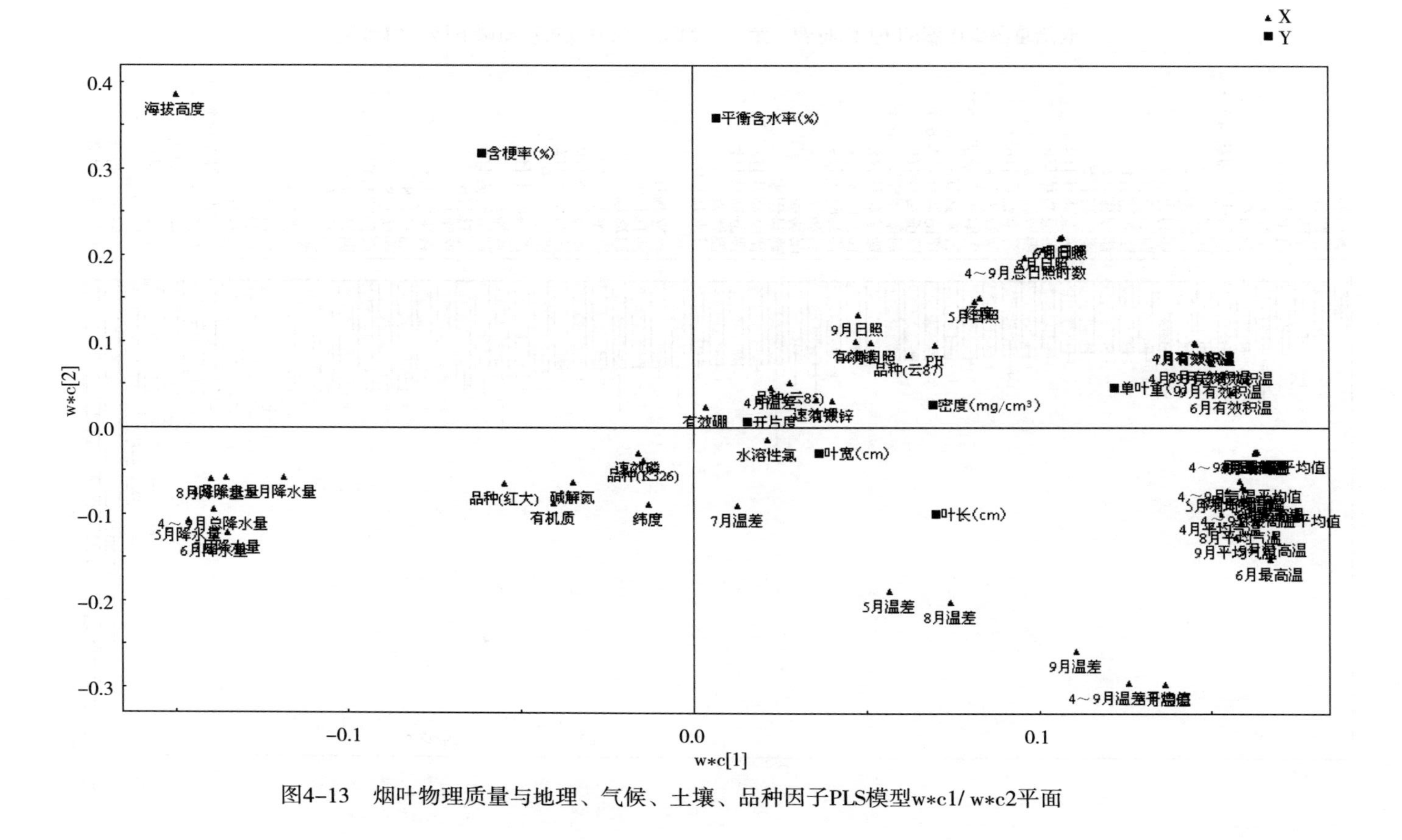

图4-13　烟叶物理质量与地理、气候、土壤、品种因子PLS模型w*c1/ w*c2平面

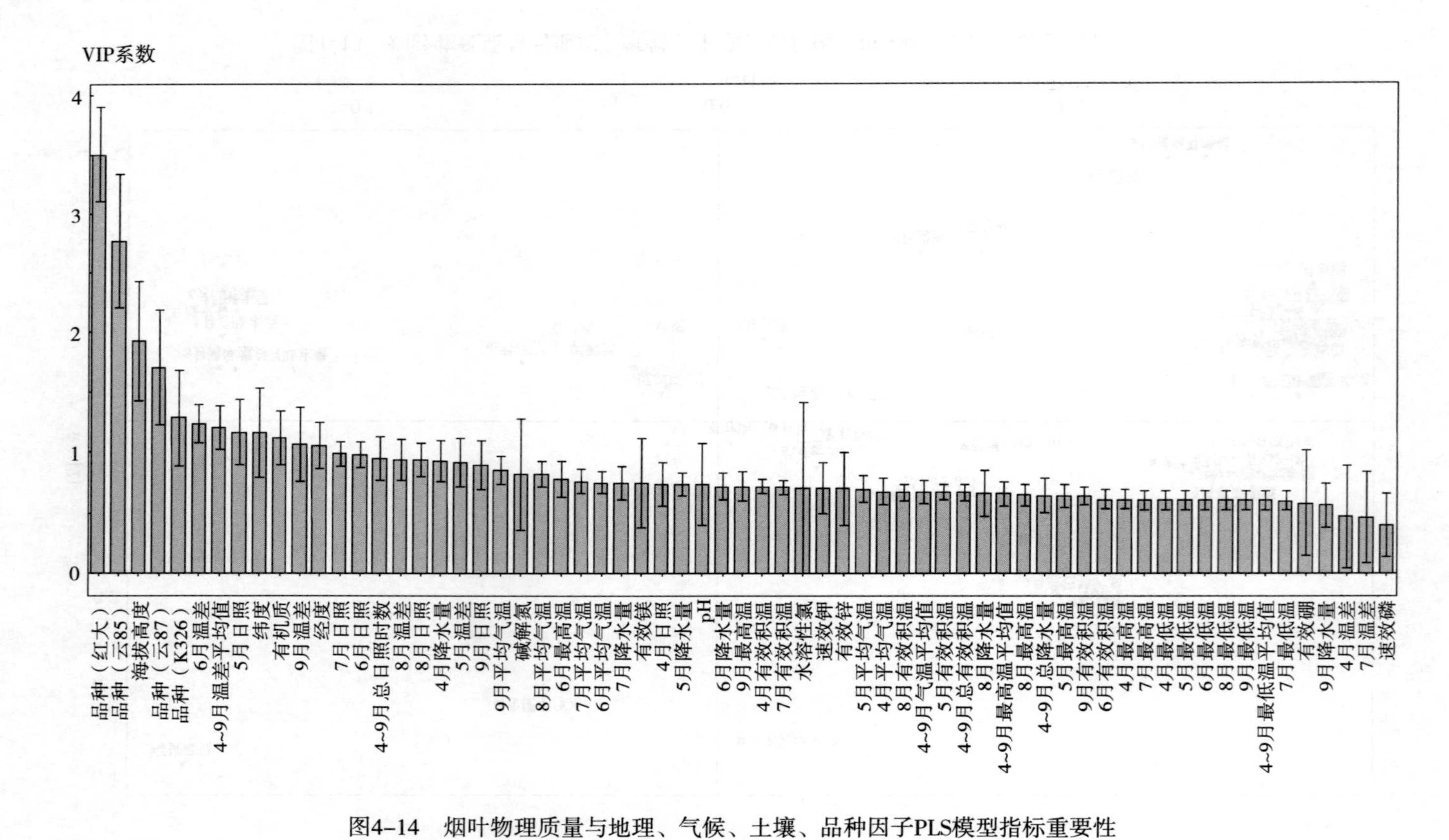

图4-14　烟叶物理质量与地理、气候、土壤、品种因子PLS模型指标重要性

图 4－14 所示为烟叶物理质量与地理、气候、土壤、品种因子 PLS 模型各自变量指标的 VIP 重要性状况。由该图可知，VIP＞1 的指标有品种、海拔高度、6 月温差、4～9 月温差平均值、5 月日照时数、纬度、土壤有机质含量、9 月温差、经度等 10 项指标，均为影响烟叶物理质量的重要指标；VIP＜0.5的指标有 4 月温差、7 月温差及土壤速效磷含量等 3 项指标，说明该 3 项指标对烟叶物理质量为非重要指标；其余 50 项指标 VIP 系数均在 0.5～1，对烟叶物理质量影响的重要性中等。上述结果表明，保山市烟叶物理质量可能由品种及海拔高度决定，而土壤因子对烟叶物理质量的影响较小。

表 4－5 所列为烟叶物理质量与地理、气候、土壤、品种因子 PLS 模型各因变量与自变量 PLS 回归系数，由该表可得到物理质量各因变量的回归方程（略）。

表 4－5　烟叶物理质量与地理、气候、土壤、品种因子 PLS 模型回归系数

项目	叶长	叶宽	开片度	单叶重	密度	含梗率	平衡含水率
常数	16.913 6	5.724 3	7.456 9	9.408 4	5.403 2	5.670 1	17.617 6
品种（K326）	−0.012 6	0.092 3	0.136 3	0.105 2	−0.071 2	0.088 1	0.105 1
品种（红大）	−0.555 2	−0.616 4	−0.586 1	−0.185 5	0.411 1	−0.084 2	−0.119 3
品种（云 85）	0.320 7	0.520 4	0.541 8	−0.008 5	−0.455 3	−0.030 5	−0.030 9
品种（云 87）	0.388 9	0.068 5	−0.065 8	0.110 2	0.103 3	0.022 7	0.046 5
经度	−0.062 1	−0.055 2	−0.044 5	0.051 2	0.063 3	0.047 9	0.077 0
纬度	0.046 5	0.004 4	−0.014 3	−0.017 0	0.005 9	−0.078 4	−0.097 9
海拔高度	−0.388 4	−0.237 7	−0.142 9	−0.203 4	0.018 5	0.586 7	0.524 3
pH	−0.010 8	−0.064 8	−0.084 6	−0.021 5	0.068 5	−0.076 0	−0.077 4
有机质	−0.052 8	−0.026 3	−0.014 3	−0.079 2	−0.026 1	0.006 7	−0.035 1
碱解氮	0.007 4	−0.008 1	−0.013 8	−0.037 2	−0.009 3	0.019 8	−0.007 3
速效磷	0.000 3	−0.007 5	−0.008 1	0.005 0	0.006 3	0.024 2	0.017 2
速效钾	−0.012 8	−0.024 7	−0.029 6	−0.013 0	0.019 3	−0.013 9	−0.014 7
有效镁	0.017 1	−0.038 0	−0.055 0	0.059 9	0.075 6	−0.008 7	0.016 2
有效锌	0.035 9	0.018 3	0.011 5	0.076 5	0.023 9	−0.015 7	0.008 4
有效硼	0.015 4	−0.026 4	−0.034 9	0.119 5	0.083 6	−0.041 5	−0.007 9
水溶性氯	0.116 7	0.121 3	0.107 4	0.006 5	−0.086 6	−0.064 0	−0.065 4
4 月降水量	−0.056 1	−0.015 1	0.000 4	−0.109 3	−0.052 1	0.019 2	−0.022 7

（续）

项目	叶长	叶宽	开片度	单叶重	密度	含梗率	平衡含水率
4月平均气温	−0.022 0	−0.018 6	−0.017 7	−0.028 9	0.004 4	−0.013 8	−0.017 8
4月日照	0.056 6	0.038 9	0.020 3	−0.010 2	−0.014 1	−0.142 0	−0.138 6
5月降水量	−0.039 6	−0.007 2	0.003 6	−0.086 2	−0.046 5	−0.010 3	−0.041 1
5月平均气温	−0.016 4	−0.021 3	−0.022 4	−0.002 5	0.020 0	−0.006 6	−0.000 9
5月日照	0.030 0	0.006 1	−0.002 8	0.098 2	0.049 8	−0.020 9	0.022 2
6月降水量	−0.005 9	−0.004 5	−0.005 0	−0.041 7	−0.019 2	−0.039 3	−0.057 4
6月平均气温	0.014 0	−0.007 4	−0.014 9	0.036 1	0.030 7	−0.010 2	0.007 2
6月日照	−0.062 1	−0.035 8	−0.020 3	0.013 7	0.028 5	0.081 6	0.095 7
7月降水量	0.007 4	0.005 8	0.003 7	−0.018 9	−0.017 0	−0.035 8	−0.045 0
7月平均气温	0.013 3	−0.006 7	−0.013 2	0.043 0	0.032 3	−0.011 0	0.008 4
7月日照	−0.066 2	−0.038 5	−0.021 7	0.014 5	0.029 9	0.090 1	0.104 4
8月降水量	−0.035 8	−0.033 5	−0.027 9	−0.013 1	0.012 1	0.014 1	0.008 5
8月平均气温	0.030 1	0.002 4	−0.009 1	0.038 5	0.026 6	−0.035 5	−0.018 2
8月日照	−0.040 3	−0.021 9	−0.012 8	0.009 4	0.021 1	0.038 3	0.051 0
9月降水量	0.013 1	−0.009 1	−0.014 5	0.025 5	0.019 3	−0.005 7	−0.002 8
9月平均气温	0.029 9	0.003 4	−0.008 0	0.034 4	0.023 6	−0.039 8	−0.024 0
9月日照	−0.075 7	−0.004 6	0.018 9	−0.082 0	−0.048 8	0.022 4	0.008 7
4月最高温	0.007 1	0.012 1	0.012 4	0.003 7	−0.004 3	−0.005 9	−0.003 0
5月最高温	0.021 4	0.014 3	0.008 7	0.004 9	−0.001 1	−0.035 1	−0.032 4
6月最高温	0.050 2	0.031 4	0.018 6	0.012 7	−0.006 5	−0.075 9	−0.071 8
7月最高温	0.010 3	0.013 6	0.012 9	0.004 9	−0.004 3	−0.006 1	−0.002 8
8月最高温	0.028 0	0.022 6	0.017 0	0.008 7	−0.006 4	−0.036 6	−0.032 9
9月最高温	0.041 4	0.029 3	0.019 9	0.011 5	−0.007 9	−0.059 7	−0.055 7
4月最低温	0.010 3	0.013 6	0.012 9	0.004 9	−0.004 3	−0.006 1	−0.002 8
5月最低温	0.010 3	0.013 6	0.012 9	0.004 9	−0.004 3	−0.006 1	−0.002 8
6月最低温	0.010 3	0.013 6	0.012 9	0.004 9	−0.004 3	−0.006 1	−0.002 8
7月最低温	0.005 1	0.010 4	0.011 0	0.003 5	−0.003 3	−0.004 4	−0.001 3

（续）

项目	叶长	叶宽	开片度	单叶重	密度	含梗率	平衡含水率
8月最低温	0.010 3	0.013 6	0.012 9	0.004 9	−0.004 3	−0.006 1	−0.002 8
9月最低温	0.010 3	0.013 6	0.012 9	0.004 9	−0.004 3	−0.006 1	−0.002 8
4月温差	0.014 4	0.025 3	0.026 5	−0.022 8	−0.030 8	0.030 2	0.022 5
5月温差	−0.087 1	−0.080 2	−0.067 5	−0.029 3	0.039 7	0.043 9	0.033 8
6月温差	0.103 3	0.039 0	0.006 4	0.045 4	0.015 8	−0.169 2	−0.158 2
7月温差	0.037 2	−0.005 1	−0.024 2	−0.057 8	−0.007 4	0.007 6	−0.015 7
8月温差	−0.031 7	0.002 4	0.015 5	−0.066 7	−0.046 5	0.063 8	0.041 8
9月温差	0.004 7	0.006 1	0.003 7	−0.035 3	−0.020 3	−0.044 5	−0.058 0
4月有效积温	−0.038 8	−0.027 5	−0.018 3	0.013 3	0.026 2	0.060 9	0.069 2
5月有效积温	−0.032 3	−0.025 0	−0.018 0	0.013 4	0.026 0	0.048 9	0.056 9
6月有效积温	−0.018 7	−0.016 7	−0.013 1	0.016 2	0.023 0	0.029 1	0.037 6
7月有效积温	−0.038 5	−0.027 2	−0.018 1	0.013 1	0.026 0	0.060 1	0.068 4
8月有效积温	−0.030 1	−0.022 3	−0.015 4	0.014 6	0.024 3	0.048 4	0.056 7
9月有效积温	−0.024 5	−0.019 3	−0.013 9	0.015 7	0.023 5	0.039 0	0.047 5
4～9月气温平均值	−0.010 4	−0.020 1	−0.022 5	0.009 6	0.025 8	−0.004 8	0.004 3
4～9月最高温平均值	0.028 8	0.021 7	0.015 4	0.008 2	−0.005 3	−0.040 4	−0.036 9
4～9月最低温平均值	0.009 5	0.013 0	0.012 6	0.004 6	−0.004 1	−0.005 8	−0.002 5
4～9月温差平均值	0.030 8	0.006 8	−0.005 6	−0.022 6	−0.007 0	−0.059 9	−0.070 3
4～9月总有效积温	−0.030 4	−0.022 9	−0.016 1	0.014 4	0.024 8	0.047 5	0.055 9
4～9月总日照时数	−0.037 1	−0.016 6	−0.007 4	0.013 7	0.017 9	0.031 6	0.047 2
4～9月总降水量	−0.011 0	−0.010 1	−0.008 8	−0.025 3	−0.009 0	−0.015 6	−0.027 6

2.2 保山市烟叶质量与大田期气候的关系

气候条件对烟叶品质影响明显，光、温、水均是影响作物生长发育、产量、质量和风格形式的生态因子。温度、光照、降水均对烟叶质量产生重要影响。通过对保山市烟叶质量（即物理、外观、感官质量及化学成分）各指标与气候（热量、降水、日照时数）因素各指标的相互关系进行深入和详细分析，阐明烟叶质量与大田期气候条件的关系，探讨影响烟叶质量与气象因子的相关程度，为保山市烤烟种植布局提供理论依据。

2.2.1　烟叶物理质量与气候因子相关性　保山市烟叶物理质量与气候因子的相关性见表4－6。由该表可知，保山市烟叶物理质量各指标均受大田期气候条件影响较大，影响各指标的气象因子不尽一致，且影响程度不尽相同。

表4－6　保山市烟叶物理质量与烤烟大田期气候因子的关系（$n=756$）

项目	叶长	叶宽	开片度	单叶重	密度	含梗率	平衡含水率
4月降水量	－0.121*	0.002	0.089	－0.423**	－0.362**	0.056	－0.214**
5月降水量	－0.186**	－0.071	0.031	－0.511**	－0.388**	－0.072	－0.342**
6月降水量	－0.177**	－0.078	0.015	－0.501**	－0.372**	－0.116*	－0.378**
7月降水量	－0.189**	－0.106*	－0.014	－0.486**	－0.344**	－0.118*	－0.365**
8月降水量	－0.223**	－0.135**	－0.029	－0.442**	－0.301**	－0.031	－0.263**
9月降水量	－0.159**	－0.095	－0.015	－0.373**	－0.263**	－0.004	－0.225**
大田期总降水量	－0.189**	－0.098	－0.001	－0.471**	－0.341**	－0.065	－0.319**
4月日照时数	0.043	0.015	－0.010	0.323**	0.240**	0.219**	0.340**
5月日照时数	0.001	－0.082	－0.113*	0.410**	0.368**	0.174**	0.390**
6月日照时数	0.080	0.020	－0.026	0.508**	0.387**	0.296**	0.535**
7月日照时数	0.081	0.020	－0.027	0.510**	0.389**	0.295**	0.537**
8月日照时数	0.076	0.020	－0.024	0.492**	0.374**	0.294**	0.518**
9月日照时数	0.010	－0.005	－0.016	0.295**	0.229**	0.214**	0.362**
大田期总日照时数	0.056	－0.002	－0.041	0.472**	0.371**	0.273**	0.498**
4月平均气温	0.227**	0.116*	－0.011	0.251**	0.189**	－0.329**	－0.099
5月平均气温	0.210**	0.089	－0.035	0.292**	0.233**	－0.302**	－0.049
6月平均气温	0.216**	0.076	－0.054	0.318**	0.263**	－0.295**	－0.033
7月平均气温	0.218**	0.078	－0.054	0.315**	0.260**	－0.305**	－0.044
8月平均气温	0.222**	0.081	－0.053	0.269**	0.225**	－0.362**	－0.118*
9月平均气温	0.223**	0.084	－0.050	0.241**	0.204**	－0.391**	－0.155**
大田期平均气温	0.220**	0.092	－0.037	0.321**	0.255**	－0.280**	－0.020
4月平均最高温	0.276**	0.154**	0.016	0.417**	0.289**	－0.129*	0.126*
5月平均最高温	0.285**	0.150**	0.003	0.360**	0.255**	－0.233**	0.012
6月平均最高温	0.291**	0.155**	0.004	0.280**	0.196**	－0.355**	－0.131*
7月平均最高温	0.276**	0.153**	0.015	0.418**	0.290**	－0.142 7*	0.128*
8月平均最高温	0.289**	0.159**	0.012	0.366**	0.254**	－0.230**	0.017
9月平均最高温	0.294**	0.160**	0.009	0.320**	0.221**	－0.304**	－0.069

（续）

项目	叶长	叶宽	开片度	单叶重	密度	含梗率	平衡含水率
大田期平均最高温	0.289**	0.157**	0.009	0.357**	0.248**	−0.244**	0.000
4月平均最低温	0.276**	0.153**	0.015	0.418**	0.290**	−0.127*	0.128*
5月平均最低温	0.276**	0.153**	0.015	0.418**	0.290**	−0.127*	0.128*
6月平均最低温	0.276**	0.153**	0.015	0.418**	0.290**	−0.127*	0.128*
7月平均最低温	0.271**	0.150**	0.014	0.417**	0.290**	−0.127*	0.128*
8月平均最低温	0.276**	0.153**	0.015	0.418**	0.290**	−0.127*	0.128*
9月平均最低温	0.276**	0.153**	0.015	0.418**	0.290**	−0.127*	0.128*
大田期平均最低温	0.275**	0.153**	0.015	0.418**	0.290**	−0.127*	0.128*
4月平均温差	0.081	0.048	0.013	0.046	0.026	0.050	0.080
5月平均温差	0.127*	0.006	−0.083	−0.066	0.005	−0.373**	−0.321**
6月平均温差	0.210**	0.098	−0.022	0.029	0.027	−0.569**	−0.449**
7月平均温差	0.061	−0.008	−0.048	−0.041	−0.003	−0.083	−0.101*
8月平均温差	0.193**	0.123*	0.029	−0.013	−0.029	−0.378**	−0.312**
9月平均温差	0.204**	0.124*	0.015	−0.017	−0.023	−0.519**	−0.416**
大田期平均温差	0.232**	0.109*	−0.019	−0.006	0.003	−0.548**	−0.441**
4月有效积温	0.207**	0.110*	0.005	0.496**	0.356**	0.084	0.349**
5月有效积温	0.219**	0.114*	0.002	0.486**	0.350**	0.041	0.308**
6月有效积温	0.236**	0.124*	0.002	0.467**	0.335**	−0.026	0.243**
7月有效积温	0.207**	0.110*	0.005	0.495**	0.355**	0.081	0.346**
8月有效积温	0.220**	0.117*	0.005	0.487**	0.349**	0.042	0.309**
9月有效积温	0.228**	0.121*	0.004	0.478**	0.343**	0.009	0.278**
大田期总有效积温	0.220**	0.116*	0.004	0.485**	0.348**	0.038	0.306**

注：* 0.05水平显著，** 水平极显著。

叶长与大田期各月日照时数及大田期总日照时数均呈正相关关系，但相关性不显著；与烤烟大田期各月降水量及总降水量呈负相关关系，且与4月降水量显著相关（$P<0.01$），与其余各月及大田期总降水量呈极显著相关（$P<0.01$）；与烤烟大田期各月平均气温、平均最高温、平均最低温、有效积温及大田期平均气温、平均最高温、平均最低温、总有效积温均呈极显著正相关关系（$P<0.01$）；与大田期各月平均温差及大田期平均温差均呈正相关关系，且与6月、8月、9月平均温差呈极显著相关性（$P<0.01$），与5月平均温差呈显著相关性（$P<0.01$），而与4月、7月平均温差相关性不显著。上述结果表明，保山市叶长总体受大田期气候条件影响较大，烟叶叶长与大田期降水、

热量条件关系密切，而与日照时数条件关系不大。气温高、平均温差大能促进叶长伸长，降水量较大则不利于叶长伸长，在进行烤烟种植布局时应充分考虑降水及热量条件。

叶宽与大田期4月、6月、7月、8月日照时数及大田期总日照时数均呈正相关关系，与5月、9月日照时数呈负相关关系，但相关性均不显著；与8月降水量呈极显著负相关（$P<0.01$），与7月降水量呈显著负相关（$P<0.05$），与其余各月降水量及大田期总降水量相关性不显著；与大田期各月平均最高温、平均最低温及大田期平均最高温、平均最低温均呈极显著正相关关系（$P<0.01$）；与大田期各月有效积温、大田期总有效积温及4月平均气温、8月平均温差、9月平均温差呈极显著正相关关系（$P<0.01$）；与其余各月平均气温、平均温差及大田期平均气温、平均温差相关性均不显著。以上结果表明保山市烟叶叶宽与大田期热量条件密切相关，与降水条件相关性次之，而与日照时数条件关系不大；气温高有利于叶宽变宽，降水量大则不利于叶宽变宽。

保山市烟叶开片度总体与气象条件关系不大，仅5月日照时数与开片度相关性呈显著负相关（$P<0.05$）。与其余各气象因子相关性均未达显著水平。

单叶重、密度与大田期各月降水量及大田期总降水量均呈显著负相关关系（$P<0.05$），与大田期各月平均温差及大田期平均温差相关性均不显著；与大田期各月日照时数、平均气温、平均最高温、平均最低温、有效积温及大田期总日照时数、平均气温、平均最高温、平均最低温、总有效积温均存在极显著正相关关系（$P<0.01$）。上述结果表明，保山市烟叶单叶重、密度受大田期气候条件影响极大，日照时数、气温、降水条件均显著影响烟叶单叶重和密度，降水量大则单叶重偏轻、密度偏小，日照时数时间长、气温高则单叶重偏重、密度偏大。

烟叶含梗率与大田期各月有效积温及大田期总有效积温相关性均不显著；与6月、7月降水量呈显著负相关（$P<0.05$），与大田期其余各月降水量及大田期总降水量相关性不显著；大田期各月日照时数、大田期总日照时数均呈极显著正相关关系（$P<0.01$）；与大田期各月平均气温，5月、6月、8月、9月平均最高温、平均温差，大田期平均气温，平均最高温，平均温差均极显著负相关关系（$P<0.01$）；与4月、7月平均最高温，大田期各月平均最低温，大田期平均最低温呈显著负相关关系（$P<0.05$）；而与4月、7月平均温差相关性不显著。上述结果表明，保山市烟叶含梗率与烤烟大田期气候条件关系密切，降水量大、气温高、平均温差大则烟叶含梗率降低，而日照时数时间长则含梗率则较高。

保山市烟叶平衡含水率均受到大田期各气象因子不同程度的影响。与大田期各月降水量，大田期总降水量，9月平均气温，5月、6月、8月、9月平均温差，大田期平均温差均存在极显著负相关关系（$P<0.01$）；与大田期各月日照时数、有效积温及大田期总日照时数、总有效积温均呈极显著正相关关系（$P<0.01$）；与大田期各月平均温差、大田期平均温差及4月平均气温均呈显著正相关（$P<0.05$）；与9月平均气温、6月平均最高温、7月平均温差均呈显著负相关（$P<0.05$）；与其余各气象因子相关性不显著。上述结果表明，保山市烟叶平衡含水率受大田期气候条件影响大，日照时数、热量及降水条件均影响烟叶平衡含水率；总体而言，日照时数长、气温高有利于烟叶平衡含水率提高，而降水量、平均温差大则使烟叶平衡含水率降低。

综上所述，保山市烟叶物理质量受大田期气候条件影响较大。降水量对烟叶物理质量指标均产生负效应，降水量大，则烟叶叶长较短、叶宽较窄、单叶重较轻、密度较小、含梗率及平衡含水率较低；日照时数对烟叶物理质量各指标产生正效应，日照时数长，则烟叶单叶重较重、密度较大、含梗率及平衡含水率较高；热量条件对烟叶叶长、叶宽、单叶重、密度产生正效应，对烟叶含梗率产生负效应，气温高，则烟叶叶长较长、叶宽较宽、单叶重较重、密度较大，而含梗率则较低；热量条件对平衡含水率影响较复杂，平均气温、平均最高温对烟平衡含水率影响不明显，平均最低温、有效积温对烟叶平衡含水率产生正效应，平均温差则对烟叶平衡含水率产生负效应，即平均最低温、有效积温高，烟叶平衡含水率较高，而平均温差较大则烟叶平衡含水率较低。

2.2.2　烟叶外观质量与气象因子的关系

保山市烟叶外观质量与烤烟大田期气象因子的关系如表4-7所示。由该表可看出，保山市大田期各气象因子对烟叶外观质量均产生较大影响，但各气象因子对烟叶外观质量指标的影响程度各异。

表4-7　保山市烟叶外观质量与烤烟大田期气象因子的关系（$n=756$）

项目	颜色	成熟度	身份	结构	油分	色度
4月降水量	−0.504**	−0.023	−0.036	−0.446**	−0.432**	−0.428**
5月降水量	−0.409**	0.019	0.023	−0.451**	−0.339**	−0.292**
6月降水量	−0.374**	0.041	0.044	−0.420**	−0.294**	−0.250**
7月降水量	−0.337**	0.041	0.032	−0.396**	−0.257**	−0.200**
8月降水量	−0.365**	−0.055	−0.064	−0.408**	−0.267**	−0.217**
9月降水量	−0.373**	−0.028	−0.065	−0.355**	−0.273**	−0.245**
大田期总降水量	−0.386**	0.002	−0.010	−0.416**	−0.297**	−0.252**
4月日照时数	0.083	−0.136**	−0.093	0.190**	0.081	0.035
5月日照时数	0.296**	−0.161**	−0.156**	0.314**	0.286**	0.282**
6月日照时数	0.241**	−0.214**	−0.198**	0.325**	0.200**	0.150**

（续）

项目	颜色	成熟度	身份	结构	油分	色度
7月日照时数	0.245**	−0.214**	−0.200**	0.327**	0.203**	0.153**
8月日照时数	0.217**	−0.207**	−0.184**	0.311**	0.184**	0.132*
9月日照时数	0.148**	−0.143**	−0.118*	0.179**	0.106*	0.100
大田期总日照时数	0.235**	−0.199**	−0.179**	0.308**	0.202**	0.164**
4月平均气温	0.480**	0.286**	0.238**	0.410**	0.400**	0.420**
5月平均气温	0.512**	0.250**	0.200**	0.437**	0.435**	0.458**
6月平均气温	0.531**	0.253**	0.188**	0.463**	0.457**	0.481**
7月平均气温	0.535**	0.260**	0.199**	0.466**	0.461**	0.485**
8月平均气温	0.533**	0.309**	0.237**	0.453**	0.462**	0.495**
9月平均气温	0.530**	0.331**	0.258**	0.442**	0.458**	0.495**
大田期平均气温	0.513**	0.241**	0.189**	0.453**	0.438**	0.455**
4月平均最高温	0.427**	0.200**	0.143**	0.468**	0.344**	0.323**
5月平均最高温	0.459**	0.275**	0.211**	0.470**	0.377**	0.370**
6月平均最高温	0.480**	0.364**	0.295**	0.460**	0.402**	0.411**
7月平均最高温	0.428**	0.196**	0.141**	0.469**	0.346**	0.323**
8月平均最高温	0.461**	0.275**	0.213**	0.475**	0.377**	0.368**
9月平均最高温	0.477**	0.330**	0.264**	0.472**	0.394**	0.396**
大田期平均最高温	0.463**	0.285**	0.222**	0.474**	0.380**	0.374**
4月平均最低温	0.428**	0.196**	0.141**	0.469**	0.346**	0.323**
5月平均最低温	0.428**	0.196**	0.141**	0.469**	0.346**	0.323**
6月平均最低温	0.428**	0.196**	0.141**	0.469**	0.346**	0.323**
7月平均最低温	0.425**	0.193**	0.140**	0.467**	0.347**	0.325**
8月平均最低温	0.428**	0.196**	0.141**	0.469**	0.346**	0.323**
9月平均最低温	0.428**	0.196**	0.141**	0.469**	0.346**	0.323**
大田期平均最低温	0.428**	0.196**	0.141**	0.468**	0.346**	0.324**
4月平均温差	0.035	0.031	−0.048	0.027	−0.047	−0.048
5月平均温差	0.235**	0.339**	0.248**	0.136**	0.174**	0.232**
6月平均温差	0.423**	0.477**	0.433**	0.332**	0.392**	0.438**
7月平均温差	0.004	0.115*	0.078	0.011	−0.016	−0.010
8月平均温差	0.273**	0.344**	0.315**	0.196**	0.203**	0.219**
9月平均温差	0.363**	0.438**	0.374**	0.264**	0.315**	0.362**
大田期平均温差	0.394**	0.486**	0.410**	0.291**	0.327**	0.376**

（续）

项目	颜色	成熟度	身份	结构	油分	色度
4月有效积温	0.352**	−0.009	−0.030	0.423**	0.285**	0.236**
5月有效积温	0.375**	0.027	0.001	0.437**	0.306**	0.262**
6月有效积温	0.407**	0.082	0.050	0.455**	0.335**	0.299**
7月有效积温	0.353**	−0.007	−0.028	0.424**	0.287**	0.239**
8月有效积温	0.375**	0.027	0.002	0.438**	0.305**	0.261**
9月有效积温	0.391**	0.054	0.026	0.447**	0.320**	0.280**
大田期总有效积温	0.376**	0.030	0.004	0.438**	0.307**	0.264**

注：* 0.05水平显著，** 0.01水平极显著。

烟叶颜色评分与大田期日照时数、热量及降水条件的相关性均十分密切，除与降水量呈负相关关系外，与其余各气象因子均呈正相关关系。其中，烟叶颜色与烤烟大田期各月降水量及大田期总降水量呈极显著负相关关系（$P<0.01$）；与4月日照时数及平均温差、7月平均温差相关性不显著，与大田期其余各月日照时数、平均气温、平均最高温、平均最低温、平均温差、日照时数及大田期总日照时数、平均气温、平均最高温、平均最低温、平均温差、总日照时数等气象因子相关性呈极显著水平（$P<0.01$）。上述结果表明，保山市烟叶颜色受大田期气候条件影响极大，降水量大则烟叶颜色评分较低，而日照时数时间长、气温高、平均温差大均有利于提高烟叶颜色评分。

烟叶成熟度与大田期降水量、有效积温相关性均未达到显著水平；与烤烟大田期各月日照时数及大田期总日照时数均呈极显著负相关关系（$P<0.01$）；而与平均气温、平均最高温、平均最低温、平均温差呈正相关关系，且除与4月平均温差相关性不显著及与7月平均温差显著相关（$P<0.05$）外，与大田期其余各月平均温差、平均气温、平均最高温、平均最低温及大田期平均气温、平均最高温、平均最低温、平均温差均呈极显著相关性（$P<0.01$）。以上结果表明，保山市烟叶成熟度受烤烟大田期气象因子的影响大，对烟叶成熟度产生正效应的气象因子为热量条件，产生负效应的气象因子是日照时数。

烟叶身份与大田期气象因子的相关性和成熟度与气象因子的相关性相似。除与4月日照时数、7月平均温差相关性不显著外，与其余气象因子各指标的相关性和成熟度与气象因子的相关性均一致。说明保山市烟叶身份受大田期气象因子的影响大，除降水量及有效积温对烟叶身份影响不明显外，其余各气象因子均对烟叶身份产生显著影响。

保山市烟叶结构与大田期气候条件关系十分密切。与各月降水量及大田期总降水量呈极显著负相关关系（$P<0.01$）；与其余各气象因子均呈正相关关系，且除与4月、7月平均温差相关性未达到显著水平外，与其他各气象因子呈极显著相关性（$P<0.01$）。说明保山市大田期气象因子对烟叶结构影响十分显著，降水量对烟叶结构产生负效应，而日照时数、气温及平均温差对烟叶结构产生负效应。

烟叶油分与大田期气候条件相关程度很高。除与4月日照时数及4月、7月平均温差相关性未达到显著水平外，与其余各气象因子相关性均达到显著水平。其中，与大田期各月降水量及大田期总降水量呈极显著负相关（$P<0.01$），与9月日照时数呈显著正相关（$P<0.05$），而与其余各气象因子均呈极显著正相关（$P<0.01$）。以上结果说明，保山市烟叶油分受大田期气象因子的影响很大，绝大部分气象因子均对烟叶油分产生显著影响，降水量对烟叶油分产生显著负效应，日照时数、气温及平均温差则对烟叶油分产生显著正效应，即大田期降水量越大，烟叶油分越少，日照时数时间越长、气温越高、平均温差越大，则烟叶油分越足。

保山市烟叶色度与烤烟大田期气象条件关系密切。除于4月、9月日照时数及4月、7月平均温差相关性不显著外，与其余各气象因子相关性均达到显著水平。其中与大田期各月降水量及大田期总降水量呈极显著负相关关系（$P<0.01$），与8月日照时数呈显著正相关关系（$P<0.05$），与其余各指标均呈极显著正相关关系（$P<0.01$）。上述结果表明，保山市烟叶色度受烤烟大田期气象因子影响显著，日照时数时间长、气温高、平均温差大则烟叶色度好，降水量大则烟叶色度较差。

综上所述，保山市烟叶外观质量受大田期气候条件影响十分显著。其中，降水量对烟叶颜色、结构、油分、色度均产生显著负效应，对烟叶成熟度、身份影响不显著；日照时数对烟叶颜色、结构、油分、色度均产生显著正效应，对烟叶成熟度、身份产生显著负效应；平均气温、平均最高温、平均最低温及平均温差对外观质量各指标均产生显著正效应；有效积温对烟叶颜色、结构、油分、色度均产生显著正效应，对烟叶成熟度、身份影响则不显著。

2.2.3 烟叶主要化学成分与气象因子的关系 表4-8所列为保山市烟叶主要化学成分与烤烟大田期气象因子的相关关系。由该表可看出，保山市烟叶主要化学成分与大田期气候条件关系较密切，但影响不同化学成分指标的气象因子不尽相同，且影响程度不尽一致。

总糖、还原糖含量仅与9月日照时数呈显著正相关（$P<0.05$），与其余各气象因子相关性均不显著；而两糖差仅与5月、9月平均温差存在显著正相关关系（$P<0.05$），与其他各气象因子相关性均未达到显著水平。说明保山市烟叶总糖、还原糖含量及两糖差受烤烟大田期气候条件影响不大。

表 4-8　保山市烟叶主要化学成分与烤烟大田期气象因子的关系（n=756）

项目	总糖	还原糖	总烟碱	总氮	含钾量	含氯量	钾氯比	糖碱比	氮碱比	蛋白质	施木克值	两糖差
4 月降水量	−0.031	−0.036	0.173**	0.060	0.014	0.085	−0.090	−0.168**	−0.102*	0.137**	−0.109*	0.035
5 月降水量	0.027	0.022	0.182**	0.146**	−0.039	−0.023	−0.015	−0.177**	−0.041	0.212**	−0.137**	0.004
6 月降水量	−0.028	−0.026	0.164**	0.083	−0.056	−0.061	0.001	−0.177**	−0.084	0.259**	−0.204**	0.005
7 月降水量	−0.006	−0.003	0.165**	0.112*	0.015	−0.044	0.029	−0.175**	−0.060	0.271**	−0.202**	−0.008
8 月降水量	0.000	0.004	0.167**	0.106*	0.060	0.044	−0.021	−0.166**	−0.069	0.213**	−0.154**	−0.016
9 月降水量	−0.077	−0.068	0.147**	0.011	0.143**	0.079	−0.019	−0.163**	−0.133**	0.234**	−0.212**	0.002
大田期总降水量	−0.023	−0.020	0.169**	0.087	0.031	0.004	−0.007	−0.176**	−0.085	0.245**	−0.190**	−0.002
4 月日照时数	−0.037	−0.029	−0.075	−0.084	0.142**	0.203**	−0.082	0.077	0.014	−0.206**	0.123*	−0.010
5 月日照时数	0.045	0.052	−0.106*	−0.012	0.255**	0.193**	0.000	0.121*	0.089	−0.198**	0.163**	−0.051
6 月日照时数	0.063	0.058	−0.122*	−0.036	0.167**	0.252**	−0.103*	0.159**	0.091	−0.355**	0.297**	−0.011
7 月日照时数	0.067	0.061	−0.123*	−0.033	0.166**	0.251**	−0.103*	0.160**	0.093	−0.357**	0.301**	−0.011
8 月日照时数	0.044	0.041	−0.118*	−0.048	0.170**	0.254**	−0.104*	0.148**	0.078	−0.339**	0.273**	−0.011
9 月日照时数	0.162**	0.148**	−0.052	0.131*	0.140**	0.187**	−0.046	0.104*	0.178**	−0.291**	0.301**	−0.029
大田期总日照时数	0.067	0.064	−0.112*	−0.015	0.190**	0.244**	−0.080	0.145**	0.101*	−0.324**	0.273**	−0.022
4 月平均气温	0.057	0.039	−0.182**	−0.028	−0.256**	−0.388**	0.204**	0.156**	0.135**	−0.043	0.058	0.041
5 月平均气温	0.061	0.046	−0.190**	−0.029	−0.207**	−0.351**	0.204**	0.166**	0.139**	−0.058	0.070	0.026
6 月平均气温	0.038	0.028	−0.195**	−0.053	−0.136**	−0.327**	0.218**	0.165**	0.121*	−0.031	0.037	0.022
7 月平均气温	0.032	0.022	−0.197**	−0.058	−0.142**	−0.336**	0.221**	0.164**	0.118*	−0.025	0.028	0.023
8 月平均气温	0.026	0.015	−0.192**	−0.055	−0.161**	−0.388**	0.253**	0.151**	0.114*	0.022	−0.010	0.028
9 月平均气温	0.026	0.015	−0.189**	−0.052	−0.185**	−0.416**	0.264**	0.147**	0.115*	0.041	−0.025	0.028
大田期平均气温	0.046	0.033	−0.195**	−0.049	−0.176**	−0.327**	0.197**	0.169**	0.127*	−0.065	0.067	0.027
4 月平均最高温	−0.008	−0.027	−0.196**	−0.115*	−0.047	−0.179**	0.122*	0.166**	0.077	−0.130*	0.088	0.081
5 月平均最高温	−0.012	−0.034	−0.200**	−0.112*	−0.102*	−0.279**	0.174**	0.157**	0.079	−0.064	0.035	0.092
6 月平均最高温	−0.031	−0.052	−0.198**	−0.116*	−0.167**	−0.391**	0.232**	0.137**	0.070	0.025	−0.043	0.099

（续）

项目	总糖	还原糖	总烟碱	总氮	含钾量	含氯量	钾氯比	糖碱比	氮碱比	蛋白质	施木克值	两糖差
7月平均最高温	−0.007	−0.026	−0.195**	−0.114*	−0.048	−0.178**	0.120*	0.166**	0.077	−0.131*	0.088	0.080
8月平均最高温	−0.018	−0.038	−0.201**	−0.118*	−0.103*	−0.276**	0.171**	0.157**	0.076	−0.065	0.033	0.090
9月平均最高温	−0.026	−0.047	−0.202**	−0.119*	−0.143**	−0.346**	0.207**	0.148**	0.074	−0.015	−0.011	0.095
大田期平均最高温	−0.018	−0.039	−0.201**	−0.117*	−0.109*	−0.289**	0.179**	0.155**	0.076	−0.056	0.025	0.091
4月平均最低温	−0.007	−0.026	−0.195**	−0.114*	−0.048	−0.178**	0.120*	0.166**	0.077	−0.131*	0.088	0.080
5月平均最低温	−0.007	−0.026	−0.195**	−0.114*	−0.048	−0.178**	0.120*	0.166**	0.077	−0.131*	0.088	0.080
6月平均最低温	−0.007	−0.026	−0.195**	−0.114*	−0.048	−0.178**	0.120*	0.166**	0.077	−0.131*	0.088	0.080
7月平均最低温	−0.006	−0.026	−0.195**	−0.113*	−0.049	−0.177**	0.119*	0.165**	0.078	−0.134**	0.091	0.082
8月平均最低温	−0.007	−0.026	−0.195**	−0.114*	−0.048	−0.178**	0.120*	0.166**	0.077	−0.131*	0.088	0.080
9月平均最低温	−0.007	−0.026	−0.195**	−0.114*	−0.048	−0.178**	0.120*	0.166**	0.077	−0.131*	0.088	0.080
大田期平均最低温	−0.006	−0.026	−0.195**	−0.114*	−0.049	−0.178**	0.119*	0.166**	0.077	−0.131*	0.089	0.080
4月平均温差	0.049	0.034	0.006	0.031	0.047	0.026	0.026	0.011	0.032	0.010	0.019	0.033
5月平均温差	0.053	0.038	−0.085	0.037	−0.184**	−0.392**	0.247**	0.054	0.096	0.148**	−0.087	0.033
6月平均温差	−0.079	−0.097	−0.150**	−0.107*	−0.288**	−0.575**	0.313**	0.054	0.026	0.214**	−0.213**	0.110*
7月平均温差	−0.024	−0.024	−0.024	−0.021	0.010	−0.081	0.039	−0.002	−0.004	0.078	−0.071	0.012
8月平均温差	−0.008	−0.016	−0.096	−0.038	−0.264**	−0.394**	0.198**	0.058	0.051	0.167**	−0.134**	0.037
9月平均温差	−0.013	−0.038	−0.125*	−0.042	−0.300**	−0.528**	0.263**	0.058	0.060	0.200**	−0.164**	0.104*
大田期平均温差	−0.026	−0.048	−0.139**	−0.058	−0.292**	−0.563**	0.307**	0.063	0.060	0.224**	−0.190**	0.098
4月有效积温	0.008	−0.004	−0.180**	−0.115*	0.013	0.020	−0.005	0.180**	0.066	−0.263**	0.199**	0.042
5月有效积温	0.006	−0.007	−0.186**	−0.117*	−0.008	−0.023	0.019	0.181**	0.069	−0.241**	0.180**	0.049
6月有效积温	−0.002	−0.017	−0.195**	−0.123*	−0.041	−0.088	0.054	0.180**	0.070	−0.203**	0.147**	0.057
7月有效积温	0.009	−0.004	−0.180**	−0.114*	0.011	0.016	−0.004	0.180**	0.067	−0.262**	0.198**	0.043
8月有效积温	0.004	−0.009	−0.186**	−0.119*	−0.008	−0.022	0.018	0.181**	0.068	−0.241**	0.179**	0.048
9月有效积温	0.001	−0.013	−0.191**	−0.122*	−0.026	−0.055	0.035	0.181**	0.069	−0.223**	0.164**	0.052
大田期总有效积温	0.004	−0.009	−0.187**	−0.119*	−0.010	−0.026	0.020	0.181**	0.068	−0.239**	0.178**	0.049

注：* 0.05 水平显著；** 0.01 水平极显著。

烟叶总烟碱含量与烤烟大田期总降水量及各月降水量存在极显著正相关关系（$P<0.01$），与其余各气象因子均呈负相关关系，且除与4月、9月日照时数及4月、5月、7月、8月平均温差相关性不显著外，与其余各气象因子均达到显著水平。其中，与5月、6月、7月、8月日照时数，大田期总日照时数及9月平均温差呈显著相关性（$P<0.05$）；与大田期各月平均气温、平均最高温、平均最低温、有效积温、6月平均温差及大田期平均气温、平均最高温、平均最低温、总有效积温、平均温差呈极显著相关性（$P<0.01$）。以上结果说明，保山市大田期气候条件对烟叶总烟碱含量影响显著；降水量对烟叶总烟碱含量产生显著正效应，而日照时数、气温则对总烟碱含量产生显著负效应。

烟叶总氮含量与大田期气候条件关系较密切，总体而言，总氮含量与降水量呈正相关关系，与日照时数、气温、平均温差有效积温呈负相关关系。其中，总氮含量与7月、8月降水量呈显著相关性（$P<0.05$），与5月降水量呈极显著相关性（$P<0.01$），与其他各月降水量及总降水量相关性未达到显著水平；与9月日照时数呈显著正相关关系（$P<0.05$），而与其他各月日照时数及总日照时数呈负相关关系，但相关性未达到显著水平；与大田期各月平均最高温、平均最低温、有效积温及大田期平均最高温、平均最低温、有效积温呈显著负相关（$P<0.05$）；与各月平均气温呈负相关关系，但相关性不显著；与各月平均温差存在负相关关系，但仅与6月平均温差呈显著相关性（$P<0.05$），与其他各月及大田期平均温差相关性未达到显著水平。

烟叶含钾量与大田期降水量、平均最低温及有效积温相关程度不高，仅与9月降水量存在显著正相关关系（$P<0.05$）；与日照时数、平均气温、平均温差相关程度较高；与平均最高温相关程度较高。其中，与大田期各月日照时数、大田期总日照时数均呈极显著正相关关系（$P<0.01$）；与大田期各月平均气温、大田期平均气温均呈极显著负相关（$P<0.01$）；与5月、6月、8月、9月及大田期平均温差呈极显著负相关关系（$P<0.01$），而与4月、7月平均温差相关性不显著；与6月、8月、9月平均最高温呈极显著负相关（$P<0.01$），与5月、8月及大田期平均最高温呈显著负相关（$P<0.05$），而与4月、7月平均最高温相关性不显著。上述结果表明，保山市烟叶含钾量主要受日照时数、平均气温及平均温差的影响，受平均最高温得影响相对较小，而其他气象因子对烟叶含钾量基本无影响。

保山市烟叶含氯量与烤烟大田期气候条件的关系和烟叶含钾量与气候条件的关系大体相似。与降水量及有效积温相关性不显著，而与日照时数、平均气温、平均最高温、平均最低温及平均温差的相关性密切。其中，烟叶含氯量与大田期各月日照时数、大田期总日照时数均呈极显著正相关关系（$P<0.01$）；

与大田期各月平均气温，平均最高温，平均最低温，5月、6月、8月、9月及大田期平均气温，平均最高温，平均最低温，平均温差呈极显著负相关关系（$P<0.01$），而与4月、7月平均温差相关性不显著。上述结果表明，保山市烟叶含氯量受大田期气候条件影响较大，日照时数对烟叶含氯量产生正效应，而平均气温、平均最高温、平均最低温高，平均温差大则产生负效应。

烟叶蛋白质含量与降水量、日照时数、平均最低温、有效积温及平均温差关系密切，与平均最高温相关性一般，而与平均气温相关性不大。其中，烟叶蛋白质含量与大田期各月降水量、大田期总降水量和5月、6月、8月、9月及大田期平均温差均呈极显著相关关系（$P<0.01$）；与大田期各月日照时数、有效积温及大田期总日照时数、总有效积温均呈极显著负相关关系（$P<0.01$）；与大田期各月平均最低温，大田期平均最低温，4月、7月平均最高温呈显著负相关关系（$P<0.05$）；而与其余各气象因子相关性均未达到显著水平。以上结果说明，保山市烟叶蛋白质含量主要受降水量、日照时数、平均最低温、有效积温及平均温差的影响，平均最高温对烟叶蛋白质含量影响有限，而平均气温对烟叶蛋白质含量基本无影响；降水量、平均温差对烟叶蛋白质含量产生正效应，而日照时数、平均最低温、有效积温对烟叶蛋白质含量产生负效应。

保山市烟叶糖碱比与大田期气候条件关系密切，除平均温差与糖碱比、4月日照时数相关性不显著外，与其余各气象因子相关性均达到显著水平。其中，烟叶糖碱比与大田期各月降水量、大田期总降水量均呈极显著负相关关系（$P<0.01$），与5月、9月日照时数呈显著正相关关系（$P<0.05$），而与其余各气象因子均存在极显著正相关关系（$P<0.01$）。说明，保山市烟叶糖碱比受大田期气象因子的影响很大，除平均温差对烟叶糖碱比基本无影响外，降水量、日照时数、气温及平均温差均对烟叶糖碱比产生显著影响；降水量对糖碱比产生负效应，日照时数、平均气温、平均最高温、平均最低温、平均温差、有效积温则对烟叶糖碱比产生正效应。

钾氯比与烤烟大田期气候条件关系密切，除与降水量、有效积温关系不大，与日照时数、气温及平均温差的相关性则较密切。其中，与大田期各月平均气温和5月、6月、8月、9月平均最高温、平均温差及大田期平均气温、平均最高温、平均温差呈极显著正相关关系（$P<0.01$），与大田期各月平均最低温和6月、7月平均最高温及大田期平均最低温呈显著正相关（$P<0.05$）；与6月、7月、8月日照时数呈显著负相关（$P<0.05$）；而与4月、5月、9月日照时数，大田期总日照时数，4月、7月平均最高温相关性未达到显著水平。上述结果说明，保山市烟叶钾氯比受大田期气候影响较大，日照时数总体对烟叶钾氯比产生负效应，气温及平均温差对烟叶钾氯比产生正效应。

烟叶氮碱比与大田期气候条件相关性相对较小，仅与大田期各月平均气温、大田期平均气温和4月、9月降水量及9月日照时数、大田期总日照时数相关性达到显著水平，而与其他各气象因子相关性均不显著。其中，烟叶氮碱比与4月、5月平均气温和9月日照时数存在极显著正相关关系（$P<0.01$）；与6月、7月、8月、9月平均气温及大田期平均气温、总日照时数呈显著正相关（$P<0.05$）；与9月降水量存在极显著负相关关系（$P<0.01$）；与4月降水量呈显著负相关（$P<0.05$）。以上结果显示，保山市烟叶氮碱比主要受大田期平均气温影响，日照时数及降水量条件对烟叶氮碱比影响有限，而与平均最高温、平均最低温、平均温差及有效积温关系不大。

保山市烟叶施木克值与大田期气候条件关系较密切。除与平均气温、平均最高温、平均最低温关系不大外，与降水量、日照时数、平均温差及有效积温均密切相关。其中，与5月、6月、7月、8月、9月降水量和6月、8月、9月平均温差及大田期总降水量、平均温差呈极显著负相关（$P<0.01$），与4月降水量呈显著负相关（$P<0.05$）；与大田期各月日照时数、有效积温及大田期总日照时数、总有效积温存在极显著正相关关系（$P<0.01$），与其余各气象因子相关性则不显著。上述结果表明，保山市烟叶施木克值主要受降水量、日照时数、平均温差及有效积温的影响，降水量、平均温差对烟叶施木克值产生负效应，而日照时数、有效积温则对烟叶施木克值产生正效应。

综上所述，保山市气候条件对烟叶主要化学成分影响较大。降水量显著影响烟叶总烟碱含量、糖碱比、蛋白质含量及施木克值；日照时数显著影响烟叶总烟碱含量、含钾量、含氯量、糖碱比、蛋白质含量及施木克值；平均气温显著影响烟叶总烟碱含量、总氮含量、含钾量、含氯量、钾氯比、糖碱比及氮碱比；平均最高温显著影响烟叶总烟碱含量、总氮含量、含钾量、含氯量、钾氯比、糖碱比；平均最低温显著影响烟叶总烟碱含量、总氮含量、含氯量、钾氯比、糖碱比及蛋白质含量；平均温差显著影响烟叶含钾量、含氯量、钾氯比、蛋白质含量及施木克值；有效积温则影响总烟碱含量、总氮含量、糖碱比及蛋白质含量及施木克值。

2.2.4 烟叶感官质量与气象因子的关系 保山市烟叶感官质量与烤烟大田期气象因子的相互关系见表4-9。由该表可知，保山市烟叶感官质量与烤烟大田期气候条件关系密切，各气象因子均不同程度影响烟叶感官质量。

香气质评分与大田期气候条件关系十分密切。除与日照时数及4月、7月平均温差相关性不显著外，与其余各气象因子相关性均呈极显著水平（$P<0.01$）。其中，与大田期各月降水量、大田期总降水量呈极显著负相关（$P<0.01$）；与大田期各月平均气温、平均最高温、平均最低温、有效积温和5月、6月、8月、9月平均温差及大田期平均气温、平均最高温、平均最低温、有效积温均呈极显著正相关（$P<0.01$）。说明保山市烟叶香气质评分主要受降

表 4-9　保山市烟叶感官质量与烤烟大田期气象因子的关系（$n=756$）

项目	香气质	香气量	浓度	劲头	杂气	刺激性	余味	燃烧性	灰色	评吸总分
4月降水量	−0.173**	−0.115*	−0.123*	−0.069	−0.027	−0.392**	−0.195**	0.069	0.088	−0.169**
5月降水量	−0.185**	−0.121*	−0.127*	−0.003	−0.067	−0.415**	−0.211**	0.141**	0.160**	−0.162**
6月降水量	−0.160**	−0.113*	−0.099	0.039	−0.042	−0.368**	−0.190**	0.146**	0.157**	−0.131*
7月降水量	−0.166**	−0.112*	−0.116*	0.050	−0.060	−0.344**	−0.191**	0.155**	0.158**	−0.131*
8月降水量	−0.186**	−0.147**	−0.168**	−0.016	−0.122*	−0.339**	−0.220**	0.076	0.084	−0.186**
9月降水量	−0.154**	−0.119*	−0.137**	0.006	−0.056	−0.264**	−0.180**	0.066	0.059	−0.142**
大田期总降水量	−0.174**	−0.126*	−0.133**	0.015	−0.069	−0.352**	−0.203**	0.117*	0.123*	−0.154**
4月日照时数	0.048	0.040	−0.011	−0.112*	−0.017	0.135**	0.058	−0.149**	−0.145**	0.001
5月日照时数	0.061	0.033	−0.045	−0.077	−0.102*	0.277**	0.075	−0.167**	−0.181**	0.010
6月日照时数	0.082	0.042	−0.024	−0.176**	−0.080	0.277**	0.100	−0.253**	−0.249**	−0.002
7月日照时数	0.082	0.042	−0.024	−0.177**	−0.082	0.280**	0.100	−0.255**	−0.250**	−0.002
8月日照时数	0.078	0.044	−0.022	−0.171**	−0.070	0.259**	0.095	−0.243**	−0.238**	−0.001
9月日照时数	0.017	0.035	−0.053	−0.151**	−0.095	0.094	0.036	−0.125*	−0.110*	−0.032
大田期总日照时数	0.070	0.042	−0.033	−0.159**	−0.085	0.252**	0.087	−0.223**	−0.220**	−0.004
4月平均气温	0.299**	0.254**	0.318**	0.266**	0.257**	0.406**	0.309**	0.124*	0.095	0.367**
5月平均气温	0.294**	0.242**	0.295**	0.251**	0.225**	0.436**	0.304**	0.095	0.064	0.352**
6月平均气温	0.295**	0.242**	0.289**	0.264**	0.227**	0.471**	0.310**	0.093	0.052	0.359**
7月平均气温	0.298**	0.246**	0.294**	0.272**	0.234**	0.473**	0.313**	0.100	0.058	0.365**
8月平均气温	0.308**	0.260**	0.317**	0.315**	0.263**	0.468**	0.321**	0.143**	0.097	0.391**
9月平均气温	0.310**	0.264**	0.327**	0.332**	0.275**	0.458**	0.323**	0.163**	0.117*	0.401**
大田期平均气温	0.297**	0.244**	0.293**	0.244**	0.228**	0.453**	0.309**	0.082	0.048	0.353**
4月平均最高温	0.286**	0.248**	0.276**	0.174**	0.256**	0.458**	0.314**	0.027	−0.007	0.334**
5月平均最高温	0.312**	0.274**	0.321**	0.248**	0.300**	0.468**	0.337**	0.091	0.051	0.385**
6月平均最高温	0.335**	0.300**	0.369**	0.335**	0.353**	0.466**	0.357**	0.170**	0.123*	0.438**

（续）

项目	香气质	香气量	浓度	劲头	杂气	刺激性	余味	燃烧性	灰色	评吸总分
7 月平均最高温	0.284**	0.246**	0.273**	0.172**	0.252**	0.458**	0.312**	0.024	−0.010	0.331**
8 月平均最高温	0.313**	0.275**	0.322**	0.247**	0.302**	0.471**	0.339**	0.089	0.048	0.386**
9 月平均最高温	0.329**	0.292**	0.353**	0.300**	0.335**	0.473**	0.353**	0.137**	0.092	0.420**
大田期平均最高温	0.316**	0.278**	0.328**	0.257**	0.308**	0.471**	0.341**	0.098	0.057	0.392**
4 月平均最低温	0.284**	0.246**	0.273**	0.172**	0.252**	0.458**	0.312**	0.024	−0.010	0.331**
5 月平均最低温	0.284**	0.246**	0.273**	0.172**	0.252**	0.458**	0.312**	0.024	−0.010	0.331**
6 月平均最低温	0.284**	0.246**	0.273**	0.172**	0.252**	0.458**	0.312**	0.024	−0.010	0.331**
7 月平均最低温	0.285**	0.246**	0.272**	0.172**	0.251**	0.456**	0.311**	0.023	−0.010	0.331**
8 月平均最低温	0.284**	0.246**	0.273**	0.172**	0.252**	0.458**	0.312**	0.024	−0.010	0.331**
9 月平均最低温	0.284**	0.246**	0.273**	0.172**	0.252**	0.458**	0.312**	0.024	−0.010	0.331**
大田期平均最低温	0.284**	0.246**	0.273**	0.172**	0.252**	0.458**	0.312**	0.024	−0.010	0.331**
4 月平均温差	−0.018	−0.020	−0.012	−0.055	−0.006	0.025	0.009	−0.008	−0.012	−0.014
5 月平均温差	0.171**	0.170**	0.237**	0.276**	0.230**	0.158**	0.175**	0.238**	0.210**	0.271**
6 月平均温差	0.322**	0.300**	0.404**	0.472**	0.392**	0.350**	0.321**	0.313**	0.264**	0.468**
7 月平均温差	0.044	0.054	0.078	0.092	0.107*	0.029	0.053	0.082	0.071	0.087
8 月平均温差	0.185**	0.176**	0.271**	0.297**	0.265**	0.204**	0.207**	0.218**	0.189**	0.296**
9 月平均温差	0.273**	0.253**	0.350**	0.410**	0.341**	0.301**	0.279**	0.288**	0.244**	0.406**
大田期平均温差	0.292**	0.276**	0.385**	0.440**	0.379**	0.317**	0.303**	0.318**	0.270**	0.441**
4 月有效积温	0.209**	0.152**	0.150**	−0.002	0.105*	0.404**	0.230**	−0.136**	−0.150**	0.184**
5 月有效积温	0.227**	0.170**	0.175**	0.031	0.131*	0.420**	0.247**	−0.109*	−0.126*	0.213**
6 月有效积温	0.253**	0.196**	0.213**	0.083	0.170**	0.442**	0.273**	−0.068	−0.090	0.257**
7 月有效积温	0.210**	0.154**	0.151**	0.000	0.107*	0.404**	0.231**	−0.134**	−0.148**	0.186**
8 月有效积温	0.227**	0.170**	0.175**	0.031	0.131*	0.420**	0.248**	−0.110*	−0.127*	0.213**
9 月有效积温	0.240**	0.183**	0.194**	0.057	0.151**	0.432**	0.261**	−0.090	−0.109*	0.235**
大田期总有效积温	0.228**	0.171**	0.177**	0.034	0.133**	0.421**	0.249**	−0.108*	−0.125*	0.216**

注：* 0.05 水平显著；** 0.01 水平极显著。

水量及温度条件的影响，降水量对香气质评分产生负效应，而平均气温、平均最高温、平均最低温、有效积温及平均温差对烟叶香气质评分产生正效应。

香气量评分与大田期气候条件关系和香气质与大田期气候条件关系相似。除与日照时数及4月、7月平均温差相关性不显著外，与其余各气象因子呈显著相关性（$P<0.05$）。其中，与4月、5月、6月、7月、9月降水量及大田期总降水量呈显著负相关（$P<0.05$），与8月降水量呈极显著负相关（$P<0.01$）；与大田期各月平均气温、平均最高温、平均最低温、有效积温和5月、6月、8月、9月平均温差及大田期平均气温、平均最高温、平均最低温、有效积温均呈极显著正相关（$P<0.01$）。说明保山市烟叶香气质评分主要受降水量及温度条件的影响，降水量对香气量评分产生负效应，而平均气温、平均最高温、平均最低温、有效积温及平均温差对烟叶香气量评分产生正效应。

劲头评分与降水量、有效积温、5月日照时数及4月、7月平均温差相关性未达到显著水平，与其余各气象因子呈显著相关性（$P<0.05$）。其中，与4月日照时数呈显著负相关（$P<0.05$），与6月、7月、8月、9月日照时数及大田期总日照时数呈极显著负相关关系（$P<0.01$）；与大田期各月平均气温、平均最高温、平均最低温，5月、6月、8月、9月平均温差，大田期平均气温、平均最高温、平均最低温呈极显著正相关（$P<0.01$）。说明保山市烟叶劲头评分与大田期气候条件关系密切，主要受日照时数条件及温度条件的影响，日照时数对劲头评分产生负效应，而平均气温、平均最高温、平均最低温及平均温差对烟叶劲头评分产生正效应。

保山市烟叶杂气评分与降水量、日照时数关系不大，与平均气温、平均最高温、平均最低温、有效积温及平均温差等热量条件关系密切。其中，烟叶杂气评分与8月降水量、5月日照时数呈显著负相关（$P<0.05$），而与其余各月降水量、日照时数及大田期总降水量、总日照时数相关性均不显著；与大田期各月平均气温、平均最高温、平均最低温，5月、6月、8月、9月平均温差，6月、9月有效积温及大田期平均气温、平均最高温、平均最低温、有效积温、平均温差存在极显著正相关关系（$P<0.01$），与4月、5月、7月、8月有效积温及7月平均温差存在显著正相关关系（$P<0.05$），而与4月平均温差相关性不显著。上述结果说明，保山市烟叶杂气评分主要受热量条件的影响，而受降水量及日照时数的影响有效，且热量条件对烟叶杂气评分产生正效应。

烟叶刺激性评分与大田期降水、日照及热量条件相关性均十分密切，除与4月、7月平均温差及9月日照时数相关性未达到显著水平外，与其余各气象因子相关性均达到极显著（$P<0.01$）。其中，与大田期各月降水量、大田期总降水量呈极显著负相关（$P<0.01$），而与大田期各月日照时数、平均气温、平均最高温、平均最低温、平均温差、有效积温及大田期总日照时数、总有效

积温、平均气温、平均最高温、平均最低温、平均温差均存在极显著正相关关系（$P<0.01$）。以上结果说明，保山市烟叶刺激性受大田期降水量、日照时数及平均气温、平均最高温、平均最低温、平均温差、有效积温的影响均较大，降水量对烟叶刺激性评分产生负效应，而日照时数及平均气温、平均最高温、平均最低温、平均温差、有效积温则对烟叶刺激性评分产生正效应。

保山市烟叶余味评分与大田期日照时数相关性不明显，而与降水量及热量条件相关性则十分密切。除与日照时数及4月、7月平均温差相关性不显著外，与其余各气象因子相关性均达极显著水平（$P<0.01$）。其中，与大田期各月降水量、大田期总降水量呈极显著负相关（$P<0.01$）；与大田期各月平均气温、平均最高温、平均最低温、有效积温和5月、6月、8月、9月平均温差及大田期平均气温、平均最高温、平均最低温、有效积温均呈极显著正相关（$P<0.01$）。说明保山市烟叶余味评分主要受降水量及温度条件的影响，降水量对余味评分产生负效应，而平均气温、平均最高温、平均最低温、有效积温及平均温差对烟叶余味评分产生正效应。

烟叶燃烧性评分与大田期气候条件相关性较密切，除与平均最低温相关性不明显外，与降水量、日照时数、平均气温、平均最高温、平均温差及有效积温均不同程度存在较密切的关系。其中，烟叶燃烧性评分与大田期各月平均最低温、大田期平均最低温相关性均不显著；与6月、7月降水量相关性呈极显著正相关（$P<0.01$），与大田期总降水量呈显著正相关（$P<0.05$），而与4月、8月、9月降水量相关性不显著；与大田期各月日照时数、大田期总日照时数均存在极显著负相关关系（$P<0.01$）；与8月、9月平均气温呈极显著正相关（$P<0.01$），与4月平均气温呈显著正相关（$P<0.05$），而与5月、6月、7月平均气温及大田期平均气温相关性不显著；与6月、9月平均最高温呈极显著正相关（$P<0.01$），而与4月、5月、7月、8月及大田期平均最高温相关性未达到显著水平；与4月、7月平均温差相关性不显著，而与其余各月平均温差及大田期平均温差呈极显著正相关（$P<0.01$）；与4月、7月有效积温呈极显著负相关（$P<0.01$），与5月、8月及大田期总有效积温呈显著负相关（$P<0.05$），而与6月、9月有效积温相关性不显著。上述结果表明，保山市烟叶燃烧性评分主要受降水量、日照时数、平均温差及叶长有效积温的影响，而受平均气温、平均最高温得影响相对较小。降水量、平均温差对烟叶燃烧性评分产生正效应，而日照时数则对烟叶燃烧性评分产生负效应。

烟叶灰色评分与降水量、日照时数、平均温差及有效积温相关性较密切，而与平均气温、平均最高温、平均最低温相关性则不显著。其中，烟叶灰色与5月、6月、7月降水量呈极显著正相关（$P<0.01$），与大田期总降水量呈显著正相关（$P<0.05$），而与4月、8月、9月相关性不显著；与大田期总日照

时数及4月、5月、6月、7月、8月日照时数存在极显著负相关关系（$P<0.01$），与9月日照时数存在显著负相关关系（$P<0.05$）；与5月、6月、8月、9月平均温差及大田期平均温差呈极显著正相关（$P<0.01$），而与4月、7月平均温差相关性未达到显著水平；与4月、7月有效积温存在极显著负相关关系（$P<0.01$），与6月有效积温相关性不显著，与其余各月有效积温及大田期总有效积温存在显著负相关关系（$P<0.05$）；与9月平均气温、6月平均最高温呈显著正相关（$P<0.05$），与其余各月平均气温、平均最高温及大田期平均气温、平均最高温相关性均不显著。以上结果说明，保山市烟叶灰色评分主要受降水量、日照时数、平均温差及有效积温的影响，降水量、有效积温对烟叶灰色评分产生正效应，而日照时数、有效积温则对烟叶灰色评分产生负效应。

保山市烟叶评吸总分与大田期日照时数关系不明显，降水量及热量条件关系密切。其中，与大田期各月降水量、大田期总降水量存在极显著负相关关系（$P<0.01$），与大田期各月平均气温、平均最高温、平均最低温、有效积温和5月、6月、8月、9月平均温差及大田期平均气温、平均最高温、平均最低温、总有效积温、平均温差均存在极显著正相关关系（$P<0.01$），而与大田期各月日照时数、大田期总日照时数及4月、7月平均温差相关性未达到显著水平。以上结果显示，保山市烟叶评吸总分主要受降水量及热量条件的影响，降水量对烟叶评吸总分产生负效应，而平均气温、平均最高温、平均最低温、总有效积温、平均温差均对烟叶评吸总分产生正效应。

综上所述，大田期气候条件对保山市烟叶感官质量影响显著。降水量对烟叶香气质、香气量、浓度、刺激性、余味及评吸总分产生负效应，而对燃烧性及灰色评分产生正效应；日照时数对劲头、燃烧性及灰色评分产生负效应，而对刺激性评分则产生正效应；平均气温、平均最高温、平均最低温均对烟叶香气质、香气量、浓度、刺激性、余味及评吸总分产生正效应；平均温差对各评吸指标均产生正效应；有效积温除对燃烧性及灰色评分产生负效应外，对其余各感官质量因子均产生正效应。

3 结论

3.1 影响低纬度烟叶基地烟叶质量的主导因素

影响保山市烟叶感官质量的外部因素的重要指标是海拔高度、6月温差、4～9月各月温差平均值、品种、9月温差、7月日照时数、6月日照时数、8月日日照时数、4～9月总日照时数、6月最高温、5月温差、8月温差、9月最高温、9月平均气温、9月日照、纬度等16项指标，均为影响烟叶感官质量的重要指标；对烟叶感官质量不重要的指标为有效锌、速效磷、4 月温差；其余 44 项指标对烟叶感官质量重要性中等。

影响保山市烟叶外观质量的外部因素中海拔高度、品种、6 月温差、4～9 月各月温差平均值、9 月温差、9 月平均气温、4 月降水量、土壤水溶性氯含量、8 月平均气温、7 月日照时数、6 月最高温、6 月日照时数、5 月日照时数、8 月温差、5 月温差、7 月平均温、6 月平均温、9 月最高温、4～9 月总日照时数等 19 项指标，均为重要指标；7 月温差、速效磷、有效硼、4 月温差等 4 项指标对烟叶感官质量为非重要指标；其余 38 项指标对烟叶感官质量重要性中等。

影响保山市烟叶主要化学成分外部因素可能不是外部环境因子及品种差异，有可能是由于配套栽培措施差异所致。

影响保山市烟叶物理质量的外部因素中，品种、海拔高度、6 月平均温差、4～9月平均温差、5 月日照时数、纬度、土壤有机质含量、9 月温差、经度等 9 项指标均为重要指标；4 月温差、7 月温差及土壤速效磷含量等 3 项指标为非重要指标；其余 50 项指标 VIP 系数均在 0.5～1，对烟叶物理质量影响的重要性中等。

综上，烟叶评吸、物理、外观质量及主要化学成分与地理、气候、土壤、品种因子 PLS 模型中，海拔高度、品种、6 月温差、4～9 月温差平均值、9 月温差、7 月日照时数、6 月日照时数、8 月日照时数、5 月日照时数、9 月日照时数、4～9 月总日照时数、经度、8 月温差、5 月温差、纬度等 15 项均为影响烟叶整体质量的重要指标；速效磷及 4 月温差为烟叶整体质量的非重要指标；其余 45 项指标对烟叶整体质量重要性中等。

3.2　低纬度烟叶基地大田期气候条件与烟叶质量的关系

3.2.1　关于烤烟大田期气候条件与烟叶物理质量　大田期降水量不利于叶长、单叶重、密度的增加，并有利于烟叶含梗率的降低，可能是由于降水量偏多导致光照偏少，从而使光合作用降低，干物质积累减少；同时，N 代谢作用减弱，不利于烟叶主脉增粗所致。

气温与烟叶物理质量相关性研究结果表明，大田期气温（平均温、平均最高温、平均最低温）升高有利于叶片生长，单叶重、密度增加，可能与保山市烟区大田期总体气温适宜有关。在适宜温度范围内，随气温升高，烟株体内碳代谢加强，促进烟株体内干物质积累及叶片生长，从而导致烟叶叶长、叶宽、单叶重、密度随气温升高而增加。

保山市烟叶物理质量受大田期气候条件影响较大。总体而言，降水量大，则烟叶叶长较短、叶宽较窄、单叶重较轻、密度较小、含梗率及平衡含水率较低；日照时数长，则烟叶单叶重较重、密度较大、含梗率及平衡含水率较高；

气温（平均气温、平均最高温、平均最低温）高，则烟叶叶长较长、叶宽较宽、单叶重较重、密度较大，而含梗率则较低；平均最低温、有效积温高，烟叶平衡含水率较高，而平均温差较大则烟叶平衡含水率较低。

3.2.2 关于烤烟大田期气候条件与烟叶外观质量 降水量对烟叶颜色、结构、油分、色度（评分）均产生显著负效应，该结果与温永琴研究结果相似。说明烟叶颜色、结构、油分及色度（评分）随降水量增加而降低，降水量增加不利于烟叶外观质量的形成，可能是降水量增加影响烟叶表面腺毛生长发育、表面分泌物及内部干物质的积累所致。

日照时数对烟叶颜色、结构、油分、色度均产生显著正效应，说明烟叶颜色、结构、油分及色度随日照时数增加而增加，日照时数增加有利于烟叶外观质量的形成，可能与日照时数增加有利于烟叶表面腺毛生长发育、表面分泌物及内部干物质的积累有关。

平均气温、平均最高温、平均最低温及平均温差对外观质量各指标均产生显著正效应，有效积温对烟叶颜色、结构、油分、色度均产生显著正效应，说明气温升高对烟叶外观质量产生积极影响；在保山市烟区，烤烟大田生产期无极端气温出现，整个生长季气温较适宜，有利于烟株的正常生长发育，从而有利于烟叶外观质量的形成。

保山市烟叶外观质量受大田期气候条件影响十分显著。其中，降水量对烟叶颜色、结构、油分、色度均产生显著负效应，对烟叶成熟度、身份影响不显著；日照时数对烟叶颜色、结构、油分、色度均产生显著正效应，对烟叶成熟度、身份产生显著负效应；平均气温、平均最高温、平均最低温及平均温差对外观质量各指标均产生显著正效应；有效积温对烟叶颜色、结构、油分、色度均产生显著正效应，对烟叶成熟度、身份影响则不显著。

3.2.3 关于烤烟大田期气候条件与烟叶主要化学成分 降水量显著影响烟叶总烟碱含量、糖碱比、蛋白质含量及施木克值，该结果与戴冕（2000）、王彪研究结果相似，可能与降水量影响土壤含水量有关，土壤含水量增加，有利于烟碱、蛋白质等含氮化合物的合成有关。日照时数显著影响烟叶总烟碱含量、糖碱比、蛋白质含量及施木克值，该结果与戴冕（2000）、王彪（2005）研究结果基本一致，可能与日照促进光合作用及含氮化合物合成有关。就气温条件而言，平均气温、平均最高温、平均最低温、平均温差显著影响烟叶总烟碱含量、总氮含量、含钾量、含氯量、钾氯比，说明在保山市烟区大田期气温条件下，气温升高，促进烟株对钾、氯的吸收，并有利于干物质积累；同时，温差较大，有机物质消耗少，进一步促进干物质积累，该结果与张家智（2005）、黄中艳（2009）结果大体相似。

保山市气候条件对烟叶主要化学成分影响较大。降水量显著影响烟叶总烟碱含量、糖碱比、蛋白质含量及施木克值；日照时数显著影响烟叶总烟碱含量、含钾量、含氯量、糖碱比、蛋白质含量及施木克值；平均气温显著影响烟叶总烟碱含量、总氮含量、含钾量、含氯量、钾氯比、糖碱比及氮碱比；平均最高温显著影响烟叶总烟碱含量、总氮含量、含钾量、含氯量、钾氯比、糖碱比；平均最低温显著影响烟叶总烟碱含量、总氮含量、含氯量、钾氯比、糖碱比及蛋白质含量；平均温差显著影响烟叶含钾量、含氯量、钾氯比、蛋白质含量及施木克值；有效积温则影响总烟碱含量、总氮含量、糖碱比及蛋白质含量及施木克值。

3.2.4　关于烤烟大田期气候条件与烟叶感官质量　降水量对烟叶香气质、香气量、浓度、刺激性、余味产生负效应，可能是因为降水量增加，从而影响香气质、香气量、浓度；同时，降水量增加促进氮代谢，从而促进含氮化合物的合成与累积，导致烟叶刺激性增强，余味舒适度降低。

日照时数对劲头、燃烧性及灰色评分产生负效应，可能与日照时数增加促进光合作用及干物质积累有关；对刺激性评分则产生正效应，可能与日照时数增加致使干物质积累速率快于含氮化合物的累积速率（即 C/N 较高），烟叶内部化学物质趋于协调有关。

平均气温、平均最高温、平均最低温均对烟叶香气质、香气量、浓度、刺激性、余味及评吸总分产生正效应；平均温差对各评吸指标均产生正效应；有效积温除对燃烧性及灰色评分产生负效应外，对其余各感官质量因子均产生正效应。究其原因，可能与气温升高有利于香气前体物、腺毛分泌物合成或累积有关。

值得指出的是，烤烟生产过程中，降水量、日照及气温（含平均温、最高温、最低温、温差及有效积温）等气象因子综合影响烟株的生长发育，从而形成烟叶质量基础。由于烟株生长过程中，气象因子的动态变化，且气象因子间相互影响，决定了气象因子对烟叶质量影响的复杂性；诸多气象因子中，哪个或哪些气象因子对烟叶质量的影响大（或小），有待进一步探讨；烟叶质量由多个指标共同构成，是综合概念，因而，在研究气象因子与烟叶品质的关系时，需要进行综合考虑，从整体的角度对研究结果进行综合评价。

大田期气候条件对保山市烟叶感官质量影响显著。降水量对烟叶香气质、香气量、浓度、刺激性、余味及评吸总分产生负效应，而对燃烧性及灰色评分产生正效应；日照时数对劲头、燃烧性及灰色评分产生负效应，而对刺激性评分则产生正效应；平均气温、平均最高温、平均最低温均对烟叶香气质、香气量、浓度、刺激性、余味及评吸总分产生正效应；平均温差对各评吸指标均产生正效应；有效积温除对燃烧性及灰色评分产生负效应外，对其余各感官质量因子均产生正效应。

第二节　高海拔地区夜间温度对烤烟生长及品质的影响研究

烤烟是我国重要的经济作物，对我国国民经济的贡献不言而喻。云南是中国烤烟种植面积和产量最大的省份，而保山市烟区又是云南省八大优质烟叶原料核心区之一，年种植烤烟 5 万 hm^2 左右，山地烟叶资源极为丰富，但普遍受到海拔高、温度低等生态条件的限制，山地烟生产水平较低，效益也不甚理想。山地烟作为烤烟种植类型的一种，在缓解粮烟争地矛盾、突出卷烟品牌风格特色中起着举足轻重的作用。因此，有必要深入研究山地生态环境因子对山地烟叶产量、质量的影响，以确保大量存在的优质山地烟叶产量、质量的稳定。对不同品种的影响有无差异，目前尚未见报道。本研究利用温室大棚夜间是否关闭影响室内温度的原理，设计夜间保温与自然生长 2 个处理，旨在深入研究夜间温度升高对云南省保山市高海拔烟区不同烤烟品种生长发育及产量质量的影响，为云南省优质山地烟叶资源的充分利用、各卷烟工业企业品牌原料基地山地烟的生产及为相应品种优化布局研究提供依据。

1　材料与方法

1.1　试验区概况

试验于 2013 年 4～9 月在云南省腾冲县固东镇红云红河烟草集团凤凰山烤烟基地单元内进行，试验点海拔 2 050m，25.40°N，98.52°E，前作玉米，旱地土。试验地肥力情况：pH 5.93，有机质 39.50g/kg，碱解氮 142.32mg/kg，速效磷 15.42mg/kg，速效钾 188.72mg/kg，水溶性氯 20.58mg/kg，有效镁 63.79mg/kg，有效硼 0.36mg/kg，有效锌 1.28mg/kg。烟苗均采用集约化漂浮育苗，苗龄一致，健壮无病，由保山市烟草公司腾冲县分公司统一提供。株行距 1.2m×0.5m，供试品种于 4 月 20 日统一移栽，其中，纯氮用量为99kg/hm^2，N∶P_2O_5∶K_2O＝6.8∶10.1∶20.1。纯氮的 70％于移栽前施用，肥料种类为烤烟专用复合肥；30％按当地追肥习惯于移栽后 21d 采用兑水浇施。其他大田管理措施均按腾冲县优质烟生产规范进行。

1.2　试验材料

供试烤烟品种为云烟 87 和 K326。在参试品种生长进入工艺成熟期后，烤烟生长进入工艺成熟期后，按处理分开标记编竿并置于同一烤房，采用标准化烤房三段式烘烤，烤后烟叶由试验地专职评级人员按照烤烟 GB 2635—1992 的方法分级，各处理选取 1.5kg 成熟度好、身份适中的上部叶（B2F）、中部叶（C3F）和下部叶（X2F）。

1.3　试验设计

试验设置 2 个处理：①夜间增温处理（简称处理）：每日 18：00 至次日 6：00封闭增温；②自然夜温处理（简称对照）：安装与增温处理相同形状的夜间防雨拱棚，夜间四周敞开通风，不保温，仅起到防雨作用。试验采用单因素随机区组设计，对照为按当地生产条件自然生长，每个处理 3 个重复，每个重复 45 株（取样 15 株），两端为保护株。棚内处理与棚外对照土壤含水量伸根期保持在 60%～70%，旺长期 75%～85%，成熟期 75%～80%，每 5d 用 TSC－V 土壤水分快速测定仪（北京智海电子仪器厂生产）测量土壤水分，使其达到相应的土壤相对含水率；若未达到，及时采用人工灌水。试验小区设 3 垄保护行相隔，以防产生水分侧渗效应，所有栽培措施与环境调控措施严格保持一致。

1.4　增温系统设计及数据记录

该系统为常规塑料薄膜保温拱棚，拱棚尺寸为 60m（长）×5m（宽）×2.5m（棚最高点离地面垂直距离），棚架为镀锌铁管搭建并固定于土壤中。增温拱棚及对照防雨棚两侧分别固定 2 个手动卷膜器，方便专人操作，在不影响光照的情况下，达到白天大棚全敞开，与外界保持通风，夜间 18：00 至次日 6：00 关棚封闭保温的效果。试验期间，在处理大棚和自然对照防雨棚内各放 1 台 DWJ1 双金属自动记录温度仪（上海隆拓仪器设备有限公司生产），每间隔 1h 自动记录 1 次，每 10d 采集 1 次数据，每天夜间平均温度取 2 台记录仪 20：00、22：00、24：00 及次日 2：00、4：00 和 6：00 时刻的平均值。

由图 4－15 可知，参试品种移栽大田后 1～105d，夜温处理平均温度为 16.7℃，自然对照夜间平均温度为 15.5℃，处理较对照平均夜温高 1.2℃。其中 4 月（移栽后 1～10d）夜温处理平均温度为 14.0℃，对照夜间平均温度为 11.9℃；5 月（移栽后 11～41d）夜温处理平均温度为 15.6℃，对照夜间平均温度为 13.7℃；6 月（移栽后 42～71d）夜温处理平均温度为 17.7℃，对照夜间平均温度为 16.5℃；7 月（移栽后 72～105d）夜温处理平均温度为 17.8℃，对照夜间平均温度为 17.3℃。上述结果表明，本次试验设计的夜间增温方式总体能有效提高烟株大田生育期内夜间环境温度，达到预期试验设计效果。

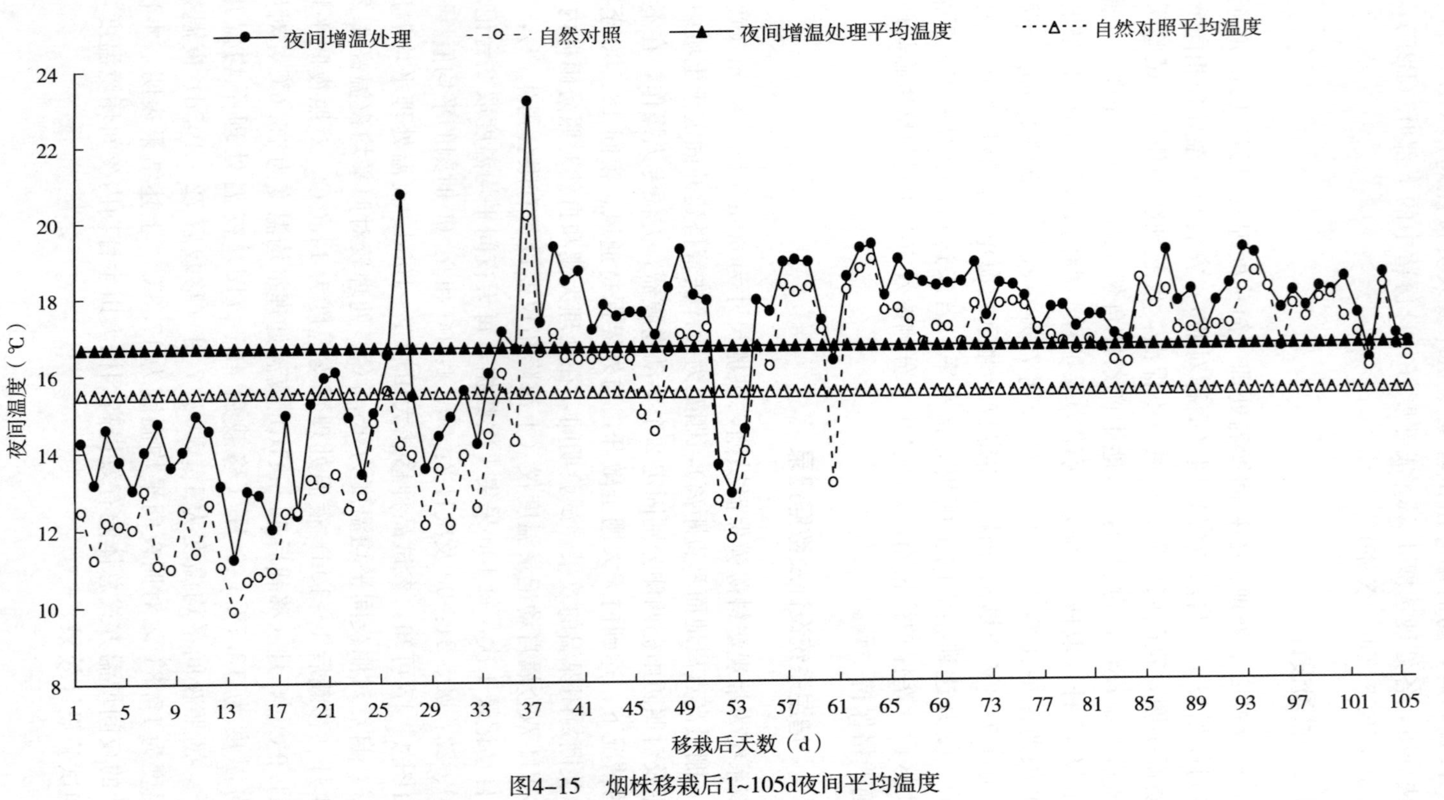

图4-15　烟株移栽后1~105d夜间平均温度

1.5　测定项目及方法

1.5.1　大田农艺性状的测定　以小区为单位，对烟株进行定期动态采样测量，于烟株移栽30d后，选15株长势一致的烟株标记定株，记录株高、有效叶片数、最大叶长、最大叶宽等农艺性状。其中打顶前最大叶长、最大叶宽的测定采取定株但不定叶位进行测量记载，打顶后分部位进行测量，每株自下而上分别选取下部叶（第5叶位）、中部叶（第10叶位）和上部叶（第15叶位）进行挂牌标记，取平均值。

1.5.2　烟株干物质积累的测定　对烟株进行定期采样，分别于团棵期、旺长期、打顶期取烟株的根、茎、叶，采用S形5点取样法，每次取样5株，用清水冲洗烟株，将根、茎、叶样品分开，所有鲜烟叶通过烘箱105℃高温杀青30min，根和茎洗净后与鲜叶一起75℃烘至恒重，并分开称重，取平均值，记载根、茎、叶的干物质积累量。

1.5.3　烤后烟叶经济性状的测定　分区计产，统计烟叶产量、产值、均价和上中等烟比例，每公顷烟叶产量、产值由小区产量、产值折算。

1.5.4　烤后烟叶物理性状的测定　叶片厚度用BHZ-1型薄片厚度计测定；含梗率用称重法测定；叶质重用打孔铝盒称重法测定；平衡含水率和叶重用平衡水分称重法测定；

1.5.5　烤后烟叶常规化学成分的测定　烟叶总糖、还原糖、烟碱、总氮、氯离子的测定依据《YC/T 159—2002》，采用连续流动法进行测定，检测数据都换算成百分率，钾的含量按照王瑞新等（2003）的方法测定，并计算化学成分协调性指标糖碱比（还原糖/烟碱）、氮碱比（总氮/烟碱）、钾氯比（钾/氯）。

1.5.6　烤后烟叶致香物质含量的测定　分别参考杨虹琦等（2006）的方法测定色素含量；参考岳骞等（2007）的方法测定多酚类物质含量；参考杨虹琦（2005）的方法测定非挥发性有机酸的含量，采用浓硫酸-甲醇酯化法、气相色谱分析、内标法定量；中性香气物质的前处理和测定，采用水蒸气蒸馏-二氯甲烷溶剂萃取法（杨虹琦，2005）。仪器：TraceGC Ultra气相色谱仪（配FID检测器，意大利Finnigan公司）。分析条件为：

色谱柱：DB-5（60m×0.32mm i.d.×0.25μm d.f.）；载气：N_2，恒流模式；流量：2.0mL/min；进样口温度：250℃；检测器温度：280℃。非挥发性有机酸的升温程序：40℃（1min）$\xrightarrow{150℃/min}$150℃$\xrightarrow{10℃/min}$250℃（10min）；进样量：1μL；分流比：10∶1。中性香气物质的升温程序：60℃（2min）$\xrightarrow{3℃/min}$150℃$\xrightarrow{2℃/min}$250℃（10min）；进样量：1μL；分流

比：10∶1。

1.5.7 烟叶外观质量评价 根据GB 2635—1992烤烟分级标准，并采用专家咨询方法，建立外观质量量化评价体系（表4-10）。各项质量指标最大标度分值为10，分值越高，质量越好。样品外观质量量化评定前，平衡到含水率至16%～18%。由湖南农业大学烟草研究院鉴评组根据视觉和触角感受以及相应的标度分值对样品逐项进行判断评分。然后计算出几何平均值作为该样品某项指标的量化评定分值。采用外观质量指数对烟叶外观质量进行综合评价。烟叶外观质量指数越高，其外观质量越好。

表4-10 烤烟的外观质量评价标准

成熟度	叶片结构	身份	油分	色度	分值
好	疏松、弹性好	适中	足	色正、饱满、光泽强	10
较好	较疏松、弹性较好	稍厚	较足	色较正、尚饱满、光泽较强	9
一般	尚疏松、有弹性	稍薄	有	色欠正、略饱满，有光泽	8
过熟	较僵硬、弹性较差	过厚	较差	色不正、欠饱满，尚有光泽	7
欠熟	僵硬、弹性差	薄	差	色不正、饱满度差，色泽暗	5

1.5.8 烟叶感官评吸 按照YC/T 138—1998的方法，由红云红河（烟草）集团有限责任公司召集5名省级卷烟评吸委员和5名本集团技术中心评吸专家共同进行感官评吸。

1.6 数据处理

采用Excel 2007、DPS 7.05等软件对数据进行统计分析。

2 结果与分析

2.1 夜温对高海拔烤烟生育进程的影响

由表4-11可知，夜间增温对烤烟大田生育进程产生显著影响。由于团棵期和旺长期所在的5、6月较现蕾期和打顶期所在的7月夜间自然平均温度低，参试品种到达各生育节点的时间对夜温升高的响应趋势一致，均为生育前期大于生育后期。其中K326处理烟株到达团棵期、旺长期的时间较对照平均提前4d，到达现蕾期、打顶期的时间较对照平均提前3d；云烟87处理烟株到达团棵期、旺长期的时间较对照平均提前5d，到达现蕾期、打顶期的时间较对照平均提前 3d。但从大田生育期总天数方面来看（移栽至打顶），K326 处理（83d）较对照（85d）缩短 2d，云烟 87 处理（75d）较对照（78d）缩短 3d，夜温升高显著缩短了参试品种大田生育时间。

表 4－11　不同烤烟品种生育进程对夜温升高的响应

品种	处理	移栽日期	团棵期		旺长期		现蕾期		打顶期		总天数
			日期	提前天数	日期	提前天数	日期	提前天数	日期	提前天数	
K326	NIT	20/4	3/6 b	4	20/6 b	4	4/7 b	3	12/7 b	2	83
	CK	20/4	7/6 a		24/6 a		7/7 a		14/7 a		85
云烟 87	NIT	20/4	25/5 b	5	17/6 b	5	28/6 a	3	4/7 b	3	75
	CK	20/4	30/5 a		22/6 a		1/7 b		7/7 a		78

NIT：夜间增温处理；CK：自然夜温处理。表中团棵期为烟株有效叶 8 片时，旺长期为有效叶 13 片时，现蕾期为第一朵中心花开放时。同列大写字母表示处理间差异极显著（$P<0.01$），小写字母表示处理间差异显著（$P<0.05$），下同。

2.2　夜温对高海拔烤烟农艺性状的影响

2.2.1　对株高的影响　由表 4－12 可知，与对照相比，处理后的 K326 各生育节点（团棵期、旺长期、现蕾期、打顶期）株高分别增加 20.0%、14.9%、21.9%和 13.1%；处理后的云烟 87 分别增加 36.3%、19.9%、46.8%和 17.8%。K326 和云烟 87 株高对夜温升高响应一致，均在现蕾期为最大增幅期。株高日均增长率方面，与对照相比，处理后的 K326 4 个生育节点分别提高 0.03、0.24、0.97 和－0.47 cm/d，对夜温升高的响应趋势为先升高后降低，现蕾期处理较对照增速最快；而云烟 87 较对照分别提高 0.11、0.15、1.84 和－2.07cm/d，对夜温升高的响应趋势与 K326 一致，同样也表现为先升高后降低，现蕾期处理较对照增速最快。

2.2.2　对有效叶片数的影响　至打顶期结束，K326 增温处理有效叶片数为 18 片，较自然对照（15 片）多 3 片，提升幅度为 20.0%；云烟 87 增温处理有效叶片数为 19 片，较自然对照（16 片）多 3 片，提升幅度为 18.8%，两品种处理均较对照有效叶多 3 片，夜温处理显著提高了有效叶数。

表 4-12 不同生育时期农艺性状对夜温升高的响应

品种	生育节点	处理	株高（cm）	株高日均增长率（cm/d）	有效叶片数	最大叶长（cm）	叶长日均增长率（cm/d）	最大叶宽（cm）	叶宽日均增长率（cm/d）	开片度
K326	团棵	NIT	9.0±3.04a	0.20±0.23a	8	35.6±1.23a	0.81±0.23a	14.5±2.33a	0.33±0.06a	0.41b
		CK	7.5±2.56a	0.17±0.34a	8	26.8±3.04b	0.61±0.12b	11.9±3.07b	0.27±0.22b	0.44a
	旺长	NIT	43.3±1.67a	2.02±0.12a	13	52.7±1.78a	1.01±0.04a	23.4±0.78a	0.52±0.12a	0.44a
		CK	37.7±2.14b	1.78±0.13b	13	55.8±3.69a	1.71±0.06a	20.5±1.02b	0.51±0.05a	0.37b
	现蕾	NIT	106.7±2.77a	4.53±0.56a	18	70.5±3.08a	1.27±1.22a	23.9±0.56a	0.37±0.01a	0.34a
		CK	87.5±1.03b	3.56±0.02b	15	73.7±1.03a	1.28±1.03a	22.7±2.13b	0.16±0.03b	0.31b
	打顶	NIT	132.6±2.12a	3.24±0.76a	18	81.2±3.05a	1.34±0.78a	27.5±1.78a	0.45±0.23a	0.34a
		CK	117.2±6.79b	3.71±1.11b	15	83.8±1.82a	1.26±0.36a	25.5±2.06b	0.35±0.12b	0.30b
云烟 87	团棵	NIT	10.9±1.35a	0.31±0.12a	8	26.8±1.02b	0.77±1.02a	8.1±2.34a	0.23±0.18a	0.30a
		CK	8.0±2.44b	0.20±0.33b	8	31.7±2.32a	0.79±0.79b	8.3±1.33a	0.21±0.05a	0.26b
	旺长	NIT	46.3±2.35a	1.48±1.01a	13	57.5±0.51a	1.28±0.38a	22.4±1.30a	0.60±0.06a	0.39a
		CK	38.6±2.07b	1.33±0.76a	13	60.5±2.10a	1.25±0.98a	23.4±1.23a	0.66±0.12a	0.39a
	现蕾	NIT	115.4±0.98a	6.28±1.03a	19	67.5±2.56a	0.91±1.22a	26.9±0.97a	0.41±0.23a	0.40a
		CK	78.6±1.56b	4.44±0.45a	16	70.5±0.32a	1.11±0.56a	25.4±2.35b	0.22±0.34b	0.36b
	打顶	NIT	147.5±2.50a	4.59±1.07a	19	82.5±2.06a	2.14±1.04b	31.9±2.72b	0.71±0.45b	0.39a
		CK	125.2±10.90b	6.66±0.36b	16	81.8±3.15a	1.61±0.83a	27.7±2.76a	0.33±0.75a	0.34b

2.2.3　对最大叶长、叶宽及开片度的影响　由表 4－12 可知，最大叶长及日均增长率 K326 和云烟 87 团棵期均较对照达显著差异水平，但对夜温响应略有不同，K326 为处理大于对照，而云烟 87 表现为对照大于处理。就最大叶宽及其日均增长率而言，K326 全生育期均表现为处理大于对照，达到显著差异水平，旺长期处理较对照增速最快；云烟 87 表现为生育前期（团棵期、旺长期）对照大于处理，此时未达到显著差异；生育后期（现蕾期、打顶期）处理大于对照，此时达到显著差异，打顶时处理较对照增速最快。开片度除 K326 团棵期（处理略低）、云烟 87 旺长期（与对照持平）外，其他生育节点两品种均处理大于对照。由此可以看出，夜间温度升高一定程度上促进了参试品种叶片横向生长发育能力，使叶片长宽比趋于协调，开片度提高，叶面积相应增大，叶形趋于协调。

2.2.4　对打顶期不同叶位叶片的影响　由表 4－13 可知，K326 打顶期第 5、10 叶位叶长和第 15 叶位叶宽增温处理较对照显著增加，同时各部位烟叶开片度得到显著提高，但是随着叶片着生部位的升高，处理和对照烟叶叶长日均增长率、叶宽日均增长率均逐渐降低。云烟 87 打顶期第 15 叶位开片度、叶宽及其日均增长率处理较对照显著提高，其他处理虽均未达到显著差异水平，但是各部位开片度处理较对照仍不同程度地提高。

表 4－13　打顶期不同叶位叶片对夜温升高的响应

品种	叶位（自下往上）	处理	叶长（cm）	叶长日均增长率（cm/d）	叶宽（cm）	叶宽日均增长率（cm/d）	开片度
K326	5	NIT	76.2±3.55b	0.92±0.02a	25.0±1.06a	0.30±0.12a	0.33a
		CK	80.2±0.72a	0.94±0.15a	23.5±2.00a	0.28±0.14a	0.29b
	10	NIT	74.8±8.33b	0.90±0.34a	23.6±2.68a	0.28±0.06a	0.32a
		CK	78.8±3.82a	0.93±0.56a	22.5±2.78a	0.26±0.08a	0.29b
	15	NIT	69.2±6.29a	0.83±0.03a	20.2±2.88a	0.24±0.11a	0.29a
		CK	71.8±4.25a	0.84±0.15a	15.5±0.86b	0.18±0.12b	0.22b
云烟 87	5	NIT	81.5±1.06a	1.09±0.56a	27.9±0.72a	0.37±0.06a	0.34a
		CK	80.2±1.61a	1.03±0.02a	26.7±1.01a	0.34±0.07a	0.33a
	10	NIT	78.9±2.22a	1.06±1.01a	25.9±3.79a	0.35±1.02a	0.33a
		CK	79.8±3.18a	1.02±0.98a	24.7±1.76a	0.32±0.34a	0.31a
	15	NIT	75.5±5.15a	1.01±1.04a	23.7±0.72a	0.32±0.33a	0.32a
		CK	76.5±6.26a	0.98±0.66a	19.8±2.01b	0.25±0.55b	0.26b

2.3 夜温对高海拔烤烟干物质积累的影响

2.3.1 对不同生育期干物质积累的影响 由表4-14可知，夜温升高显著提高了参试品种烟株各部位在各生育节点的干物质积累量。从不同生育期烟株干物质积累速率来看，在团棵期，与对照相比，云烟87的日均积累率茎、叶分别提高0.01和0.05g/d，表现为叶＞茎＞根；旺长期分别提高0.02、0.08和0.22g/d，表现为叶＞茎＞根；打顶期分别提高－0.02、1.01和－0.03g/d，表现为茎＞根＞叶；K326团棵期仅叶提高0.05g/d，叶片发育响应显著；旺长期分别提高0.08、0.22和－0.01g/d，表现为茎＞根＞叶；成熟期分别提高0.11、－0.05和0.91g/d，表现为叶＞根＞茎。从不同生育期干物质积累量来看，在团棵期，与对照相比，云烟87根、茎、叶的干物质积累分别提高50%、27.3%和19.0%，表现为根＞茎＞叶；K326分别提高66.7%、15.4%和27.1%，表现为根＞叶＞茎。旺长期云烟87分别提高41.7%、10%和12.9%，表现为根＞叶＞茎；K326分别较对照提高56.7%、22.4%和3.4%，表现为根＞茎＞叶。打顶期云烟87分别提高25.9%、33.7%和10.3%，表现为茎＞根＞叶；K326分别提高43.8%、12.2%和16.6%，表现为根＞叶＞茎。K326根处理干物质积累量增加幅度为团棵期＞旺长期＞打顶期；茎处理增加幅度为旺长期＞团棵期＞打顶期；叶处理增加幅度为团棵期＞打顶期＞旺长期。云烟87根处理干物质积累量增加幅度为团棵期＞旺长期＞打顶期；茎处理增加幅度为打顶期＞团棵期＞旺长期；叶处理增加幅度为团棵期＞旺长期＞打顶期。

表4-14 不同生育期烤烟干物质积累对夜温升高的响应

品种	部位	处理	团棵期		旺长期		打顶期	
			重量(g)	日均积累率(g/d)	重量(g)	日均积累率(g/d)	重量(g)	日均积累率(g/d)
K326	根	NIT	0.50±0.14a	0.01±0.10a	4.70±0.45a	0.25±0.23a	15.63±0.84a	0.50±0.34a
		CK	0.30±0.09b	0.01±0.14a	3.13±0.27b	0.17±0.12b	10.87±0.95b	0.39±0.55b
	茎	NIT	1.50±0.37a	0.03±0.24a	18.40±0.67a	0.99±0.05a	80.38±3.60a	2.82±1.78a
		CK	1.30±0.32a	0.03±0.16a	14.32±0.44b	0.77±0.13b	71.62±1.80b	2.87±1.06a
	叶	NIT	8.90±1.48a	0.20±0.31a	58.46±1.33a	2.92±1.02a	123.90±4.87a	2.97±2.78a
		CK	7.00±1.10b	0.15±0.29b	56.87±0.82b	2.93±0.45a	106.30±2.62b	2.06±1.96a
生物总量	全株	NIT	10.90±0.78a		81.56±0.68a		219.91±1.35a	
		CK	8.60±1.33b		74.32±1.03b		188.79±2.03b	

（续）

品种	部位	处理	团棵期		旺长期		打顶期	
			重量（g）	日均积累率（g/d）	重量（g）	日均积累率（g/d）	重量（g）	日均积累率（g/d）
云烟87	根	NIT	0.30±0.07a	0.01±0.16a	1.75±0.15a	0.04±0.05a	8.80±0.39a	0.41±0.05a
		CK	0.20±0.05b	0.01±0.11a	1.15±0.18b	0.02±0.03a	7.58±0.47b	0.43±0.07a
	茎	NIT	1.40±0.04a	0.04±0.22a	14.78±0.72a	0.38±0.34a	90.16±1.55a	4.43±0.23a
		CK	1.10±0.18b	0.03±0.31b	12.88±0.70b	0.30±0.24a	64.21±3.73b	3.42±1.78b
	叶	NIT	6.90±0.38a	0.20±1.08a	45.34±1.26a	1.10±1.02a	125.20±6.04a	4.70±2.89a
		CK	5.80±0.21b	0.15±0.56b	40.84±1.64b	0.88±1.05a	111.72±2.29b	4.73±1.76a
生物总量	全株	NIT	8.60±0.75a		61.87±0.97a		224.16±0.87a	
		CK	7.10±0.33b		54.87±0.78b		183.51±1.27b	

2.3.2　植株干物质积累动态响应模型的建立　由图4－16和表4－15可知，随着大田生育期夜间环境温度的升高，夜间有效积温也随之增大，烟株干物质积累随夜间有效积温增加而增长的过程符合Logistic方程所描述的曲线，

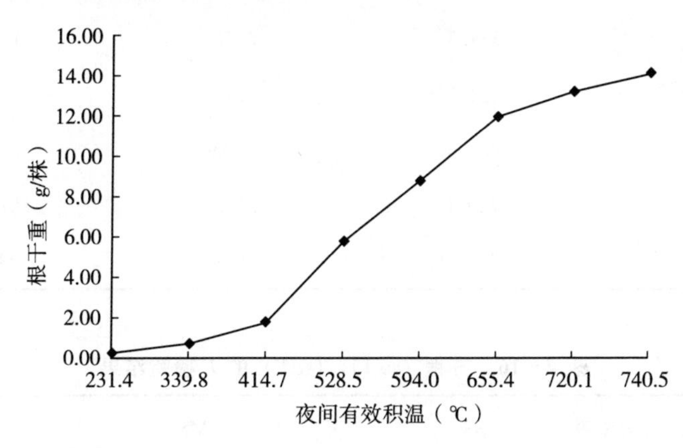

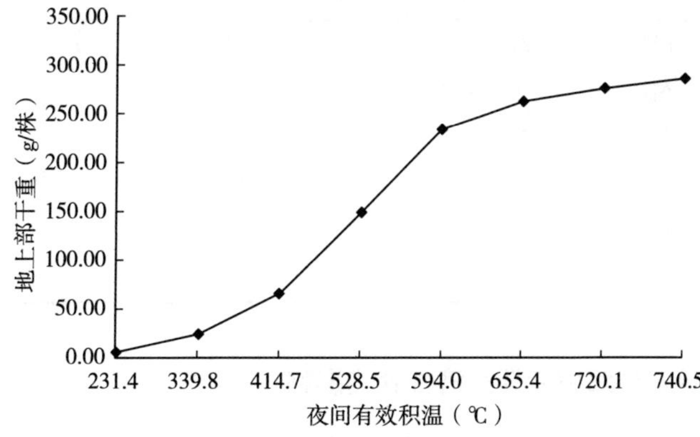

图4－16　地下部和地上部干物质重随有效积温的变化曲线

烟株地下部根干物质（w_t1）及其地上部干物质（w_t2）增长动态与夜间有效积温（T）的动态关系方程分别为：$w_t1=16.4/[1+\exp(7.1796-0.012345t)]$ 和 $W_t2=299.2/[1+\exp(7.1005-0.013739t)]$，夜间增温处理烟株根部及地上部干物质积累最大瞬时积累速率分别为 0.051g/株·(℃·d) 和 1.028g/株·(℃·d)，分别出现在移栽后有效积温达 581.6℃和 516.8℃时，同时对应于大田移栽后 65～75d 和 55～65d。统计检验结果表明(表 4-16)，在云南高海拔地区烤烟大田全生育期夜间温度升高的条件下，用这两个方程分别描述烟株地下及地上部干物质的动态积累过程是适宜的。

表 4-15　云烟 87 夜间增温处理植株干物质增长动态与夜间有效积温

移栽后天数（d）	夜间有效积温（℃）	根干重（g/株）	地上部干重（g/株）
35	231.4	0.23	6.05
45	339.8	0.70	23.65
55	414.7	1.75	66.17
65	528.5	5.78	148.61
75	594.0	8.73	233.22
85	655.4	11.89	263.37
95	720.1	13.15	275.93
105	740.5	14.06	286.58

表 4-16　方程（w_t1），（w_t2）的 F 检验结果

方程	变异来源	SS	df	MS	F	P 值
（w_t1）	回归	241.8	2	120.9	613.3	0.000 1
	剩余	0.9	5	0.2		
	总数	242.8	7	34.7		
（w_t2）	回归	96 279.9	2	48 139.9	624.9	0.000 1
	剩余	385.2	5	77.0		
	总数	96 665.0	7	13 809.3		

2.4　夜温对高海拔烤烟经济性状的影响

从表 4-17 可看出，在云南省高海拔地区，夜间温度变化显著影响烤烟经济性状，各处理烟叶产量、产值、均价和上等烟比例均随夜间温度的升高呈上升趋势，但不同品种对夜温响应有所差异。K326 夜间增温处理产量、产值、上等烟比例较对照增幅大于云烟 87，其中 K326 处理较对照产量、产值、均价、上等烟比例分别增加了 252.5 kg/hm^2、7 290 元/hm^2、1.7 元/kg 和 6.54%；云烟 87 分别增加了 100.5kg/hm^2、5 315 元/hm^2、2.1 元/kg 和 4.65%。K326 经济性状指标增加幅度大于云烟 87，对夜温响应敏感。因此，全生育期夜温升高显著提高了参试品种烟叶产值产量、均价和上等烟比例，极大促进了参试品种烤后烟叶等级结构的提升。

表 4-17　夜温升高对云南高海拔烟叶经济性状的影响

品种	处理	产量 (kg/hm^2)	产值 (元/hm^2)	均价 (元/kg)	上等烟比例 (%)	中等烟比例 (%)
K326	NIT	1 390.50a	29 265.00a	21.0a	32.84a	61.10a
	CK	1 138.00b	21 975.00b	19.3b	26.30b	66.18b
云烟 87	NIT	1 621.50a	35 595.00a	22.0a	29.45a	65.46a
	CK	1 521.00b	30 280.00b	20.0b	24.80b	70.55b

2.5　夜温对高海拔烤烟物理特性的影响

由表 4-18 可知，叶长方面，K326 和云烟 87 上部叶和下部叶夜温处理较对照均达到显著差异水平，K326 上部叶、下部叶分别较对照增加 5.50 和 3.35cm，云烟 87 分别增加 4.45 和 4.75cm。叶宽方面，K326 中上部叶、云烟 87 上部叶和下部叶处理较对照均达到显著差异水平，K326 中上部叶分别较对照增加 1.25 和 3.45cm，云烟 87 上部叶、下部叶分别增加 1.10 和 3.80cm。单叶重方面，夜温升高对 K326 中上部叶影响较大，达到显著差异水平，上部叶和中部叶分别较对照增加 3.00 和 1.98g。叶片厚度方面，K326 和云烟 87 各部位烟叶均较对照达到显著差异水平，上、中、下 3 个部位烟叶 K326 分别较对照降低 0.14、0.06 和 0.05mm，云烟 87 分别降低 0.02、0.03 和 0.02mm。含梗率方面，K326 各部位烟叶和云烟 87 上部叶处理较对照达到显著差异水平，K326 上、中、下 3 个部位烟叶较对照分别降低 1.32%、1.12%和 4.90%，云烟 87 上部叶较对照降低 2.00%。平衡含水率除 K326 上部叶较对照增加 0.58%，达到显著差异外，K326 不同部位烟叶均无显著差异。开片度方面，K326 上部叶和云烟 87 下部叶处理较对照有较大提高。

表 4-18 夜温升高对云南高海拔烟叶物理特性的影响

品种	等级	处理	叶长 (cm)	叶宽 (cm)	单叶重 (g)	叶片厚度 (mm)	含梗率 (%)	平衡含水率 (%)
K326	B2F	NIT	70.15a	19.05b	12.60a	0.35b	28.39b	11.19a
		CK	64.65b	15.60a	9.60b	0.49a	29.71a	10.51b
	C3F	NIT	74.90a	20.70b	14.05a	0.34b	29.58b	11.73a
		CK	72.75a	19.45a	12.07b	0.40a	30.70a	11.18a
	X2F	NIT	57.35a	16.85a	5.60a	0.34b	33.64b	9.71a
		CK	53.00b	16.10a	5.00a	0.39a	38.54a	9.88a
云烟 87	B2F	NIT	72.55a	19.70a	13.40a	0.32b	24.74b	10.96a
		CK	68.10b	18.60b	12.55a	0.34a	26.74a	10.51a
	C3F	NIT	75.00a	21.40a	12.90a	0.35a	26.51a	11.64a
		CK	73.45a	20.55a	12.70a	0.32b	26.73a	11.25a
	X2F	NIT	65.75a	22.10a	7.80a	0.34a	28.96a	11.14a
		CK	61.00b	18.30b	6.75a	0.32b	29.67a	11.38a

2.6 夜温对高海拔烤烟常规化学成分的影响

根据“国际型优质烟叶”化学成分指标：总糖 18%～24%，还原糖 16%～22%，烟碱 1.5%～3.5%，总氮 1.5%～3.0%，钾离子 2.0%～3.5%，氯离子 0.3%～0.8%，糖碱比为 8～12，氮碱比≤1，钾氯比≥4，两糖差越小越好。由表 4-19 可知，生育期夜间温度升高显著影响云南省高海拔地区烤后各部位烟叶化学成分及内在协调性，但不同品种不同部位烟叶对夜温响应有所差异。与对照相比，夜温处理后，K326 中上部叶总糖、还原糖、总氮、烟碱、钾含量有显著差异，表现为总糖、还原糖、总氮上部叶分别较对照升高 1.90%、2.41%和 1.2%；中部叶分别升高 2.02%、2.12%和 0.63%；烟碱、钾含量上部叶分别较对照降低 0.75%和 0.34%；中部叶分别降低 0.24%和 0.16%。但同时在内在协调性方面有所提升，主要表现为糖碱比、氮碱比等品质协调性指标与优质烟更为接近。而下部叶仅总氮含量降低，处理与对照差异显著，但协调性方面同样有所提升，与中上部叶表现一致。因此，夜温升高对 K326 中上部烟叶的影响大于下部叶，中上部叶随着夜温升高，化学成分协调性得到显著改善。

云烟 87 各部位烟叶化学成分对夜温升高响应表现为：上部叶总糖、还原糖、总氮、烟碱、钾含量夜温处理较对照均有显著差异，总糖、还原糖、烟碱分别较对照降低 4.43%、3.37%和 0.28%；总氮、钾分别较对照升高 0.78%和 0.24%。氮碱比和钾氯比更接近优质烟标准，协调性显著提升。中部叶总氮、烟碱、钾夜温处理较对照达到显著差异水平，其中总氮和钾分别较对照升高 0.54%和 0.28%，烟碱较对照降低 0.42%，并且糖碱比、氮碱比和钾氯比均不同程度高于对照，协调性显著改善。下部叶总糖、还原糖、总氮和钾夜温处理较对照达到显著差异水平，表现为总糖和还原糖分别较对照降低 4.87%和 3.46%；总氮、钾分别较对照增加 0.52%和 0.78%，协调性同样得到有效改善，体现为氮碱比和钾氯比更接近于优质烟范围。

表 4-19　夜温升高对云南省高海拔烟叶化学成分的影响

品种	等级	处理	总糖（%）	还原糖（%）	总氮（%）	烟碱（%）	钾（%）	氯（%）	糖碱比	氮碱比	钾氯比
K326	B2F	NIT	26.48a	24.50a	2.19a	3.52b	1.94b	0.47a	6.96	0.62	4.13
		CK	24.58b	22.09b	0.99b	4.27a	2.28a	0.50a	5.17	0.23	4.56
	C3F	NIT	30.70a	28.59a	1.83a	3.73b	1.96b	0.51a	7.66	0.49	3.84
		CK	28.68b	26.74b	1.20b	3.97a	2.12a	0.45a	6.74	0.30	4.71
	X2F	NIT	12.23a	10.88a	1.86a	2.79b	4.16a	0.93a	3.90	0.67	4.47
		CK	11.64a	10.13a	0.95b	3.67a	4.30a	0.87a	2.76	0.26	4.94
云烟 87	B2F	NIT	24.66a	23.87b	1.84a	3.98b	2.22a	0.43a	6.00	0.46	5.16
		CK	29.09b	27.24a	1.06b	4.26a	1.98b	0.53a	6.39	0.25	3.74
	C3F	NIT	29.60a	27.75a	1.54a	3.55b	2.14a	0.47a	7.82	0.43	4.55
		CK	29.81a	28.15a	1.00b	3.97a	1.86b	0.50a	7.09	0.25	3.72
	X2F	NIT	20.45b	18.74b	2.00a	2.89a	3.78a	0.87a	6.48	0.69	4.34
		CK	25.32a	22.20a	1.48b	2.82a	3.00b	0.74a	7.87	0.52	4.05

2.7　夜温对高海拔烤烟主要致香前体物和挥发性香气物的影响

2.7.1　对质体色素含量的影响　烟草类胡萝卜素是卷烟配方设计和烟叶原料调香配伍形成香气风格的重要化学组分。由表 4-20 可知，K326 各处理质体色素较对照均达到显著差异水平，上、中、下 3 个部位烟叶总类胡萝卜素处理较对照分别提高 24.02、36.89 和 62.57μg/g，叶黄素分别提高 11.07、16.93 和 20.06μg/g，β-胡萝卜素分别提高 10.25、19.96 和 42.51μg/g。从不同部位增加幅度来看，K326 总类胡萝卜素、叶黄素、β-胡萝卜素均表现为：下部叶>中部叶>上部叶。云烟 87 各处理质体色素较对照也均达到极显著差异水平，上、中、下 3 个部位烟叶总类胡萝卜素较对照分别提高 51.19、42.83 和 56.31μg/g，叶黄素分别提高 25.60、19.02 和 26.55μg/g，β-胡萝卜素分别提高 25.59、23.81 和 29.76μg/g。从不同部位增加幅度来看，云烟 87 总类胡萝卜素、叶黄素、β-胡萝卜素均表现为：下部叶>上部叶>中部叶。

表 4-20　烤后烟叶质体色素含量对夜温升高的响应（μg/g）

品种	等级	处理	叶黄素	增幅	β-胡萝卜素	增幅	总类胡萝卜素	增幅
K326	B2F	NIT	143.21aA	+11.07	152.59aA	+10.25	298.50aA	+24.02
		CK	132.14bB		142.34bB		274.48bB	
	C3F	NIT	123.24aA	+16.93	134.35aA	+19.96	257.59aA	+36.89
		CK	106.31bB		114.39bB		220.70bB	
	X2F	NIT	128.74aA	+20.06	148.21aA	+42.51	276.95aA	+62.57
		CK	108.68bB		105.70bB		214.38bB	
云烟 87	B2F	NIT	140.34aA	+25.60	154.15aA	+25.59	294.49aA	+51.19
		CK	114.74bB		128.56bB		243.30bB	
	C3F	NIT	151.30aA	+19.02	169.41aA	+23.81	320.71aA	+42.83
		CK	132.28bB		145.60bB		277.88bB	
	X2F	NIT	175.59aA	+26.55	198.07aA	+29.76	373.66aA	+56.31
		CK	149.04bB		168.31bB		317.35bB	

2.7.2　对多酚类物质含量的影响　多酚类化学物质在烟草的生长发育、调制特性、烟叶色泽、等级、香吃味和烟气生理强度等方面起着重要作用，是衡量烟叶品质的重要因素之一（倪霞，2012）。由表 4-21 可知，不同品种烟叶多酚类物质含量对夜温响应存在较大差异。其中夜温升高促进了 K326 各部位烟叶多酚类物质的积累，上部叶绿原酸和总多酚处理较对照分别提高 3.10 和 3.65mg/g，达到显著差异水平，而其他处理较对照也有所提升，但未达到显著差异水平。与此同时，夜温升高却降低了云烟 87 各部位烟叶多酚类物质的积累，其中上部叶绿原酸和总多酚处理分别比对照降低 4.10 和 5.05mg/g，达到显著差异水平，其他处理较对照不同程度的降低，但均未达到显著差异水平。

表 4－21　烤后烟叶多酚类物质含量对夜温升高的响应（mg/g）

品种	等级	处理	绿原酸	增幅	芸香苷	增幅	总多酚	增幅
K326	B2F	NIT	10.53aA	+3.10	10.87aA	+0.55	21.40aA	+3.65
		CK	7.43bA		10.32aA		17.75bA	
	C3F	NIT	13.47aA	+0.10	9.69aA	+0.80	23.16aA	+0.90
		CK	13.37aA		8.89aA		22.26aA	
	X2F	NIT	6.44aA	+1.12	9.29aA	+1.37	15.73aA	+2.49
		CK	5.32aA		7.92aA		13.24bA	
云烟 87	B2F	NIT	9.00bA	−4.10	10.18aA	−0.95	19.18bA	−5.05
		CK	13.10aA		11.13aA		24.23aA	
	C3F	NIT	8.67aA	−0.80	9.73aA	−0.49	18.40aA	−1.29
		CK	9.47aA		10.22aA		19.69aA	
	X2F	NIT	5.76aA	−0.50	8.02aA	−1.22	13.78aA	−1.72
		CK	6.26aA		9.24aA		15.50aA	

2.7.3　对非挥发性有机酸含量的影响　由表 4－22 可知，夜温对不同品种烤后烟叶苹果酸和柠檬酸含量的影响较大。夜温升高使上、中、下 3 个部位烟叶苹果酸含量 K326 处理较对照分别增加 2.02、1.43 和 0.72mg/g，增幅表现为上部叶＞中部叶＞下部叶；云烟 87 处理则较对照分别增加 10.84、1.63 和 2.91mg/g，增幅表现为上部叶＞下部叶＞中部叶。上、中、下 3 个部位柠檬酸含量 K326 处理较对照分别降低 0.60、0.60 和 0.67mg/g，降幅表现为下部叶＞上部叶和中部叶；云烟 87 处理则较对照分别降低 0.55、0.69 和 1.97mg/g，降幅表现为下部叶＞中部叶＞上部叶。此外，云烟 87 处理中部叶棕榈酸、油酸含量较对照分别增加 1.89 和 1.53mg/g，K326 处理下部叶亚油酸含量较对照降低 0.81mg/g，上部叶油酸含量较对照增加 2.04mg/g。以上处理均达到极显著差异水平。

表 4－22　烤后烟叶非挥发性有机酸含量对夜温升高的响应（mg/g）

品种	等级	处理	丙二酸	苹果酸	柠檬酸	棕榈酸	亚油酸	油酸	硬脂酸
K326	B2F	NIT	1.37aA	20.71aA	3.61bB	1.25aA	1.11aA	11.23aA	0.79aA
		CK	1.19aA	18.69bB	4.21aA	1.17aA	1.25aA	9.19bB	0.78aA
	C3F	NIT	1.15aA	26.12aA	2.92bB	1.91aA	2.25aA	6.65aA	0.67aA
		CK	1.28aA	24.69bB	3.52aA	1.81aA	2.38aA	6.44aA	0.52aA
	X2F	NIT	2.15aA	18.60aA	3.26bB	1.03aA	1.35bB	8.82aA	0.61aA
		CK	2.12aA	17.88bB	3.93aA	1.09aA	2.16aA	8.12aA	0.44aA

（续）

品种	等级	处理	丙二酸	苹果酸	柠檬酸	棕榈酸	亚油酸	油酸	硬脂酸
云烟 87	B2F	NIT	1.90aA	28.27aA	1.60bB	3.93aA	1.93aA	8.68aA	0.78aA
		CK	2.01aA	17.43bB	2.15aA	3.65aA	1.87aA	8.39aA	0.80aA
	C3F	NIT	1.09aA	22.14aA	2.69bB	3.00aA	1.84aA	6.95aA	0.31aA
		CK	1.13aA	20.51bB	3.38aA	1.11bB	1.42aA	5.42bB	0.55aA
	X2F	NIT	1.78aA	29.27aA	0.72bB	2.21aA	3.13aA	5.35aA	0.36aA
		CK	1.73aA	26.36bB	2.69aA	1.99aA	3.04aA	5.21aA	0.53aA

2.7.4 对挥发性香气物质含量的影响 烤后烟叶样品中共检测出 25 种对烟叶香气物质有较大影响的化合物（表 4－23 和表 4－24）。其中，醛类 4 种、酮类 16 种、醇类 3 种、杂环类 1 种和烃类 1 种，含量较高的致香物质有新植二烯、β-大马酮、糠醛、香芹酮、苯甲醇、苯乙醇、巨豆三烯酮 2、巨豆三烯酮 4 和 2，4-庚二烯醛。不同品种处理烟叶与对照致香物组成和含量有明显差异，在测定的 25 种致香物中，与对照相比，K326 除下部叶香气物总量略有降低外，其余香气物均有大幅度升高，其中，不同部位新植二烯含量均达极显著差异水平，上、中、下 3 部位烟叶分别增加 156.17、63.96 和 12.63μg/g，表现为上部叶＞中部叶＞下部叶；与对照相比，云烟 87 上、中、下 3 部位烟叶分别较对照增加 150.55、203.38 和 158.55μg/g，表现为中部叶＞下部叶＞上部叶。K326 处理上部叶 β-大马酮，中部叶苯甲醇、糠醛、β-大马酮、巨豆三烯酮 2、巨豆三烯酮 4 和金合欢基丙酮 3，以及云烟 87 处理上部叶苯甲醇、糠醛和香芹酮含量较各自对照均有明显升高。香气物质（除新植二烯外）总量升高幅度最大的为 K326 中部叶和云烟 87 上部叶，分别较对照增加 13.37 和 11.90 μg/g。

2.7.5 对不同种类致香物质含量的影响 由表 4－25 可知，不同品种处理烟叶相比较，夜温升高显著增加了 K326 中部叶和云烟 87 上部叶苯丙氨酸类物质的积累，处理较对照分别提高 2.15 和 2.14 μg/g；但同时却显著降低了 K326 和云烟 87 下部叶苯丙氨酸类物质的积累，处理较对照分别降低 5.81 和 4.82μg/g。

类西柏烷类致香物质主要指茄酮，它是烟叶中重要的香气前体物，通过一定的降解途径可形成多种醛、酮等香气成分（史志宏等，1998）。从表 4－22 可知，各品种夜温处理与对照含量均较低，无显著差异，这表明夜温升高对不同品种烟叶类西柏烷类致香物质影响不显著。

表 4-23　夜温升高对 K326 烤后烟叶挥发性香气物含量的影响（μg/g）

部位	处理	苯甲醛	苯甲醇	苯乙醇	糠醛	糠醇	2-乙酰基吡咯	茄酮	6-甲基-5-庚烯-2-酮	β-大马酮
B2F	NIT	1.44	8.32	3.06	17.42	1.93	0.73	0.02	0.94	10.07
	CK	1.63	7.87	4.15	17.02	1.83	0.81	0.01	0.93	8.27
C3F	NIT	1.16	1.16	3.24	16.44	1.85	0.91	0.02	0.63	8.31
	CK	4.60	2.55	3.14	14.71	1.10	0.50	0.00	0.81	5.18
X2F	NIT	1.46	6.38	2.78	12.11	0.85	0.47	0.01	0.94	8.69
	CK	2.28	10.17	3.98	14.62	0.91	0.68	0.01	0.78	13.56
部位	处理	巨豆三烯酮 1	巨豆三烯酮 2	巨豆三烯酮 3	巨豆三烯酮 4	异氟尔酮	α-紫罗兰酮	香叶基丙酮	氧化异氟儿酮	β-紫罗兰酮
B2F	NIT	1.22	5.21	1.54	3.49	0.28	0.63	2.07	1.19	1.32
	CK	1.29	5.88	2.25	4.00	0.28	0.30	1.65	1.17	1.01
C3F	NIT	1.29	5.45	1.59	4.32	0.27	0.69	2.08	0.91	1.28
	CK	0.50	2.18	1.74	1.19	0.31	0.45	1.92	1.15	1.04
X2F	NIT	1.06	4.46	2.95	2.79	0.29	0.40	1.81	0.80	1.20
	CK	2.18	8.92	2.46	4.46	0.30	1.08	2.13	1.14	1.70
部位	处理	金合欢基丙酮 1	金合欢基丙酮 2	金合欢基丙酮 3	香芹酮	环柠檬醛	2，4-庚二烯醛	小计	新植二烯	总量合计
B2F	NIT	0.72	1.53	2.83	5.28	0.23	3.26	74.73aA	746.13aA	820.86aA
	CK	0.84	1.74	3.06	6.00	0.20	4.25	76.44aA	589.96bB	666.40bB
C3F	NIT	0.77	1.80	3.50	2.53	0.20	3.66	67.50aA	734.98aA	802.48aA
	CK	0.46	1.07	1.87	7.93	0.24	2.93	54.13bB	671.02bB	725.15bB
X2F	NIT	0.72	1.37	2.60	4.01	0.24	1.98	60.37bB	717.52aA	777.89bB
	CK	0.96	1.68	3.49	5.54	0.29	3.45	86.77aA	704.89bB	791.66aA

表 4-24　夜温升高对云烟 87 烤后烟叶挥发性香气物含量的影响（μg/g）

部位	处理	苯甲醛	苯甲醇	苯乙醇	糠醛	糠醇	2-乙酰基吡咯	茄酮	6-甲基-5-庚烯-2-酮	β-大马酮
B2F	NIT	1.54	7.30	3.06	17.80	1.93	0.77	0.02	1.25	6.77
	CK	1.39	4.66	3.79	14.24	1.28	0.72	0.01	0.84	5.65
C3F	NIT	0.89	2.70	2.47	9.74	0.82	0.55	0.02	0.80	4.25
	CK	0.76	2.19	2.41	8.69	0.79	0.00	0.01	0.38	4.15
X2F	NIT	0.94	2.99	0.27	8.61	1.20	0.54	0.01	0.63	7.08
	CK	1.23	4.93	2.86	12.58	0.83	0.58	0.01	0.82	6.88
部位	处理	巨豆三烯酮 1	巨豆三烯酮 2	巨豆三烯酮 3	巨豆三烯酮 4	异氟尔酮	α-紫罗兰酮	香叶基丙酮	氧化异氟尔酮	β-紫罗兰酮
B2F	NIT	0.86	4.04	1.79	2.93	0.28	0.67	1.79	1.31	1.26
	CK	0.82	3.50	1.07	2.41	0.28	0.47	1.47	0.99	1.09
C3F	NIT	0.49	1.71	1.23	1.19	0.30	0.26	1.38	0.84	1.01
	CK	0.50	2.30	0.77	1.53	0.30	0.20	1.36	0.68	0.92
X2F	NIT	0.57	4.53	2.91	2.22	0.27	0.26	1.48	0.82	1.10
	CK	0.92	4.55	1.83	2.25	0.32	0.45	1.70	0.97	1.08
部位	处理	金合欢基丙酮 1	金合欢基丙酮 2	金合欢基丙酮 3	香芹酮	环柠檬醛	2，4-庚二烯醛	小计	新植二烯	总量合计
B2F	NIT	0.66	1.60	2.26	6.60	0.25	2.17	68.91aA	519.85aA	588.76aA
	CK	0.65	1.66	2.26	3.81	0.19	3.74	57.01bB	369.30bB	426.31bB
C3F	NIT	0.55	1.21	1.93	3.15	0.21	1.23	38.93aA	597.58aA	636.51aA
	CK	0.51	1.23	1.82	2.73	0.16	1.10	35.49aA	394.20bB	429.69bB
X2F	NIT	0.44	1.98	2.59	3.57	0.17	2.02	47.20bB	535.70aA	582.90aA
	CK	0.76	1.60	2.71	6.29	0.24	2.08	58.47aA	377.15bB	435.62bB

表 4-25　烤后烟叶中不同种类致香物质含量对夜温升高的响应（μg/g）

品种	等级	处理	类胡萝卜素降解物	棕色化产物类	苯丙氨酸类	类西柏烷类
K326	B2F	NIT	27.05aA	20.08aA	12.82aA	0.02aA
		CK	26.45aA	19.66aA	13.65aA	0.01aA
	C3F	NIT	25.86aA	19.20aA	9.00aA	0.02
		CK	15.71bB	16.31bB	6.85bB	—
	X2F	NIT	22.70bB	13.43bB	10.62bB	0.01aA
		CK	37.33aA	16.21aA	16.43aA	0.01aA
云烟 87	B2F	NIT	22.00aA	20.50aA	11.90aA	0.02aA
		CK	17.84bA	16.24bB	9.84bB	0.01aA
	C3F	NIT	12.90aA	11.11aA	6.06aA	0.02aA
		CK	12.59aA	9.48aA	5.42aA	0.01aA
	X2F	NIT	21.34aA	10.35bB	4.20bB	0.01aA
		CK	21.00aA	13.99aA	9.02aA	0.01aA

2.8　夜温对高海拔烟叶质量的影响

2.8.1　对烤后烟叶外观质量的影响　由表 4-26 可以看出，夜温升高不同程度地提升了参试品种烤后烟叶外观质量，上部叶提升幅度大于中、下部叶。其中，K326 处理中部叶烤后烟叶综合外观质量最好，烟叶叶片结构疏松，身份中等，有油分，光泽强，成熟度好，K326 处理上部叶、对照中部叶以及云烟 87 处理中上部叶、对照中部叶综合外观质量均较好。

表 4-26　不同夜温处理烟叶外观质量

品种	部位	处理	成熟度	叶片结构	身份	油分	色度	总分
K326	B2F	NIT	9	9	9	9	10	46
		CK	9	7	7	9	9	41
	C3F	NIT	9	9	10	9	10	47
		CK	9	9	10	8	10	46
	X2F	NIT	9	8	8	8	8	41
		CK	9	8	5	7	8	37
云烟 87	B2F	NIT	9	8	10	8	10	45
		CK	9	8	9	8	9	43

（续）

品种	部位	处理	成熟度	叶片结构	身份	油分	色度	总分
云烟 87	C3F	NIT	9	9	10	8	10	46
		CK	9	9	9	8	10	45
	X2F	NIT	9	8	5	8	8	38
		CK	9	8	5	7	8	37

2.8.2 对烤后烟叶感官评吸的影响 由表 4－27 可知，云烟 87 上部叶处理较对照在愉悦性、丰富性、细腻度、甜度和柔和性上有所提升，劲头略有下降；而 K326 处理较对照在愉悦性、丰富性、透发性、香气量、甜度、绵延性、成团性、浓度、余味和劲头上均有所提升。中部叶云烟 87 处理较对照在透发性、香气量、绵延性、浓度和劲头上均有所提升；而 K326 处理较对照仅在细腻度有所提升。感官评吸表明，K326 和云烟 87 上部叶处理总分增加幅度大于中部叶，上部叶经夜温处理后烟气改善效果好于中部叶。

表 4－27 不同夜温处理烟叶评吸结果（9 分制）

品种	部位	处理	愉悦性（9）	丰富性（9）	透发性（9）	香气量（9）	细腻度（9）	甜度（9）	绵延性（9）	成团性（9）
云烟 87	B2F	NIT	7.0	7.0	7.0	7.0	6.5	6.5	7.0	7.0
		CK	6.0	6.5	7.5	7.0	6.0	6.0	7.0	7.0
	C3F	NIT	6.0	6.0	6.5	6.0	6.5	6.0	6.0	6.0
		CK	6.0	6.0	6.0	5.5	6.5	6.0	5.0	6.0
K326	B2F	NIT	6.5	6.5	7.5	7.0	6.5	6.5	7.0	7.0
		CK	6.0	6.0	6.5	6.0	6.5	6.0	6.5	6.0
	C3F	NIT	7.0	7.0	7.0	7.0	7.5	7.0	6.5	6.5
		CK	7.0	7.0	7.0	7.0	6.5	7.0	7.0	7.0

品种	部位	处理	柔和性（9）	浓度（9）	杂气（9）	刺激（9）	余味（9）	总分（除劲头）	劲头（9）
云烟 87	B2F	NIT	6.5	7.0	6.5	6.5	6.5	88.0	7.0
		CK	6.0	7.0	6.0	6.0	6.5	84.5	7.5
	C3F	NIT	6.0	6.5	6.0	6.5	6.5	80.5	7.0
		CK	6.5	6.0	6.0	6.5	6.5	78.5	5.0
K326	B2F	NIT	6.0	7.5	6.0	6.0	6.5	86.5	7.5
		CK	6.0	6.5	6.0	6.0	6.0	80.0	6.0
	C3F	NIT	6.5	7.0	6.5	6.5	6.5	88.5	6.5
		CK	6.5	7.0	7.0	6.5	6.5	89.0	6.5

3　结论

3.1　夜温对烟株生育进程的影响

参试品种到达各生育节点的时间对夜温升高的响应趋势一致，均为生育前期大于生育后期。从大田生育期总天数方面来看（移栽至打顶期），K326 处理（83d）较对照（85d）缩短 2d，云烟 87 处理（75d）较对照（78d）缩短 3d，夜温升高显著缩短了参试品种大田生育时间。

3.2　夜温对烟株干物质积累的影响

夜温升高显著提高了参试品种烟株各部位在各生育节点的干物质积累量。除 K326 团棵期时茎处理较对照无显著差异外，云烟 87 和 K326 根、茎、叶在各生育节点干物质积累夜温处理均较对照显著增加，但是不同部位对夜温响应存在差异。云烟 87 和 K326 植株根、叶干物质积累对夜温响应最大敏感期在团棵期，随后根和叶对夜间升温响应逐渐减弱，干物质积累量提升幅度和日均积累率逐渐降低；但茎因品种不同对夜温响应最大敏感期有所差异：K326 为旺长期、云烟 87 则为打顶期，茎总体对夜温响应表现为先升高后降低。云烟 87 增温处理地下部根干物质（w_t1）积累动态增长的 Logistic 方程为：$w_t1=16.4/[1+\exp(7.1796-0.012345t)]$，地上部干物质（$w_t2$）积累动态增长的 Logistic 方程为 $w_t2=299.2/[1+\exp(7.1005-0.013739t)]$。对所得方程分别进行显著性检验，其相关指数（$R^2$）分别为 0.995 9 和 0.996 0。该方程的建立是在夜间有效积温的基础上，不受地域及品种的影响，具有通用性。依此方程还得出夜温处理烟株根部及地上部干物质积累最大瞬时积累速率分别为 0.051 和 1.028g/（株・℃・d）。

3.3　夜温对烟株农艺性状的影响

K326 株高日均增长率在 4 个生育节点（团棵期、旺长期、现蕾期、打顶期）处理较对照分别为高 0.03、0.24、0.97 和 −0.47cm/d，实际高度处理较对照增加幅度为 20.0%、14.9%、21.9%和 13.1%；云烟 87 株高日均增长率各生育节点处理较对照分别高 0.11、0.15、1.84 和−2.07cm/d，实际高度处理较对照增加幅度为 36.3%、19.9%、46.8%和 17.8%。K326 和云烟 87 株高对夜温升高响应一致，均表现为先升高后降低，现蕾期处理较对照增速最快，株高差距最大。

移栽至打顶期时，K326 增温处理有效叶片数为 18 片，较自然对照（15 片）多 3 片，提升幅度为 20.0%；云烟 87 增温处理有效叶片数为 19 片，较自然对照（16片）多3片，提升幅度为18.8%，两品种处理均较对照有效叶多3片，夜温处理显著提高了有效叶数。

最大叶长及日均增长率K326和云烟87团棵期时达显著差异水平，但不同品种对夜温响应存在差异，K326表现为处理大于对照，云烟87表现为对照大于处理。K326生育期内（移栽至打顶期）最大叶宽及其日均增长率均表现为处理大于对照，并达到显著差异水平，旺长期处理增速最快；云烟87表现为生育前期（团棵期、旺长期）对照大于处理，此时未达到显著差异；生育后期（现蕾期、打顶期）处理大于对照，此时达到显著差异，打顶期处理较对照增速最快。

除K326团棵期（处理略低）、云烟87旺长期（与对照持平）外，其他生育节点两品种开片度均处理大于对照。K326打顶期第5、10叶位叶长和第15叶位叶宽增温处理较对照显著增加，同时各部位烟叶开片度得到显著提高，但是随着叶片着生部位的升高，处理和对照烟叶叶长日均增长率、叶宽日均增长率均逐渐降低。云烟87打顶期第15叶位开片度、叶宽及其日均增长率处理较对照显著提高，其他处理虽均未达到显著差异水平，但是各部位开片度处理较对照仍有不同程度的提高。

由此可以看出，夜温升高显著增加烟株有效叶片数，同时一定程度上提高了叶片的开片度，特别是叶片横向生长能力得到增强，这对后期烤烟产值产量及烤后烟叶等级结构的提升起到极大的促进作用。

3.4 夜温对烤后烟叶经济性状的影响

K326增温处理较对照产量、产值、均价、上等烟比例分别增加了252.5kg/hm^2、7 290元/hm^2、1.7元/kg和6.54%；云烟87分别增加了100.5kg/hm^2、5 315元/hm^2、2.1元/kg和4.65%。K326经济性状产值产量增加幅度大于云烟87。因此，在高海拔地区，生育期夜温升高显著提高了参试品种烟叶产值产量、均价和上等烟比例，较大促进了烤后烟叶等级结构的提升。

3.5 夜温对烤后烟叶物理性状的影响

叶长：上、中、下3个部位，K326处理分别较对照增加5.50、2.15和3.35cm，夜温响应程度：上部叶>下部叶>中部叶；云烟87则分别较对照增加4.45、1.55和4.75 cm，夜温响应程度：下部叶>上部叶>中部叶。夜温升高显著增加了K326和云烟87上部叶和下部叶的叶长。

叶宽：上、中、下3个部位，K326处理分别较对照增加3.45、1.25和0.75cm，夜温响应程度：上部叶>中部叶>下部叶；云烟87则分别较对照增加 1.10、0.95 和 3.80 cm，夜温响应程度：下部叶＞上部叶＞中部叶。夜温升高显著增加了 K326 中上部叶和云烟 87 上部叶与下部叶的叶宽。

单叶重：夜温升高对 K326 中、上部叶影响较大，上部叶和中部叶处理分别较对照增加 3.00 和 1.98g，达到显著差异水平，其余处理未达到显著水平。

叶片厚度：K326 和云烟 87 各部位烟叶均较对照达到显著差异水平，上、中、下部位烟叶 K326 处理分别较对照降低 0.14、0.06 和 0.05mm，夜温响应程度：上部叶＞中部叶＞下部叶；云烟 87 则分别较对照降低 0.02、0.03 和 0.02mm，夜温响应程度：中部叶＞上部叶＝下部叶。

含梗率：K326 各部位烟叶和云烟 87 上部叶处理较对照达到显著差异水平。K326 上、中、下 3 个部位烟叶处理较对照分别降低 1.32%、1.12%和 4.90%，表现为：下部叶＞上部叶＞中部叶；云烟 87 则较对照分别降低 2.00%、0.22%和 0.71%，表现为：上部叶＞下部叶＞中部叶。

平衡含水率：除 K326 上部叶较对照增加 0.58%，达到显著差异外，其他处理较对照均无显著差异。

3.6　夜温对烤后烟叶常规化学成分的影响

上部叶：K326 总糖、还原糖、总氮处理分别较对照升高 1.90%、2.41%和 1.2%，烟碱、钾分别较对照降低 0.75%和 0.34%，夜温升高显著增加了 K326 上部叶双糖含量和总氮含量，同时显著降低了烟碱和钾含量。云烟 87 总糖、还原糖、烟碱处理分别较对照降低 4.43%、3.37%和 0.28%；总氮、钾分别较对照升高 0.78%和 0.24%，夜温升高显著降低了云烟 87 上部叶双糖含量和烟碱，同时总氮和钾含量显著增加。

中部叶：K326 总糖、还原糖、总氮处理分别较对照升高 2.02%、2.12%和 0.63%，烟碱、钾分别较对照降低 0.24%和 0.16%，夜温升高显著增加了 K326 中部叶双糖和总氮含量，烟碱和钾含量显著降低。云烟 87 总氮、钾含量处理较对照分别升高 0.54%和 0.28%，烟碱较对照降低 0.42%，夜温升高显著增加了云烟 87 中部叶总氮和钾含量，烟碱含量显著降低。

下部叶：夜温升高显著降低了 K326 下部叶总氮含量。云烟 87 总糖、还原糖处理分别较对照降低 4.87%和 3.46%，总氮、钾分别较对照增加 0.52%和 0.78%，夜温升高显著降低了云烟 87 下部叶双糖含量，总氮、钾含量显著提高。

协调性：夜温升高使 K326 和云烟 87 各部位烟叶化学成分协调性均得到显著改善，其中 K326 主要表现为夜温处理烟叶糖碱比、氮碱比与优质烟更为接近；云烟 87 则表现为夜温处理烟叶氮碱比、钾氯比更接近优质烟标准。

3.7 夜温对烤后烟叶质体色素含量的影响

总类胡萝卜素：上、中、下 3 个部位，K326 夜温处理较对照分别提高 24.02、36.89 和 62.57μg/g，表现为：下部叶＞中部叶＞上部叶；而云烟 87 较对照分别提高 51.19、42.83 和 56.31μg/g，表现为：下部叶＞上部叶＞中部叶。

叶黄素：上、中、下 3 个部位，K326 夜温处理较对照分别提高 11.07、16.93 和 20.06 μg/g，表现为：下部叶＞中部叶＞上部叶；而云烟 87 较对照分别提高 25.60、19.02 和 26.55μg/g，表现为：下部叶＞上部叶＞中部叶。

β-胡萝卜素：上、中、下 3 个部位，K326 夜温处理较对照分别提高 10.25、19.96 和 42.51μg/g，表现为：下部叶＞中部叶＞上部叶；云烟 87 较对照分别提高 25.59、23.81 和 29.76μg/g，表现为：下部叶＞上部叶＞中部叶。

因此，夜温升高显著提高了 K326 和云烟 87 烤后烟叶总类胡萝卜素、叶黄素及 β-胡萝卜素含量。从不同处理烟叶对夜温升高共同响应来看，下部叶响应大于中、上部叶，这对整株烟叶香气物质含量的提升起到极大的促进作用。

3.8 夜温对烤后烟叶多酚类物质含量的影响

夜温升高促进了 K326 各部位烟叶多酚类物质含量，但却降低了云烟 87 各部位烟叶多酚类物质的积累。上部叶绿原酸、总多酚含量 K326 夜温处理分别较对照提高 3.10 和 3.65mg/g，云烟 87 分别较对照降低 4.10 和 5.05mg/g，均达到显著差异水平，其他处理均未达到显著差异水平。参试品种上部叶多酚含量对夜温升高响应大于中、下部叶，但各处理多酚含量变化对夜温响应程度总体小于质体色素。

3.9 夜温对烤后烟叶非挥发性有机酸含量的影响

夜温升高对 K326 和云烟 87 烤后烟叶中苹果酸和柠檬酸含量影响最大，棕榈酸、亚油酸、油酸影响次之。上、中、下 3 个部位，烟叶苹果酸含量 K326 处理较对照分别增加 2.02、1.43 和 0.72mg/g，增幅表现为：上部叶＞中部叶＞下部叶；云烟 87 处理则较对照分别增加 10.84、1.63 和 2.91mg/g，增幅表现为：上部叶＞下部叶＞中部叶。上、中、下 3 个部位，柠檬酸含量 K326 处理较对照分别降低 0.60、0.60 和 0.67mg/g，降幅表现为：下部叶＞上部叶＝中部叶；云烟 87 处理则较对照分别降低 0.55、0.69 和 1.97 mg/g，降幅表现为：下部叶＞中部叶＞上部叶。此外，云烟 87 处理中部叶棕榈酸、油酸含量较对照分别增加 1.89 和 1.53mg/g，K326 处理下部叶亚油酸含量较对照降低 0.81mg/g，上部叶油酸含量较对照增加 2.04mg/g。以上处理均达到极显著差异水平。

3.10 夜温对烤后烟叶中性香气物质含量的影响

烤后烟叶样品中共检测出 25 种对烟叶香气物质有较大影响的化合物。其中，醛类 4 种、酮类 16 种、醇类 3 种、杂环类 1 种和烃类 1 种，含量较高的致香物质有新植二烯、β-大马酮、糠醛、香芹酮、苯甲醇、苯乙醇、巨豆三烯酮 2、巨豆三烯酮 4 和 2，4-庚二烯醛。不同品种处理烟叶与对照致香物组成和含量有明显差异，在测定的 25 种致香物中，除 K326 下部叶夜温处理较对照香气物总量略有降低外，其余处理均较对照有大幅度升高，其中，新植二烯含量各处理较对照均达极显著差异水平，K326 处理上、中、下部位烟叶分别较对照增加 156.17、63.96 和 12.63 μg/g，表现为上部叶＞中部叶＞下部叶；云烟 87 处理上、中、下 3 部位烟叶分别较对照增加 150.55、203.38 和 158.55μg/g，表现为中部叶＞下部叶＞上部叶。K326 处理上部叶 β-大马酮，中部叶苯甲醇、糠醛、β-大马酮、巨豆三烯酮 2、巨豆三烯酮 4 和金合欢基丙酮 3，以及云烟 87 处理上部叶苯甲醇、糠醛和香芹酮含量较各自对照均有明显升高。除新植二烯外的香气物质总量升高幅度最大的为 K326 中部叶和云烟 87 上部叶，分别较对照增加 13.37 和 11.90μg/g。

从不同种类香气物质（除新植二烯）对夜温升高响应来看，苯丙氨酸类＞棕色化产物类＞类胡萝卜素类＞类西柏烷类，因不同品种响应存在差异。其中 K326 和云烟 87 上部叶苯丙氨酸类物质处理较对照显著提高，分别增加 2.15 和 2.14μg/g；而下部叶处理较对照显著降低，分别减少 5.81 和 4.82μg/g。棕色化产物类 K326 中部叶和云烟 87 上部叶处理较对照显著提高，分别增加 2.89 和 4.26μg/g；而 K326 和云烟 87 下部叶处理较对照分别降低 2.78 和 3.64μg/g，达到显著差异水平。类胡萝卜素类 K326 中部叶和云烟 87 上部叶夜温处理较对照显著提高，分别增加 10.15 和 4.16μg/g；而 K326 下部叶处理较对照极显著降低了 14.63μg/g。类西柏烷类各处理及其他处理烟叶含量均无显著差异。

3.11 夜温对烤后烟叶外观质量的影响

夜温升高不同程度地提升了参试品种烤后烟叶外观质量，上部叶提升幅度大于中下部叶。其中 K326 处理中部叶烤后烟叶综合外观质量最好，烟叶叶片结构疏松，身份中等，有油分，光泽强，成熟度好，K326 处理上部叶、对照中部叶以及云烟 87 处理中上部叶、对照中部叶综合外观质量较好。

3.12 夜温对烤后烟叶感官质量的影响

上部叶：云烟87夜温处理风格特征为清甜香尚明显，丰富性尚好，烟香透发尚好；对照为透发性较好，劲头偏大，刺激稍大。K326夜温处理风格特征为有一定清甜香，透发性较好，劲头较大；对照为杂气稍重，香气稍平淡。

中部叶：云烟87夜温处理风格特征为香气量稍弱，柔和性稍差；对照为香气量稍弱，杂气稍重。K326夜温处理风格特征为清甜香尚明显，丰富性尚好，细腻度较好；对照为清甜香明显，丰富性较好。

感官评吸表明：云烟87上部叶处理较对照在愉悦性、丰富性、细腻度、甜度和柔和性上有所提升，劲头略有下降；而K326处理较对照在愉悦性、丰富性、透发性、香气量、甜度、绵延性、成团性、浓度、余味和劲头上均有所提升。中部叶云烟87处理较对照在透发性、香气量、绵延性、浓度和劲头上均有所提升；而K326处理较对照仅在细腻度有所提升。因此，K326和云烟87上部叶处理总分增加幅度大于中部叶，上部叶经夜温处理后烟气改善效果好于中部叶。

4 讨论

4.1 试验结果表明，夜间温度升高显著影响参试品种的叶片发生、生长及烟株生育进程。云烟87和K326生育期总天数（移栽至打顶）较对照分别缩短3 d和2 d；特别是叶片横向生长能力随着夜温的升高得到显著提高，叶面积随之增大，长宽比趋于协调，这可能与夜温升高导致有效积温的提高有关，从而间接印证了颜合洪等（2001）研究认为的有效积温是影响烤烟品种叶片发生、生长、成熟过程的主导因子，较高温度能明显促进烤烟生长，抑制其发育进程的结论。同时，云烟87和K326生长及叶片发育某些农艺指标对夜温升高响应一致，不同品种对夜温升高响应存在共性。例如株高两品种处理夜温响应均为先升高后降低，现蕾时较对照增速最快；叶片开片度云烟87除旺长期、K326除团棵期，其余生育节点处理较对照均显著提高；根、叶干物质积累两品种对夜温响应最大敏感期均为团棵期。此外，至打顶期两品种处理烟株有效叶片数均较对照增加3片。

4.2 烤烟干物质积累的多少直接影响烟叶的产量，对烤烟的优质生产具有重要意义。试验结果表明，除K326团棵期茎处理较对照无显著差异外，云烟87和K326根、茎、叶在各生育节点干物质积累夜温处理均较对照显著增加，但是不同部位对夜温响应存在差异。云烟87和K326植株根、叶干物质积累对夜温响应最大敏感期在团棵期，随后根和叶对夜间升温响应逐渐减弱，干物质积累量提升幅度和日均积累率逐渐降低；但茎因品种不同对夜温响应最大敏感期有所差异：K326 为旺长期，云烟 87 则为打顶期，茎总体对夜温响应表现为先升高后降低。李春俭（2006）综合了各个烟区的试验结果认为，尽管不同地区及同一地区不同年际间烤烟干物质的积累量会有很大差异，但各地的干物质积累量与时间的关系呈 S 形曲线。在试验烟株夜间增温处理条件下，云烟 87 植株地下、地上部干物质积累量显著高于自然对照，夜间温度升高有助于烟株地上部生长发育及物质积累，积累量和积累强度总体呈“慢—快—慢”的规律，同样符合 S 形积累曲线，这与前人研究结论一致。杨建堂等（2004）研究表明，烤烟 NC89 品种移栽至大田后，植株地上部干物质（W1）及其叶片干物质（W2）增长动态与有效积温（T）的关系均符合 Logistic 方程所描述的曲线，并且所建立方程是在有效积温基础上建立起来的，不受地域及品种的影响，具有通用性。本研究在云南省高海拔地区，烟株干物质积累增长动态与夜间有效积温（K）的关系同样符合 Logistic 方程所描述的曲线，该方程的建立是在夜间有效积温的基础上，同样不受地域及品种的影响，具有通用性，这有助于云南省高海拔烟区积极应对未来全球气候变暖的趋势，充分利用未来夜间环境温度可能升高的气候优势，掌握并预测烟株生长及干物质积累对夜温升高的响应规律。

4.3　夜温升高使 K326 处理较对照产量、产值、均价、上等烟比例分别增加了 252.5kg/hm^2、7 290 元/hm^2、1.7 元/kg、6.54%；云烟 87 分别增加了 100.5kg/hm^2、5 315 元/hm^2、2.1 元/kg、4.65%，参试品种经济性状得到显著改善，这与郭海燕等（2009）认为的气温升高将对温度偏低的烤烟基本适应区和不适宜区产生不同程度的正面影响的结论一致。

4.4　物理性状是评价烟叶可用性的重要指标，物理性状好的烟叶不仅有利于烟叶化学成分的协调，而且对卷烟加工过程中降低成本、提高效益有重要意义。试验结果表明，全生育期夜间温度升高对云南高海拔烤后烟叶物理特性影响较大，不同品种不同部位烟叶响应存在差异，总体表现为夜温升高显著增加了 K326 和云烟 87 各部位烟叶叶长、叶宽，不同程度地增加了各部位烟叶单叶重、平衡含水率和开片度，同时降低了叶片厚度和含梗率，参试品种烟叶物理性状总体得到有效提升，其中夜温升高对 K326 中上部叶和云烟 87 下部叶和上部叶影响较大。

4.5　烟叶内在化学成分在很大程度上确定了烟叶及其制品的烟气特性，因而直接影响着烟叶品质的优劣（张建国，2004）。结果表明，夜间温度升高使参试品种各部位烟叶烟碱、氯含量降低，总氮、钾含量提高，同时夜温升高促进了 K326 各部位烟叶中总糖和还原糖的合成积累，却降低了云烟 87 各部位叶中的双糖含量。这与黄中艳等（2007）和李天福等（2006）研究结论基本一致，即较高的夜间温度（昼夜温差小）使得烟株有效钾含量提高，一定程度上提高了烟叶内在品质；5～8 月的气温是影响化学成分积累的重要因素，其中烟碱和还原糖对气候条件反应最为显著。烟叶品质的好坏不仅取决于主要化学成分含量的多少，还在于各成分之间是否协调平衡（张建国，2004）。烟叶中还原糖与烟碱的比值常被作为评价烟气强度和柔和性的基础，二者的平衡是形成均衡烟气的重要因素（左天觉等，1993；林彩丽等，2003）。测定结果表明，夜温升高使 K326 各部位烟叶及云烟 87 中部叶较对照协调性均得到明显改善，化学成分协调性提高，这与陆永恒（2007）认为的云南省大部分烤烟区，白天气温相对较高，而夜间气温低，呼吸作用弱，有机物质消耗少，干物质积累多，特别是糖分积累多，导致烟叶内含物质协调的结论略有差异，原因可能是由于试验地高海拔生态环境及品种响应差异所致。另外，云烟 87 中、上部烟叶钾与氯比值夜温处理较对照明显提高，这对于降低烟叶杂气和刺激性，改善烟叶香气质量和燃烧性较为有利，也有利于烟叶安全性的提高。

4.6　本研究表明，夜温升高极大促进了烟叶类胡萝卜素的合成，处理较对照均达到极显著差异水平，表现为 K326 和云烟 87 增温处理总类胡萝卜素含量较对照更接近于李雪震等（1988）研究的最佳含量范围。同时，王树声等（1990）认为烤后烟叶中类胡萝卜素含量的增加对于评吸结果是较为有利的，因此，夜温升高对提升烟叶品质产生有利影响，而这与日本春野实验所认为的在昼夜相同的情况下，随着夜温的增加，烟叶中非蛋白氮含量增加，它覆盖致香物质发出的香气，对品质不利的结论存在较大差异（张家智，2005），这可能与研究地区海拔及生态环境差异较大所致。此外，从不同部位烟叶总类胡萝卜素含量对夜温升高响应来看，K326 表现为：下部叶＞中部叶＞上部叶；云烟 87 表现为：下部叶＞上部叶＞中部叶；下部叶对夜温响应最敏感，这可能由于不同部位色素功能对温度响应程度不同有关。

结果表明，夜温升高促进了各部位烟叶多酚类物质的合成积累，但影响程度总体小于质体色素类，除 K326 和云烟 87 上部叶绿原酸、K326 上部叶、下部叶总多酚、云烟 87 上部叶总多酚处理较对照显著差异外，其他处理均未达到显著差异水平。

4.7　结果表明，夜温升高对 K326 和云烟 87 烤后烟叶中苹果酸和柠檬酸含量影响最大，棕榈酸、亚油酸、油酸影响次之。本研究表明，夜温升高后使所有处理烤后烟叶中苹果酸含量较对照显著上升，柠檬酸含量除云烟 87 中部叶外，均较对照显著下降，这将使夜温升高后的烟叶烟气更为平和，吃味得到较好的改善，烟叶质量得到有效提升。

4.8　香气是评价烟叶内在质量的核心内容和重要指标之一（Weeks，1985），烟叶的香气质量与叶内中性致香物质的含量密切相关，定性定量分析致香物质，可对烟叶质量进行比较客观、准确地评价（HAYATO，1998）。生态因素决定烟叶的香型和风格，夜温升高导致了参试品种烟叶中致香物质含量的差异。周冀衡等（2004）研究认为烟叶中叶绿素降解产物新植二烯含量是形成烟叶清香特色的主要因素之一。本研究检测到的25种烟叶主要香气成分，各处理烤后烟叶中新植二烯的含量都占绝对优势，在此基础上，夜温处理烟叶新植二烯含量较对照极显著升高，导致致香物质总体含量显著增加，烟叶香气质量到极大提升，这为进一步解释云南烟叶清香特色的形成提供了新的参考依据。

4.9 营养元素对改善烟叶香气极为重要，科学研究及生产实践证明，烟叶中K、Mg、Cu、Mn、Zn等营养元素对烟叶香气质、香气量及杂气有显著的影响（周正红等，1997；曹槐等，1999）。夜温升高使K326各部位烟叶Zn、Cu含量显著降低，Fe、Mn含量显著提高（除中部叶Fe含量降低外），云烟87中、上部叶Zn、Cu、Fe、Mn含量显著提高，不同品种对夜温响应存在差异，但处理与对照各微量元素含量均在优质烟适宜范围内。与夜温处理烟叶中致香物质含量比较发现，K326中部和上部叶β-大马酮、糠醛，中部叶巨豆三烯酮2、巨豆三烯酮4及云烟87上部叶糠醛含量均较高，这与徐雪芹等（2012）研究发现当烟叶中各营养元素含量适宜时，烟叶中重要香气物质（如糠醛、大马酮、巨豆三烯酮等）含量较高的结论基本一致。

第三节　本章小结

在第二章分析的并初步推断海拔高度是影响烟叶品质主要因子的基础上，进一步分析了立体烟区影响烟叶质量的主要因子，并利用严格、规范的田间试验进行了验证，主要结果如下：

1　红云红河集团云南省立体基地烟叶质量形成的影响因素研究

1.1　影响保山市烟叶感官质量的外部因素的重要指标是海拔高度、6月温差、4～9月温差平均值、品种、9月温差、7月日照时数、6月日照时数、8月日照时数、4～9月总日照时数、6月最高温、5月温差、8月温差、9月最高温、9月平均气温、9月日照时数、纬度等16项指标，均为影响烟叶感官质量的重要指标；对烟叶感官质量不重要的指标为有效锌、速效磷、4月温差；其余44项指标对烟叶感官质量重要性中等。

1.2　影响保山市烟叶外观质量的外部因素中，海拔高度、品种、6月温差、4～9月温差平均值、9月温差、9月平均气温、4月降水量、土壤水溶性氯含量、8月平均气温、7月日照时数、6月最高温、6月日照时数、5

月日照时数、8月温差、5月温差、7月平均温、6月平均温、9月最高温、4～9月总日照时数等19项指标，均为重要指标；7月温差、速效磷、有效硼、4月温差等4项指标对烟叶感官质量为非重要指标；其余38项指标对烟叶感官质量重要性中等。

1.3 影响保山市烟叶主要化学成分外部因素可能不是外部环境因子及品种差异，有可能是由于配套栽培措施差异所导致。

1.4 影响保山市烟叶物理质量的外部因素中，品种、海拔高度、6月温差、4～9月温差平均值、5月日照时数、纬度、土壤有机质含量、9月温差，经度等9项指标均为重要指标；4月温差、7月温差及土壤速效磷含量等3项指标为非重要指标；其余50项指标VIP系数均在0.5～1，对烟叶物理质量影响的重要性中等。

综上，烟叶感官、物理、外观质量及主要化学成分与地理、气候、土壤、品种因子PLS模型中，海拔高度、品种、6月温差、4～9月温差平均值、9月温差、7月日照时数、6月日照时数、8月日照时数、5月日照时数、9月日照时数、4～9月总日照时数、经度、8月温差、5月温差、纬度等15项均为影响烟叶整体质量的重要指标；速效磷及4月温差为烟叶整体质量的非重要指标；其余45项指标对烟叶整体质量重要性中等。

2 高海拔地区夜间温度对烤烟生长及品质的影响研究

温度是影响烤烟品质的重要生态因素之一，而夜间温度是温度生态因子重要的组成部分，对烟叶生长发育及最终品质和风格特色的形成不容忽视。本文系统深入地研究了夜间温度单一生态因子变化对云南省高海拔地区不同烤烟品种生长及烤后烟叶质量的影响，对探明云南省烟区烤烟质量特色形成机理研究提供了新的理论依据。本文主要研究结果如下：

2.1 夜温升高使云烟87和K326生育期总天数较自然对照分别缩短3d和2d，地上和地下部分干物质积累量和株高在各生育节点夜温处理均显著高于对照。两品种打顶期总有效叶片数处理较对照均增加3片，叶片开片度在各生育节点均得到提升，特别是叶片横向生长能力得到有效促进，叶面积相应增大，长宽比趋于协调。同时云烟87和K326植株根、叶干物质积累对夜温响应最大敏感期均为团棵期，而茎对夜温响应最大敏感期有所差异，K326为旺长期、云烟87为打顶期。

2.2 夜温升高使K326和云烟87处理上部叶长宽、下部叶叶长、K326处理上部叶单叶重和平衡含水率，中部叶单叶重均较对照显著增加；同时各处理叶片厚度和含梗率均显著降低。K326处理中上部叶总糖、还原糖、总氮，云烟87处理各部位叶总氮、钾均较对照显著增加；同时K326处理中上部叶烟碱、钾，下部叶总氮，云烟87处理上部叶总糖、还原糖和烟碱，中部叶烟碱，下部叶总糖、还原糖均较对照显著降低。各处理烟叶化学成分协调性均得到显著改善。同时，K326 处理各部位烟叶 Zn、Cu 含量较对照显著降低，Fe、Mn 含量较对照显著提高，云烟 87 处理中上部叶 Zn、Cu、Fe、Mn 含量较对照均显著提高。夜温升高使 K326 处理产量、产值、均价、上等烟比例分别较对照增加 252.5 kg/hm^2、7 290 元/hm^2、1.7 元/kg、6.54%；云烟 87 分别增加 100.5 kg/hm^2、5 315 元/hm^2、2.1 元/kg、4.65%。

2.3　夜温升高使 K326 和云烟 87 所有处理烟叶叶黄素、β-胡萝卜素较对照极显著提高，下部叶增幅最大；所有处理苹果酸含量较对照极显著升高，上部叶增幅最大；所有处理柠檬酸含量较对照极显著降低，下部叶降幅最大。绿原酸和总多酚含量 K326 上部叶显著升高，云烟 87 上部叶显著降低。除 K326 下部叶外，其余处理的新植二烯含量均较对照极显著升高，香气物质总量（新植二烯除外）升高幅度最大的为 K326 中部叶和云烟 87 上部叶。夜温升高对云南高海拔地区 K326 中部叶和云烟 87 上部叶香气质量改善效果最好。

第五章　云南省基地烤烟品种立体优化布局

第一节　云南省保山市基地烤烟生态区划及品种优化布局

烟草生态区划对于搞好烟区的合理布局，提高烟区生产水平和烟农的植烟效益，巩固烟叶生产的基础地位，促进烟叶生产可持续发展具有十分重要的意义。烟草种植区域的分布首先取决于自然条件，海拔、地形地貌、土壤和气候是直接影响烟草生长发育的基本因素，这些基本因素的配合是否协调，决定着一个地区能否进行烟草生产、烟叶质量特色及生产的经济效果。烟叶生态区划依据烟叶对生态环境条件的要求进行适宜生态类型的划分，在此基础上，综合分析烟区的自然条件和社会经济条件，为搞好烟叶种植区划服务。本研究在参考前人研究成果的基础上，结合保山市生态环境条件和当前烟叶种植现状，并综合考虑社会经济条件对保山市烤烟种植区进行生态类型区域划分，为烟草种植科学布局、规模化生产和特色优质烟叶的开发提供科学依据。

1　生态区划原则

1.1　区内相似性和区间差异性

生态类型区域划分的基本原则是区内相似性和区间差异性。在烤烟生态区划分时，必须注意各烟区的生态环境特征的相对一致性。在突出区内相似性的基础上，力求抓住区间的差异性，使各生态烟区的特点鲜明，从而为烟区内烤烟生产管理提供方便。

1.2　综合分析和主导因素相结合

由于保山市地形地貌复杂、海拔高度差异大、立体气候明显以及复杂的经济发展情况，很难根据某一指标把整个保山市分成不同的生态区域；同时，不同生态区域也存在某些方面的相似性。自然条件是烤烟生产的重要约束条件，而海拔、地形地貌条件则是影响区域气候差异主导因素。因此，抓住区域的最突出特点——海拔、地形地貌来进行区划。同时，烤烟生态环境是由各种因子构成的，各因子的相互关系和组合，决定了烟叶质量和生产方式，但各因子的作用和影响并不相同或等同。所以需要进行综合分析。在区划中，选择海拔、地貌类型、烟叶生长期间的气候和部分土壤养分等指标作为生态类型区划的依据。

1.3　体现保山市立体气候的区域性和层次性

生态类型划分要体现保山市烤烟气候特点，反映立体气候的区域性和层次性。基于保山市烤烟气候的独特性，对烤烟种植的适宜性影响与国内其他烟区存在突出差异，套用其他烟区的区划指标根本不能反映保山市烟区生产特点。因此，要体现保山市烤烟气候的立体性和区域性都很鲜明的特点，烤烟生态环境的主要区域性和层次性差异必须在区划中得到充分反映。

1.4　反映特色优质烤烟种植的基本要求

生态环境条件是影响作物生长发育、产量和质量的最重要因素之一，每种作物的生物学特性都对生态环境条件有基本的要求。其中包括生育期长短、大田生长期可用天数、各生长发育阶段一定的光、温、水条件的需求。另一方面，要生产特色优质烟叶，这要求在烤烟种植上具有某些适合的气候条件。烤烟生态类型区划指标要反映这两方面对生态环境条件的基本要求。

1.5　行政区划的完整性

为方便烟区内烟叶生产统一管理和指导，生态区划时尽可能保持县级行政区划的完整性，不打破县级行政界限。虽然这样可能会给生态区划造成困难，在一定程度上降低生态区划的准确性，但却增加了生态区划的可行性和应用性。

2　生态类型区划指标的确定

2.1　选择原则

各项指标的选择和评价方法是生态区划评价的关键，在建立指标方面应该积极挖掘生态区划的内涵、实际效用和对农业起主要影响的因素，从农业可持续利用的长远角度来选择指标。保山市烤烟生态类型区划指标的选择应遵循以下原则：

①主导因子原则。虽然烟叶整个生长期内的环境条件对烟叶质量均有影

响，不同阶段的影响存在明显的差异，因此，只选择影响烟叶品质形成的主导生态因子。

②因子共性的原则。由于各地生态环境条件差异较大，且影响烟叶品质的主要因子也存在差异，为了计算方便，选择影响烟叶品质和产量有共性的生态因子。

③区域差异性原则。在给定的评价区域内所选指标有明显差别。

④稳定性原则。所选评价指标应是比较稳定的指标，由此得出的结果具有可靠性和稳定性。

⑤实际性原则。指标选取切实符合当地情况，因地制宜。

⑥因子简化的原则。影响烟叶产量和品质的自然环境因子较多，选择的因子应宜少不宜多。

⑦可操作性原则。指标具有可测性、可比性、稳定性，易于量化，资料易获取，以便于在实践中应用。

2.2 烤烟生态类型区划指标及其生物学和物理意义

烟草对环境适应性较广，但不同的自然环境生产出来的烟叶差别十分明显，优质烟叶必然存在一个最佳的自然生产条件与之对应。过去农作物生态区划研究主要是利用气候要素作为区划因子，没有考虑海拔因子、地形地貌因子、社会经济条件，区划指标多采用等级划分方法，这种区划方法较适合气候资源差异明显的地区。在深入分析研究保山市烤烟生态环境及其与烤烟烟叶品质关系的基础上，确定了海拔、地形地貌类型、烤烟生长期间 4～9 月温度、降水量、光照等指标分别作为保山市烤烟生态区划的指标。

2.2.1 海拔高度 它是影响气温的最重要、最直接因素，而气温是影响烤烟生长的重要因素。保山市位于云南省西部，境内海拔差异悬殊，有高于 3 500m 的高山，低于 600m 的河谷，地型十分复杂，气候差异显著。因此，海拔高度是烟叶种植评价的一个非常重要的指标。

2.2.2 地形地貌 地形地貌对烤烟种植的影响分为直接影响和间接影响两类。直接影响表现在不同的地形地貌环境直接决定是否适宜烟草种植，如坡度太陡的地方就不适宜，海拔太高的地方烟草也不能正常生长发育。间接影响表现为气候、土壤、水利、交通等方面。海拔地势对温度、光照、降雨有重要的影响，而这些正是植物生长的重要因素。地质地貌也是土壤类型、土壤 pH、土壤元素等形成差异的重要成因。保山市地处横断山脉滇西纵谷南端，境内地形复杂多样，整个地势自西北向东南延伸倾斜，最低海拔 535m，最高海拔 3 780.9m，平均海拔 1 800m 左右。最高点为腾冲县境内的高黎贡山大脑子峰，海拔 3 780.9m。最低点为龙陵县西南与潞西市交界处的万马河口，海拔 535m。在群山之间，镶嵌着大小不一的 78 个山间盆地，最大的保山市坝子，面积 149.9km²。因此，研究地形地貌的特点是烤烟种植适宜性评价的重要环节。

2.2.3　大田生长期气候　烟草一生中各个时期的自然条件均对烟草的产量和质量产生影响，由于薄膜技术在烟草苗床期已经广泛使用，对烟苗生长的水分条件、温度条件、光照条件均容易做到人工调控，在此只考虑大田生长期的自然生产条件。大田生长期气候条件是影响保山市烤烟品质的主要生态因素。经分析研究，在光、温、水总量基本满足烤烟种植的前提下，大田生长期光、温、水的时段分配和空间匹配比大田生长期光、温、水总量对保山市烤烟的影响更为重要。光、温、水都是决定烤烟烟叶品质形成的重要因素。根据各地多年的烟叶质量感观认识，选出了大田生长期温度、日照时数、降水量等 3 个指标作为区划指标。

3　基于气象因子空间插值和系统聚类的生态区划

3.1　主要气象因子空间分布特征

3.1.1　主要气象因子总体空间分布特征　保山市烟区大田期总降水量空间分布不均衡，总体呈现“西高东低、北高南低”的分布格局，大体以高黎贡山为界，分为东部、西部两大区域。西部腾冲县、龙陵县大田期总降水量均较高，总体在 1 200～1 800mm，而东部隆阳区、昌宁县和施甸县大田期总降水量则较低，在 600～1 200mm。其中，腾冲县北部、西部及南部空间总降水量在 1 400～1 600mm，中部空间总降水量在 1 200～1 400mm；龙陵县西北局部总降水量在 1 600～1 800mm，西部大部分空间总降水量在 1 400～1 600mm，中部总降水量 1 200～1 400mm，东部部分空间总降水量则较低，在 600～800mm；隆阳区西部及北部部分空间总降水量在 1 200～1 400mm，北部偏南及西部偏东空间总降水量在 1 000～1 200mm，中部及南部空间总降水量在 800～1 000mm；昌宁县西部及北部大部分空间总降水量在 800～1 000mm，东偏南北及南部部分空间总降水量在 1 000～1 200mm，中部偏西局部空间降水量在 600～800mm；施甸县降水量总体较低，除南部小部分空间总降水量在 1 000～1 200mm 外，大部分空间总降水量在 800～1 000mm，西部及北部大部分空间降水量则更少，在 600～800mm。

保山市烤烟大田期总日照时数空间分布不均衡，总体规律与降水量相反，呈现“东高西低、南高北低”空间分布格局。昌宁县、施甸县总日照时数较高，隆阳区次之，而腾冲县、龙陵县总日照时数较低。其中，昌宁县全境、施甸县绝大部分区域及隆阳区东部和南部区域，大田期总日照时数在 1 000～

1 100 h；施甸县西部、南部极小部分区域及隆阳区西部、北部区域大田期总日照时数在 800～900 h；腾冲县北部区域和龙陵县东北部、东部及西部少部分区域大田期总日照时数在 800～900 h，腾冲县北部以南、北部小部分区域及龙陵县西北部、中部及以南区域大田期总日照时数在 700～900 h。

保山市烤烟大田期平均气温空间分布不均衡，分布规律与日照时数大体相似，呈现“东高西低、南高北低”空间分布格局。施甸县、昌宁县烤烟大田期平均气温较高，为 19～23℃，隆阳区、龙陵县次之，平均气温为 17～21℃，腾冲县烤烟大田期平均气温最低，为 15～19℃。其中，施甸县、昌宁县全境烤烟大田期平均气温均高于 19℃，施甸县西北部大部分区域及昌宁县北部、南部及西北部局部区域平均气温达 21～23℃；隆阳区北部区域烤烟大田期平均气温在 17～19℃，西南局部区域平均气温达到 21～23℃，其余区域平均气温均在 19～21℃；龙陵县东部及南部区域烤烟大田期平均气温在 19～21℃，其余区域平均气温在 17～19℃；腾冲县北部、西部及中部偏北区域烤烟大田期平均气温在 15～17℃，其余平均气温在 17～19℃。

保山市烤烟大田期平均最高温空间分布格局与大田期总日照时数大体相近，总体呈现“东高西低、南高北低”分布规律，大体可分为东部、西部两个区域，且平均最高温区域间差异不大。东部昌宁县、施甸县、隆阳区大田期平均最高温总体在 22～24℃，西部龙陵县、腾冲县平均最高温总体在 20～22℃，东部、西部平均最高温相差约 2℃。

保山市烤烟大田期平均最低温空间分布格局与大田期平均最高温空间分布格局基本一致，总体呈现“东高西低、南高北低”分布规律，大体可分为东部、西部两个区域，东部大田期平均最低温为 15～27℃，西部平均最低温为 13～15℃，东部、西部平均最高温相差约 2℃。

保山市烤烟大田期总有效积温空间分布特征与大田期总日照时数空间格局相似，呈现“东高西低、南高北低”分布格局，大体可分为东部、西部两个区域，且差异较大，西部总有效积温总体在 1 500～1 900h，东部有效积温总体在 2 300～2 900h，东部、西部总有效积温大体相差 1 800h。腾冲县以西部绝大部分区域大田期总有效积温在 1 500～1 700h，以东部少部分区域总有效积温在西部 1 700～1 900h；龙陵县中部偏西部分区域总有效积温在 1 300～1 500h，东部及南部小部分区域总有效积温在 1 700～1 900h，其他大部分区域总有效积温在 1 500～1 700h；隆阳区东部及南部大部分区域烤烟大田期总有效积温在 2 700～2 900h，中部偏北及南部小部分区域总有效积温在 2 500～2 700h，西部小部分区域总有效积温在 2 100～2 300h，北部偏西方向区域总有效积温在 2 300～2 500h；施甸县西北部区域烤烟大田期总有效积温在 2 700～2 900h，中部偏南小部分区域总有效积温在 2 100～2 300h，其余大部分区域总有效积温在 2 300～2 500h；昌宁县将大部分区域烤烟大田期总有效积温在 2 300～2 500h，西部及东部偏北部分区域烤烟大田期总有效积温在 2 100～2 300h，北部、南部及东北部极小部分区域总有效积温在 2 700～2 900h。

保山市烤烟大田期平均温差空间分布规律不明显，但整体分布较均衡。保山市烟区绝大部分区域大田期平均温差在 8～8.5℃，隆阳区东北部、中部偏南和施甸县东北部、南部及腾冲县北部、西南部加之昌宁县西南部等小部分区域平均温差在 7.5～8℃；腾冲县、龙陵县、昌宁县南部及龙陵县、施甸县偏北部等极小部分区域平均温差在 8.5～9℃。

3.1.2　各月降水量空间分布特征　保山市烤烟大田期各月降水量空间分布格局基本一致，整体呈现“西高东低、北高南低”的空间分布特征，空间分布不均衡，各月降水量西部高于东部。

保山市烟区腾冲县 4 月降水量较高，隆阳区、龙陵县次之，施甸县及昌宁县降水量则相对较少。腾冲县整体降水量在 80～100mm，北部区域及东部偏南小部分区域降水量为 90～100mm，中部偏北小部分区域降水量在 60～70mm，其余大部分区域降水量为 80～90mm；龙陵县大部分区域降水量在 60～70mm，北部小部分区域降水量在 70～80mm，东偏北局部区域降水量为 40～50mm，其余区域为 50～60mm；隆阳区西部大部分区域降水量为 80～90mm，北部及西部偏南区域降水量为 70～80mm，南部及东南部分区域降水量在 50～60mm，中部及东部区域降水量则为 60～70mm；施甸县大部分区域降水量为 50～60mm，西部及南部部分区域降水量为 60～70mm，北部、西部及西南部分区域降水量为 40～50mm；昌宁县绝大部分区域降水量在 50～60mm，西部偏北部分区域降水量为 40～50mm，东北部及南部小部分区域降水量为 60mm。

保山市烤烟大田期腾冲县、龙陵县 5 月降水量较丰富，而隆阳区、施甸县及昌宁县降水量相对较少。腾冲县绝大部分区域降水量为 140～160mm，西北部、中部及西南部局部区域降水量为 160～180mm，中部偏北部分区域降水量在 120～140mm；龙陵县绝大部分区域降水量为 140～160mm，西部局部区域降水量为 160～180mm，东部及南部大部分区域降水量为 120～140mm、小部分区域降水量为 100～120mm；隆阳区西部及偏北区域降水量为 120～140mm，中部及东部区域降水量为 80～100mm，中部偏南、南部大部分区域降水量则为 60～80mm；施甸县东北部及中部偏南区域降水量为 100～120mm，其他绝大部分区域降水量为 80～100mm；昌宁县绝大部分区域降水量为 80～100mm，西北部分区域降水量为 60～80mm，西北局部区域降水量则为 100～120mm。

保山市烟区 6 月东部降水量总体为 150～200mm，西部降水量总体为 250～300mm。腾冲县绝大部分区域降水量在 250～300mm，西部、北部及西南部等区域降水量为 300～350mm；龙陵县北部、西北及中部偏南部分区域降水量为 300～350mm，东部及南部部分区域降水量为 200～250mm，东部偏北局部区域降水量为 100～150mm，其余绝大部分区域降水量为 250～300mm；隆阳区西部与腾冲县东部一线降水量为 250～300mm，北部、南部偏西小部分区域降水量为 200～250mm，中部偏南、南部偏西小部分区域降水量为 100～150mm，其余区域降水量为 150～200mm；施甸县东部、南部绝大部分区域及北部局部区域降水量为 150～200mm，其余区域降水量为 100～150mm；昌宁县除西部及北部部分区域降水量为 100～150mm 外，其余区域降水量均为 150～200mm。

保山市烟区 7 月西部降水量远高于东部，西部降水量为 300～400mm，而东部降水量为 150～200mm，西部降水量总体约为东部 2 倍。腾冲县除北部部分区域、南部极小部分区域降水量为 350～400mm 外，其余绝大部分区域降水量在 300～350mm；龙陵县绝大部分区域降水量为 300～350mm，西北部大部分区域降水量为 350～400mm，东部及南部小部分区域降水量为 200～300mm；隆阳区绝大部分区域降水量为 150～200mm，西部及北部小部分区域降水量为 250～350mm；施甸县除东部偏北及西南、东南极小部分区域降水量达 200～250mm 外，其余绝大部分区域降水量均为 150～200mm；昌宁县绝大部分区域降水量为 200～250mm，仅西部偏北及偏南局部区域降水量为 150～200mm。

保山市烟区 8 月腾冲县、龙陵县降水量较高，隆阳区、昌宁县次之，施甸县降水量则较少。腾冲县绝大部分区域降水量在 250～300mm，西部、西南局部区域降水量为 300～350mm，中部偏北极小部分区域降水量为 200～250mm；龙陵县绝大部分区域降水量为 250～300mm，东部及西南小部分区域降水量为 150～200mm，其余区域降水量为 200～250mm；隆阳区西部与腾冲县结合部一线降水量为 250～300mm，北部大部分区域、东部及西南小部分区域降水量为 200～250mm，其余区域降水量在 150～200mm；施甸县除西部及东北极小部分区域降水量为 200～250mm 外，其余绝大部分区域降水量均在 150～200mm；昌宁县西部降水量为 150～200mm，其余大部分区域降水量在 200～250mm。

保山市烟区 9 月腾冲县、龙陵县降水量相对较高，隆阳区次之，昌宁县再次之，施甸县降水量则最少。腾冲县降水量为 190～250mm，北部、西部、西南及中部偏东等区域降水量为 220～250mm，其余区域降水量为 190～220mm；龙陵县降水量绝大部分区域为 190～220mm，北部小部分区域降水量为220～250mm，东部小部分区域降水量为100～130mm，其余区域降水量为130～160mm；隆阳区西、北大部及东部小部分等区域降水量为190～220mm，西南、中部及偏南等区域降水量为130～160mm，其余区域降水量为160～190mm；施甸县东南及偏东部分区域降水量为130～160mm，其余绝大部分区域降水量为100～130mm；昌宁县大部分区域降水量为160～190mm，西北局部区域降水量为100～130mm，东北极小部分区域降水量为190～220mm，其余区域降水量为130～160mm。

3.1.3　各月日照时数空间分布特征　保山市烤烟大田期各月日照时数空间分布特征明显，整体呈现“东高西低、南高北低”分布格局，各月日照时数总体东部高于西部。

保山市烟区4月日照时数为190～230h，且东、西部相差不大，西部日照时数为190～210h，东部日照时数为210～230h，东、西部日照时数差仅20h。昌宁县除西北及南部部分区域日照时数为210～220h外，其余绝大部分区域日照时数为220～230h；施甸县东北、西部及南部区域日照时数为210～220h，其余区域日照时数为220～230h；隆阳区绝大部分区域日照时数为210～220h，西南小部分区域及西部部分区域日照时数为200～210h，而西部局部及东南部部分区域日照时数为220～230h；龙陵县除西部、西南部分区域日照时数为200～210h外，绝大部分区域日照时数为210～220h；腾冲县北部、中部局部区域日照时数为210～230h，其余绝大部分区域日照时数为200～210h。

保山市烟区5月日照时数为150～230h，西北日照时数较低，为150～180h，西南日照时数较高，为210～230h，其余区域日照时数为180～200h。昌宁县西南、西北部分区域日照时数为210～220h，其余绝大部分区域日照时数为220～230h；施甸县除西南小部分区域日照时数为200～210h外，其余绝大部分区域日照时数为190～200h；龙陵县东部及东北部区域日照时数为190～200h，其余大部分区域日照时数为180～190h；隆阳区西南及南部等区域日照时数为190～200h，西部区域日照时数基本为160～190h；腾冲县除北部小部分区域日照时数为170～180h，其余绝大部分区域日照时数为160～170h。

保山市烟区6月日照时数空间分布为东部高于西部。其中腾冲县、龙陵县几乎全境日照时数均为80～90h；昌宁县南部局部区域日照时数为120～130h，其余绝大部分区域日照时数均为130～140h；施甸县除南部及西北局部区域日照时数为120～130h外，其余绝大部分区域日照时数为130～140h；隆阳区西南、南部小部分区域日照时数均为130～140h。北部及西部日照时数为80～110h，中部及东北区域日照时数在110～120h。

保山市烟区7月日照时数空间分布格局与6月基本一致。腾冲县、龙陵县几乎全境日照时数均为60～70h；昌宁县南部、北部及东北等区域日照时数为100～110h，其余区域日照时数为110～120h；施甸县中部及东北部分区域日照时数为100～110h，其他区域日照时数总体为110～120h；隆阳区南部偏西及东南部分区域日照时数为110～120h，西部及西北区域日照时数为70～90h，其余区域日照时数为100～110h。

保山市烟区8月日照时数空间分布规律明显，与6月、7月大体相似，呈现“东高西低、南高北低”的空间分布格局。昌宁县全境日照时数为130～140h；施甸县除西部小部分区域日照时数为110～130h外，其余区域日照时数为130～140h；隆阳区东部、中部偏南及西南区域日照时数为130～140h，北部区域日照时数为120～130h，西部区域日照时数则为100～120h；龙陵县除西南极小部分区域日照时数为90～100h外，其余绝大部分区域日照时数为100～110h；腾冲县西部区域日照时数为90～100h，北部小部分区域日照时数为110～120h，其余区域日照时数均为100～110h。

保山市烟区9月日照时数空间分布特征明显，基本呈现“西高东低、南高北低”的分布格局。昌宁县除西北、施甸县东北及西部极小部分区域日照时数为140～150h外，几乎全境日照时数均为150～160h；隆阳区南部、东部及东北等区域日照时数为140～150h，其余区域日照时数均为130～140h；龙陵县西偏南及偏东、偏北小部分区域日照时数为130～140h，其余大部分区域日照时数为120～130h；腾冲县北部大部分及中部偏南极小部分区域日照时数为130～140h，西部及西南区域日照时数为110～120h，其余大部分区域日照时数为120～130h。

3.1.4 各月气温空间分布特征

（1）各月平均气温空间分布特征　保山市烤烟大田期各月平均气温空间分布规律基本一致，空间分布格局大体相似，均呈现“西高东低、南高北低”的分布格局。

保山市烟区4月平均气温为13～19℃。其中，腾冲县南部及西南区域平均气温为15～17℃，其余区域平均气温为13～15℃；龙陵县绝大部分区域平均气温为15～17℃，西北部极小部分区域平均气温为13～15℃，东偏北局部区域平均气温为17～19℃；隆阳区绝大部分区域平均气温为15～17℃，南部及东南极小部分区域平均气温为17～19℃，西北部极小部分区域平均气温为13～15℃；施甸县西北部平均气温为17～19℃，其余区域平均气温为15～17℃；昌宁县绝大部分区域平均气温为15～17℃，最南端及北部、东北极小部分区域气温为17～19℃。

保山市烟区5月平均气温大体为15～21℃。其中，昌宁县全境平均气温均为19～21℃；施甸县除西北极小部分区域平均气温为21～23℃外，其余区域平均气温均为19～21℃；隆阳区南部及东南区域平均气温均为19～21℃，其余区域在17～19℃；龙陵县东部、南部区域平均气温均为19～21℃，其余区域为17～19℃；腾冲县东南角极小部分区域平均气温为19～21℃，南部及东偏南为17～19℃，其余区域平均气温为15～17℃。

保山市烟区6月、7月、8月平均温空间分布状况基本一致，平均气温大体为17～23℃。其中，昌宁县几乎全境平均气温均为21～23℃（东部局部除外）；施甸县除中部偏东、偏南小部分区域平均气温均为19～21℃外，其余区域均为21～23℃；隆阳区南端及东南区域平均气温为21～23℃。西北局部为17～19℃，其余区域平均气温为19～21℃；龙陵县大部分区域平均气温为19～21℃，仅南端及东部区域平均气温为21～23℃；腾冲县东南及南部平均气温为21～23℃，北端局部平均气温为15～17℃（8月除外），其余区域平均气温为17～19℃。

保山市烟区9月平均气温为16～22℃。腾冲县南部、西南区域平均气温为18～20℃，其余区域则为16～18℃；龙陵县南端及西北角平均气温为20～22℃，其余区域平均气温为18～20℃；隆阳区西北角平均气温为16～18℃，东南及南端极小部分区域平均气温为20～22℃，其余区域平均气温为18～20℃；施甸县西北角及南端小部分区域平均气温为20～22℃，其余区域平均气温为18～20℃；昌宁县除西北角及西部小部分区域为18～20℃外，其余区域平均气温为20～22℃。

（2）各月平均最高温空间分布特征　保山市烟区各月平均最高温空间分布特征明显，分布格局相似，均呈现“西低东高、北低南高”分布格局。

保山市烟区4月、5月平均最高温空间分布格局基本一致，月平均最高温为20～24℃。昌宁县几乎全境平均最高温为23～24℃；施甸县除中部偏南及西南角区域平均最高温为22～23℃外，绝大部分区域平均最高温均为23～24℃；隆阳区西部与腾冲县结合部及西北区域平均最高温为22～23℃，其余区域均为23～24℃；腾冲县绝大部分区域平均最高温为21～22℃，仅东部小部分区域为22～23℃；龙陵县中部偏西及西北角局部区域平均最高温为20～21℃（5月除外），东部与施甸县结合部一线为22～23℃，其余平均最高温为20～21℃。

保山市烟区6月平均最高温为21～25℃。其中腾冲县全境平均最高温为21～23℃；昌宁县全境平均最高温为23～25℃；隆阳区除西北及西南局部区域外，平均最高温为23～25℃；施甸县绝大部分区域平均最高温为23～25℃，中部偏南小部分区域则为21～23℃；龙陵县绝大部分区域平均最高温为21～23℃，东部小部分区域气温则为23～25℃。

保山市7月平均最高温为21～25℃。其中，腾冲县绝大部分区域平均最高温为22～23℃，南端及西部偏中区域则为21～22℃；龙陵县绝大部分区域平均最高温为21～22℃，东南角及东北靠近施甸县小部分区域为23～24℃，其余区域平均最高温为22～23℃；施甸县绝大部分区域平均最高温为23～24℃，仅西北部分区域为24～25℃；昌宁县东北角及中部区域平均最高温为24～25℃，其余区域为23～24℃；隆阳区东南部及南部偏西区域平均最高温为24～25℃，西北角及西南角为22～23℃，其余区域平均最高温则为23～24℃。

保山市8月平均最高温为19～23℃，空间分布规律明显，大体呈现“东高西低”分布。腾冲县绝大部分区域平均最高温为20～21℃，西南部分区域为19～20℃；龙陵县东部一线平均最高温为21～22℃，西北角及中部偏西部分区域为19～20℃，其余区域平均最高温为20～21℃；隆阳区东部、东南大部及南端部分区域平均最高温为22～23℃，西北角极小部分区域为20～21℃，其余区域平均最高温为21～22℃；施甸县西北大部平均最高温为22～23℃，其余区域为21～22℃；昌宁县中部大部分区域及东北角平均最高温为22～23℃，其余区域为21～22℃。

保山市烟区9月平均最高温空间分布规律明显，呈“西高东低”的分布格局；且平均最高温为2个区间，即：18～20℃和20～22℃。腾冲县全境、隆阳区西北沿西部一线——龙陵县绝大部分区域、施甸县中部及以南区域平均最高温为18～20℃，其他区域平均最高温为20～22℃。

(3) 各月平均最低温空间分布特征　保山市烤烟大田期各月平均最低温空间分布规律相似，分布特征基本一致，均呈现“东高西低、南高北低”的分布格局，大体可分为东部、西部两个特征区域。

保山市烟区4月平均最低温大体为10～13℃。其中，昌宁县全境平均最低温均在12～13℃以上；施甸县除中部偏南及西南局部区域平均最低温为11～12℃外，其余区域均为12～13℃；隆阳区绝大部分区域平均最低温为12～13℃，东南局部为13～14℃，西北及西部一线平均最低温则为11～12℃；腾冲县除东部一线平均最低温为11～12℃外，其余区域为10～11℃；龙陵县绝大部分区域为10～11℃，东部局部为12～13℃，其余区域为11～12℃。

保山市5月平均最低温为12～16℃。其中，腾冲县绝大部分区域平均最低温为13～14℃，西南局部为12～13℃，东部偏南小部分区域平均最低温为14～15℃；龙陵县西部及西北部平均最低温为12～13℃，东部沿施甸县结合部一线为14～15℃，其余区域为13～14℃；隆阳区东部、南部平均最低温为15～16℃，西北角及西南角极小部分区域为13～14℃，其他区域为14～15℃；施甸县西北大部及中部偏西小部分区域平均最低温为15～16℃，其他区域为

14～15℃；昌宁县西部沿施甸县结合部一线、中部偏东小部分区域平均最低温为14～15℃，其余区域则为15～16℃。

保山市烟区6月、7月、9月平均最低温空间分布基本一致，且平均最低温均为14～18℃。其中，昌宁县西部沿施甸县结合部一线、中部偏东小部分区域平均最低温为16～17℃，其他区域则为17～18℃；施甸县西北大部及中部偏西小部分区域平均最低温为16～11℃，其他区域为17～18℃；隆阳区东部、南部平均最低温为17～18℃，西北角及西南角极小部分区域为15～16℃，其他区域为16～17℃；腾冲县绝大部分区域平均最低温为15～16℃，西南局部为14～15℃，东部偏南小部分区域平均最低温为16～17℃；龙陵县西部及西北部平均最低温为14～15℃，东部沿施甸县结合部一线为16～17℃，其他区域为15～16℃。8月平均最低温空间分布规律与6月、7月、9月空间分布规律极为相似，但平均最低温较6月高出1℃左右。

（4）各月平均温差空间分布特征　保山市烟区6月平均温差空间分布规律性不强，区域特征不明显，该月整个区域平均温差为5～8℃；其他各月平均温差空间分布较均衡，整体差异不大。其中4月、7月、8月保山市全境平均温差分别为11～11.5℃、6.5～7℃和7～8℃；5月保山市绝大部分区域平均温差在8.5～9℃，隆阳区、施甸县、腾冲县及龙陵县结合部小部分区域平均温差为9～9.5℃，隆阳区、施甸县及昌宁县局部区域平均温差为7.5～8℃，另外，施甸县西北极小部分区域温差达到9.5～10℃；保山市烟区绝大部分区域9月平均温差为7～8℃，零星区域平均温差为6～7℃或8～9℃。

（5）各月有效积温空间分布特征　保山市烤烟大田期各月有效积温（≥10℃）空间分布特征明显，分布格局基本相似，空间分布规律强，均呈“东高西低”分布，大体可分为西部和东部两个区域。

保山市烟区4月有效积温为250～450℃。其中，腾冲县、龙陵县绝大部分区域有效积温为250～300℃，仅东部极小部分区域有效积温为300～350℃；隆阳区东部、东南部及南部部分区域有效积温达到400～450℃，西部沿腾冲县结合部一线有效积温为300～350℃，其余区域均为350～400℃；施甸县大部分区域有效积温为350～400℃，仅西北、中部偏北、中部偏南部分区域有效积温达到400～450℃；昌宁县除西北局部、东北及西南极小部分区域有效积温达到400～450℃外，其余区域均为350～400℃。5月有效积温空间分布格局与4月极为相似，但整体有效积温均高出50℃。

保山市烟区6月有效积温为250～550℃。其中，隆阳区东部、东南部及南部部分区域有效积温达到450～550℃，其余区域均为350～400℃；施甸县大部分区域有效积温为450～550℃，西北、西南极小部分区域及中部东北、中部偏南部分区域有效积温达到350～450℃；昌宁县中部、北部、南部区域及东北角有效积温达到450～550℃外，其余区域均为350～450℃；腾冲县、龙陵县绝大部分区域有效积温为250～350℃，仅东部极部分区域有效积温为350～450℃。9月有效积温空间分布与6月基本一致，但9月有效积温整体较6月低50℃。

保山市烟区7月有效积温为300～360℃。其中，腾冲县全境、龙陵县绝大部分区域、隆阳区西部小部分区域有效积温为300～400℃；隆阳区、施甸县、昌宁县绝大部分区域有效积温为400～500℃；隆阳区东南部、中部偏南、西南部分区域和施甸县西北小部分区域、西部偏南局部及昌宁县北部小部分区域有效积温达到500～600℃。

保山市8月有效积温为250～550℃。其中，腾冲县，龙陵县东部，隆阳区西部，施甸县中南、西南角、西北角，昌宁县西北部、中部以东大部等区域有效积温为350～450℃；腾冲县、龙陵县其他区域有效积温为250～350℃；其余区域有效积温达到450～550℃。

3.2 保山市主要烤烟种植乡镇大田期气象因子聚类分析

采用卡方距离相似尺度及以离差平方和聚类方法（洪楠，2001）对各乡镇上述49项气象指标进行系统聚类分析（图5-1）。由该图可知，保山市烟区各乡镇气象特征可分为两大类。第1类气象特征为“少雨、多日照、气温较高”，主要分布在高黎贡山以东，包括隆阳区（西邑、辛街、汉庄、丙麻、蒲缥、道街、河图、金鸡、瓦渡9个乡镇）、施甸县（甸阳、姚关、太平、老麦、酒房、万兴、仁和、等子、由旺、水长、何元、摆榔12个乡镇）、昌宁县（珠街、鸡飞、耈街、大田坝、柯街、卡斯、翁堵、更嘎、温泉9个乡镇）的种烟乡镇；第2类气象特征为“多雨、少日照、气温较低”，主要分布在高黎贡山以西，包含腾冲县（曲石、固东、界头、滇滩、五合、上营、明光7个乡镇）、龙陵县（平达、木城、龙江、龙山4个乡镇）的种烟乡镇。值得指出的是，龙陵县腊勐乡气象特征较为特殊，该乡降水量偏少、日照时数中等，但气温相对较高，可认为是区别于前2个类型的第3种气象类型。该结果进一步说明，保山市烟区烤烟大田期气象条件主要分为两大区域，即：高黎贡山以东（少雨、多日照、气温较高）和高黎贡山以西（多雨、少日照、气温较低），符合保山市烤烟生产实际。各乡镇评价结果见表5-1。

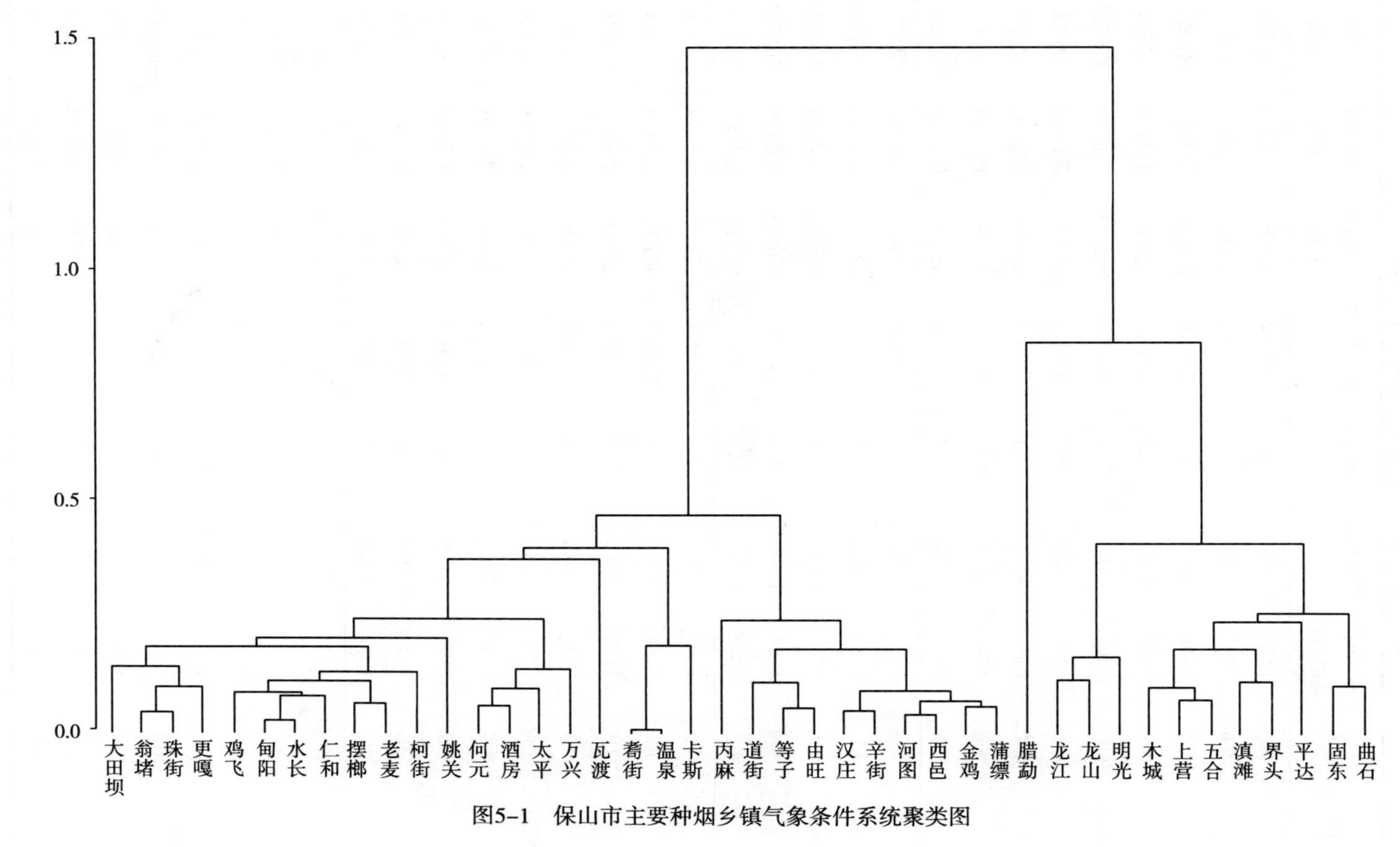

图5-1　保山市主要种烟乡镇气象条件系统聚类图

表 5-1　保山市主要植烟乡镇气候适宜性评价

县区	乡镇	平均海拔高度（m）	总降水量（mm）	平均气温（℃）	总日照时数（h）	气候适宜性评价	海拔高度评价	综合评价
昌宁县	大田坝	1 637	838.7	21.1	1 199.2	适宜区	最适宜区	适宜区
	耈街	1 833	912.7	20.0	1 219.2	适宜区	适宜区	适宜区
	鸡飞	1 613	759.7	21.3	1 204.8	最适宜区	最适宜区	最适宜区
	卡斯	2 007	937.3	19.1	1 171.5	适宜区	次适宜区	适宜区
	柯街	1 700	743.9	20.8	1 217.6	最适宜区	最适宜区	最适宜区
	温泉	1 833	912.7	20.2	1 219.2	适宜区	最适宜区	适宜区
	翁堵	1 650	870.7	21.1	1 194.0	适宜区	最适宜区	适宜区
	更嘎	1 717	851.0	20.6	1 214.6	适宜区	最适宜区	适宜区
	珠街	1 630	888.0	21.3	1 198.7	适宜区	最适宜区	适宜区
龙陵县	腊勐	1 630	813.3	20.0	1 001.8	适宜区	最适宜区	适宜区
	龙江	1 683	1 437.3	17.9	999.1	不适宜区	最适宜区	不适宜区
	龙山	1 787	1 426.7	17.5	993.1	不适宜区	最适宜区	不适宜区
	木城	1 427	1 266.7	20.8	954.7	不适宜区	最适宜区	不适宜区
	平达	1 640	1 266.7	18.2	990.8	不适宜区	最适宜区	不适宜区
隆阳区	丙麻	1 603	784.3	21.6	1 142.1	适宜区	最适宜区	适宜区
	道街	1 760	690.0	20.6	1 171.7	适宜区	最适宜区	适宜区
	汉庄	1 838	749.8	20.3	1 116.5	适宜区	最适宜区	适宜区
	河图	1 792	754.4	20.5	1 128.8	适宜区	最适宜区	适宜区
	金鸡	1 753	713.0	20.7	1 138.8	适宜区	最适宜区	适宜区
	蒲缥	1 797	724.5	20.4	1 162.2	适宜区	最适宜区	适宜区
	瓦渡	2 000	943.0	19.4	1 144.0	适宜区	最适宜区	适宜区
	西邑	1 780	736.0	20.5	1 131.9	适宜区	最适宜区	适宜区
	辛街	1 857	754.4	20.2	1 146.4	适宜区	适宜区	适宜区
施甸县	摆榔	1 933	781.0	19.9	1 206.0	最适宜区	适宜区	最适宜区
	等子	1 473	662.7	22.3	1 216.2	最适宜区	最适宜区	最适宜区
	甸阳	1 847	792.8	20.5	1 193.4	适宜区	适宜区	适宜区
	何元	1 717	733.7	21.0	1 192.5	适宜区	最适宜区	适宜区
	酒房	1 767	733.7	20.8	1 215.0	最适宜区	最适宜区	最适宜区
	老麦	1 910	804.7	19.7	1 176.3	适宜区	适宜区	适宜区
	仁和	1 800	757.3	20.7	1 170.0	适宜区	最适宜区	适宜区
	水长	1 850	781.0	20.3	1 192.5	适宜区	适宜区	适宜区

（续）

县区	乡镇	平均海拔高度（m）	总降水量（mm）	平均气温（℃）	总日照时数（h）	气候适宜性评价	海拔高度评价	综合评价
施甸县	太平	1 673	733.7	21.2	1 165.2	适宜区	最适宜区	适宜区
	万兴	1 817	686.3	20.6	1 201.5	最适宜区	适宜区	最适宜区
	姚关	2 050	804.7	19.3	1 174.5	适宜区	次适宜区	适宜区
	由旺	1 480	662.7	22.8	1 174.8	适宜区	最适宜区	适宜区
腾冲县	滇滩	1 793	1 327.5	16.5	982.7	不适宜区	最适宜区	不适宜区
	固东	1 737	1 125.5	17.2	950.8	不适宜区	最适宜区	不适宜区
	界头	1 740	1 285.0	17.1	1 028.5	不适宜区	最适宜区	不适宜区
	明光	1 930	1 368.8	15.6	1 050.5	不适宜区	适宜区	不适宜区
	曲石	1 817	1 152.5	16.3	949.8	不适宜区	适宜区	不适宜区
	上营	1 670	1 227.5	19.4	980.5	不适宜区	最适宜区	不适宜区
	五合	1 623	1 247.5	19.3	955.7	不适宜区	最适宜区	不适宜区

3.3　基于空间插值和系统聚类的保山市烤烟生态区划

高黎贡山属青藏高原南部，横断山西部断块带，印度板块和欧亚板块相碰撞及板块俯冲的缝合线地带，是著名的深大断裂纵谷区。高黎贡山源于西藏念青唐古拉山脉，呈南北走向，高黎贡山山脉跨越 5 个纬度带，平均海拔约 3 500m。其中，以北段较高，海拔 4 000m 以上，尾端约 2 000m。保山市境内段属高黎贡山中部，平均海拔约 3 000m，高黎贡山巨大的山体阻挡了西北寒流的侵袭，又留住了印度洋的暖湿气流，使地处低纬度高海拔的保护区形成了典型的亚热带气候。

保山市气象特征的形成主要是较为独特的地形地貌所造成，可能与高黎贡山关系较密切。西部高黎贡山阻隔东部由于高黎贡山巨大山体的阻隔，印度洋暖湿气流很难影响到保山市东部，因而出现东、西 2 个气象区域，东部隆阳区、施甸县、昌宁县等依然以晴好天气为主，光照较充足，气温较高。从而，保山市烤烟大田期形成了以高黎贡山为界的东、西 2 个差异较大的气象特征，东部“降水量少、日照时数多、气温较高”，西部“降水量多、日照时数少、气温偏低”。聚类分析结果进一步印证了该气候特征的正确性。

第1类气象特征为“少雨、多日照、气温较高”，主要分布在高黎贡山以东，包括：西邑、辛街、汉庄、丙麻、蒲缥、道街、河图、金鸡、瓦渡、甸阳、姚关、太平、老麦、酒房、万兴、仁和、等子、由旺、水长、何元、摆榔、珠街、鸡飞、蒿街、大田坝、柯街、卡斯、翁堵、更嘎、温泉等30个种烟乡镇。

第2类气象特征为“多雨、少日照、气温较低”，主要分布在高黎贡山以西，包含曲石、固东、界头、滇滩、五合、上营、明光、平达、木城、龙江、龙山等11个种烟乡镇。

结合空间插值和系统聚类的结果，考虑到行政区域的完整性和空间的连续性，将保山市分为两类烟区：暖温少雨区（昌宁、隆阳、施甸）和冷凉多雨区（腾冲、龙陵）。

保山市2个烤烟生态类型区的海拔和全年大田期气候因子平均值见表5-2，特征十分明显。

表5-2 保山市烟区生态类型及描述

生态类型	海拔（m）	总降水量（mm）	平均气温（℃）	总日照时数（h）
暖温少雨	1 769.92	787.59	20.61	1 178.88
冷凉多雨	1 695.99	1 244.95	18.11	986.70

4 云南省保山市基地烤烟优化布局建议

根据保山市烟区生态区划结果，结合品种对海拔的适应性，保山市烟区烤烟种植布局可分为两大区域（高黎贡山以东和高黎贡山以西）和2个海拔段（1 700m以上和1 700m以下），考虑到降雨较多容易导致红花大金元病害增多，海拔过高不利于K326生长和品质，因此建议：①全市海拔1 700m以上的地区应以种植云烟87和云烟85为主；②高黎贡山以东海拔在1 700m以下地区可以配合种植红花大金元和K326，以供应工业的特殊需求种植红大或K326品种；③高黎贡山以西海拔在1 700m以下热量充足的地区可以配合种植K326，满足工业需求，高黎贡山以西不建议种植红花大金元品种。

进一步细分，保山市烟区烤烟种植布局可分为6大区域进行烤烟种植布局，即：隆阳区东南大部和施甸县北部区域，建议种植红大或K326品种；隆阳区西部沿施甸县、龙陵县交界一线，建议种植红大或K326品种；昌宁县北部区域，建议种植红大品种；昌宁县南部绝大部分区域，建议种植 K326 或云烟 85 品种；施甸县南部区域，建议种植云烟 85 品种；腾冲县全境、龙陵县西部绝大部分区域，建议种植 K326 或云烟 87 品种。

第二节　云南省曲靖市基地烤烟生态区划优化布局

烟草是适应性很强的作物，可以在不同的环境条件下生长，从北纬 60°到南纬 40°的广阔区域内都有烟草种植，但在不同气候条件下，烟株的生长发育、生理代谢、烟叶的产量和品质都有明显差异。有关烟叶品质及风格与生态因素关系的研究一直受到广泛重视，研究认为生态条件是决定烟叶质量及风格的首要因素，优质烟叶的生产需要特定的生态条件。生态条件主要包括气候条件和土壤条件，其中气候条件对品质的影响更显著。曲靖市烟区幅员辽阔，地形地貌复杂，气候类型多样，包括南亚热带到北温带 6 种气候类型，立体气候明显，适宜且多样的气候条件为曲靖市优质、特色风格烟叶生产提供了生态基础。曲靖市烟叶具有清香型风格明显、化学成分协调、配伍性强等特点，并表现出风格特色多样性，为我国卷烟工业的发展提供了优质原料。关于曲靖市烤烟气候方面的研究，除浦吉存等（2004）对曲靖市气候要素与烟叶产量的关系进行了研究外，有关曲靖市烟区烤烟气候条件的综合评价和分类研究尚未见报道。本研究基于模糊数学原理，对曲靖市烟区烤烟气候适宜性进行了综合评价，并采用主成分聚类分析方法对辖区内的 9 个植烟县区进行了初步分类，并根据各区域的气候特点提供了品种优化布局建议。

1　研究区域概况

曲靖市地处云贵高原中部滇东高原向黔西高原过渡地带，地跨东经 102°42′～104°50′，北纬 24°19′～27°03′，西与滇中高原湖盆地区紧紧相嵌，东部逐步向贵州高原倾斜过渡，属高原山地与盆地相间的地貌，全市地势走向北高南低，西高东低，由西北向东南方向倾斜，地形地貌复杂多样，以山地为主，山坝相间，河谷深切。曲靖市总耕地面积 72.9 万 hm^2，适宜种植烤烟的耕地面积 56.3 万 hm^2。曲靖市烟区属低纬高原亚热带季风气候区，包括南亚热带到北温带 6 种气候类型，主要为亚热带季风气候，年平均气温 14.24 ℃，年均降水量总量为 800～1 700 mm，年日照时数 1 584～2 195 h，无霜期204～282 d。曲靖市烟区年均烟叶产量达 1.75×10^5 t，是云南省乃至全国最大的烤烟产区。

2 材料与方法

2.1 气候资料

曲靖市烟区1971—2007年气象资料由云南省曲靖市气象局提供。基础气象资料包括富源、会泽、陆良、罗平、马龙、麒麟、师宗、宣威和沾益等9个植烟县市（区）1971—2007年逐日气温、降水量和日照时数等气候指标。根据基础气候资料并结合当地烤烟生产节令，计算出相应时段的烤烟气候因子，用于分析的指标有伸根期降水量（X_1）、旺长期降水量（X_2）、成熟期降水量（X_3）、伸根期均温（X_4）、旺长期均温（X_5）、成熟期均温（X_6）、大田期日照时数（X_7）、≥10 ℃活动积温（X_8）和大田期空气湿度（X_9）。

2.2 统计分析

2.2.1 烤烟气候适宜性评价方法 烤烟气候适宜性评价采用模糊数学隶属函数的数学模型进行。首先根据模糊数学和多元统计分析原理分别计算各气候指标的隶属度和权重系数，再利用加乘法则得出气候适宜性指数（climate feasibility index，*CFI*）。设有n个评价单元（$i=1，\cdots，n$）、m个评价指标（$j=1，\cdots，m$），则第i个评价单元气候适宜性指数计算公式为：$CFI_i=\sum_{j=1}^{m}W_{ij}N_{ij}$。式中，$N_{ij}$和$W_{ij}$分别为第$i$个评价单元的第$j$个评价指标的隶属度值和相应的权重系数。

2.2.2 主成分聚类分析方法 对曲靖市9个植烟县区9项气候指标进行主成分分析，根据主成分分析后所确定的不同主成分的线性组合计算不同样品每个主成分（*Zm*）的得分。根据*Zm*组成对其进行命名，采用Q型聚类中类间评价链锁法（Between-group linkage）对各样品的*Zm*得分进行聚类分析。采用SPSS17.0统计软件进行统计分析。

3 结果与分析

3.1 曲靖市烟区气候概况

曲靖市烟区气候因子及与国外优质烟叶产区的比较见表5-3。曲靖市烟区年平均气温为14.24 ℃，远低于津巴布韦，略低于玉溪市，大田期均温低于津巴布韦和美国，但高于巴西，低于国内的玉溪市烟区，温度条件可以满足烤烟生长需要；年均总日照时数为1 922.08 h，年均大田日照时数为667.47 h，低于国外优质烟区和玉溪市烟区，但达到优质烟叶生产大田日照时数的要求(500～700 h)；年平均总降水量为 1 054.19 h，大田期降水量为 716.93 mm，略高于国内外优质烟区；≥10 ℃活动积温高于津巴布韦和巴西，但低于美国和玉溪市烟区，适宜烤烟生长；曲靖市烟区大田期空气湿度 76.79%，低于巴西优质烟区，高于其他国内外优质烟区。不同气候指标在年份间存在较大变异，温热和空气湿度指标年度变异较小，降水量年度变异较大。

表 5-3　曲靖市烟区 1971—2007 年主要气候因素

气候因子	平均值	标准差	年度变异系数（%）	玉溪市	美国	巴西	津巴布韦
年均温（℃）	14.24	0.85	5.99	15.80	—	—	17.90
大田期均温（℃）	19.05	0.90	4.71	20.20	22.00	18.80	20.70
年日照时数（h）	1 922.08	273.84	14.25	2 255.00	—	—	2 810.50
大田期日照时数（h）	667.47	100.96	15.13	786.00	1 104.00	696.00	768.00
年降水量（mm）	1 054.19	289.99	27.51	964.00	—	—	960.00
大田期降水量（mm）	716.93	227.06	31.67	698.00	593.50	657.00	689.40
≥10 ℃活动积温（℃）	3 282.46	276.16	8.41	4 089.22	3 366.00	2 379.00	2 501.00
大田期空气湿度（%）	76.79	3.09	4.02	74.00	75.00	78.00	72.00

注：表中国外数据为该国优质烟叶产区气候数据，美国为 22 个站点平均值，巴西为 10 个站点平均值，津巴布韦为 4 个站点平均值。

3.2　各县区气候适宜性综合评价

3.2.1　评价指标选择及其隶属度函数构建　以烤烟各生育期均温、降水量、大田期日照时数、≥10 ℃活动积温、大田期空气湿度等 9 项气候指标作为评价曲靖市烟区气候适宜性的因子。曲靖市烟区烟草生长各生育期气候因子见表 5-4。

表 5-4　曲靖市主要植烟县区烤烟气候评价指标

县区	降水量（mm）			均温（℃）			大田期日照时数（h）	≥10℃活动积温（℃）	空气湿度（%）
	伸根期	旺长期	成熟期	伸根期	旺长期	成熟期			
富源	116.67	225.21	422.33	18.13	19.57	19.46	615.99	3 242.87	76.77
会泽	79.76	145.80	342.43	16.67	18.29	18.38	816.06	2 804.40	74.68
陆良	107.64	172.87	349.54	18.88	20.07	19.62	736.88	3 578.34	76.65
罗平	161.43	315.72	699.91	19.54	20.87	20.78	714.59	3 614.01	82.72
马龙	103.19	187.14	391.18	17.21	18.37	18.23	794.16	3 087.76	76.93

（续）

县区	降水量（mm）			均温（℃）			大田期日照时数（h）	≥10℃活动积温（℃）	空气湿度（%）
	伸根期	旺长期	成熟期	伸根期	旺长期	成熟期			
麒麟	99.24	180.29	410.76	18.55	19.71	19.61	756.75	3 534.87	73.71
师宗	124.86	232.15	482.72	17.99	19.38	19.04	643.49	3 202.66	80.70
宣威	100.01	200.28	375.32	17.48	18.81	18.96	726.63	3 050.58	73.71
沾益	120.42	185.67	356.35	18.30	19.47	19.25	715.52	3 426.65	75.23

基于模糊数学理论，根据各气候指标对烤烟生长及烟叶品质影响的特点，结合曲靖市烤烟生产实际，确定各气候指标的函数类型和转折点（表 5－5），构建各气候指标隶属函数，并将曲线型函数转化为相应的折线型函数。下面公式为气候指标的隶属函数，将每个样本的原始统计资料分别代入相应的隶属函数公式，可以把不规则分布的、有单位的、定量或定性描述的原始数值转化为从 0.1～1 分布的、无量纲差异的隶属度值（表 5－5）。隶属度取值越大表示该指标所处状态越好，即越适于烤烟生长，反之则越差。为方便计算和符合生产实际，将隶属度最小值定为 0.1 而非 0，因为在研究区域内各气候指标一般不可能为烤烟完全不能生长的状态。

$$f(x)=\begin{cases} 0.1 & x\leqslant x_1, x\geqslant x_4 \\ 0.9\times(x-x_1)/(x_2-x_1)+0.1 & x_1<x<x_2 \\ 1.0 & x_2\leqslant x\leqslant x_3 \\ 1.0-0.9\times(x-x_3)/(x_4-x_3) & x_3<x<x_4 \end{cases} \quad (1)$$

表 5－5　烤烟气候指标值所隶属函数类型及其阈值

指标	隶属函数类型	拐点值			
		下限（x_1）	最优值下限（x_2）	最优值上限（x_3）	上限（x_4）
伸根期均温（℃）	抛物线形	13	18	28	35
旺长期均温（℃）		10	20	28	35
成熟期均温（℃）		16	20	25	35
伸根期降水量（mm）		20	80	100	300
旺长期降水量（mm）		50	200	300	400
成熟期降水量（mm）		30	120	160	400
大田期日照时数（h）		200	500	700	850
≥10 ℃ 活动积温（℃）		1 200	2 000	3 500	4 200
大田期空气湿度（%）		60	70	80	90

3.2.2　烤烟气候指标权重的计算　各气候因素对烟草生态适宜性的影响程度不同，故应根据各因素的重要程度分别赋予不同的权重。采用主成分分析法计算各气候指标的权重，根据特征根>1.0的原则，提取了前2个主成分作为公因子，累积贡献率达87.064%，包含原始数据信息量的85%以上，满足主成分分析的要求。计算前2个主成分在各指标上的公因子方差，进而求出该指标在表征气候适宜性中的贡献率，亦即权重。在选取的9个烤烟气候因子中，权重最小的是大田日照时数（4.12%），权重最大的是伸根期均温（12.71%），其他因子权重差异较小，在11.00%～12.55%（表5-6），均是曲靖市烟区重要的烤烟气候因子。

表5-6　曲靖市烤烟气候指标权重

指标	公因子方差	权重（%）
伸根期均温（℃）	0.996	12.711
旺长期均温（℃）	0.983	12.545
成熟期均温（℃）	0.935	11.932
伸根期降水量（mm）	0.944	12.047
旺长期降水量（mm）	0.956	12.200
成熟期降水量（mm）	0.885	11.294
大田期日照时数（h）	0.952	12.149
≥10℃ 活动积温（℃）	0.323	4.122
大田期空气湿度（%）	0.862	11.000

3.2.3　烤烟气候综合适宜性评价　利用加乘法则计算气候适宜性指数（climate feasibility index，*CFI*），曲靖市各植烟县烤烟气候适宜性指数见表5-7。*CFI*取值范围为0～1，其值越高，表明气候条件越适宜。曲靖市烟区气候适宜性指数为0.761～0.875，平均为0.839±0.040，各区县之间差异较小，变异系数为4.75%，其中，陆良县*CFI*最高，会泽县最低。

表5-7　曲靖市各植烟县区气候适宜性指数及其排序

县区	富源	会泽	陆良	罗平	马龙	麒麟	师宗	宣威	沾益
适宜性指数	0.870	0.761	0.875	0.839	0.783	0.856	0.851	0.849	0.865
排序	2	9	1	7	8	4	5	6	3

曲靖市烟区雨水充沛，在伸根期，除罗平县降水量稍多外，其他县区均接近最适范围或在最适范围内；旺长期，除会泽县降水量稍低外，其他县区均接近最适范围或在最适范围内；9个植烟县区成熟期降水量均偏高。曲靖市烟区

温度和热量条件较为适宜，伸根期，除会泽县均温稍低外，其他县区均在最适范围或接近最适范围；旺长期，均温均在最适范围或接近最适范围；成熟期，除会泽县、马龙县、宣威县和师宗县均温稍低外，其他县区均在最适范围内或接近最适范围；各县区积温均在最适范围内或接近最适范围。曲靖市烟区光照充足，除麒麟县、陆良县、马龙县和会泽县日照时数略多外，其余县区均在最适范围内或接近最适范围。综上所述，富源县、陆良县、罗平县、宣威县、师宗县、麒麟县和沾益县雨量充沛、热量充足、温度适宜，属最适植烟气候区域；马龙县和会泽县成熟期气温稍低，属适宜的植烟气候区域。

3.3 各县区烤烟气候主成分聚类分析

3.3.1 数据标准化 采用极差法对数据进行标准化处理。其标准化公式如下：

$$X'_{ij}=\frac{X_{ij}-\min\limits_{i=1}^{n}(X_{ij})}{\max\limits_{i=1}^{n}(X_{ij})-\min\limits_{i=1}^{n}(X_{ij})}\qquad (i=1,\ \cdots,\ n;\ j=1,\ \cdots,\ m)$$

其中，n 为评价单元数，m 为评价指标数，X_{ij} 表示第 i 个评价单元的第 j 个指标的数值。

3.3.2 各县区烤烟气候主成分分析 首先计算各气候指标的相关系数矩阵（表 5-8）。9 个气候指标之间均呈现不同程度的相关性，需进一步作主成分分析。

表 5-8 曲靖市烤烟气候指标相关系数矩阵

指标	X_1	X_2	X_3	X_4	X_5	X_6	X_7	X_8	X_9
X_1	1.000	0.933**	0.875**	0.776*	0.797*	0.785*	−0.528	0.632	0.843**
X_2	0.933**	1.000	0.952**	0.641	0.690*	0.734*	−0.523	0.444	0.833**
X_3	0.875**	0.952**	1.000	0.625	0.680*	0.731*	−0.312	0.439	0.847**
X_4	0.776*	0.641	0.625	1.000	0.985**	0.945**	−0.403	0.959**	0.512
X_5	0.797*	0.690*	0.680*	0.985**	1.000	0.974**	−0.448	0.903**	0.567
X_6	0.785*	0.734*	0.731*	0.945**	0.974**	1.000	−0.403	0.836**	0.515
X_7	−0.528	−0.523	−0.312	−0.403	−0.448	−0.403	1.000	−0.281	−0.410
X_8	0.632	0.444	0.439	0.959**	0.903**	0.836**	−0.281	1.000	0.338
X_9	0.843**	0.833**	0.847**	0.512	0.567	0.515	−0.410	0.338	1.000

注：X_1～X_9 分别为伸根期降水量、旺长期降水量、成熟期降水量、伸根期均温、旺长期均温、成熟期均温、大田期日照时数、≥10℃活动积温和大田期空气湿度；*、** 分别表示差异达 0.05 和 0.01 显著水平。

由表5-9可以看出，前2个主成分的累积贡献率已达87.064%，即表示前2个主成分包含原有指标87.064%的信息。某一主成分相应的特征向量表示各性状对主成分贡献的大小，其绝对值和符号分别反映了各指标对该主成分作用的大小和性质。由表5-10可见，伸根期降水量、旺长期降水量、成熟期降水量和空气湿度在第一主成分（Z_1）中起主要作用，第一主成分主要由水湿因素构成，命名为水湿因子；伸根期均温、旺长期均温、成熟期均温和积温对第二主成分（Z_2）的贡献显著，第二主成分对总方差的贡献为15.052%，主要由温热因素构成，命名为温热因子。则前2个主成分的线性组合为：

$$Z_1=0.33X'_1+0.36X'_2+\cdots+0.06X'_8+0.36X'_9$$

$$Z_2=0.43X'_1+0.29X'_2+\cdots+0.83X'_8+0.14X'_9$$

曲靖市各植烟县气候的主成分得分通过前2个主成分的线性组合计算得到。

表5-9　各主成分的特征根和贡献率

主成分	特征值	贡献率（%）	累积贡献率（%）
1	6.481	72.012	72.012
2	1.355	15.052	87.064

表5-10　旋转后的因子载荷矩阵和特征向量

指标	载荷矩阵		特征向量	
	Z_1	Z_2	Z_1	Z_2
伸根期降水量	0.83	0.50	0.33	0.43
旺长期降水量	0.92	0.33	0.36	0.29
成熟期降水量	0.88	0.33	0.35	0.28
伸根期均温	0.37	0.93	0.15	0.80
旺长期均温	0.44	0.89	0.17	0.76
成熟期均温	0.46	0.85	0.18	0.73
大田期日照时数	−0.52	−0.23	−0.20	−0.20
≥10℃活动积温	0.15	0.96	0.06	0.83
大田期空气湿度	0.91	0.17	0.36	0.14

3.3.3　基于主成分的各县区烤烟气候聚类分析　根据2个主成分的线性组合计算各植烟县的主成分得分，然后对各个县2个主成分因子（水湿因子和温热因子）的得分进行聚类。聚类分析结果显示（图5-2），9个植烟县区可

大致分为3类：

第Ⅰ类：富源县、师宗县和罗平县。这类植烟县区的烤烟气候特点是降水量充沛（成熟期稍多），温度适宜、积温充足，空气湿度略高。

第Ⅱ类：陆良县、麒麟县、宣威县、马龙县和沾益县。此类植烟县区的烤烟气候特点是降水量基本适宜（成熟期稍多），温度适宜、积温充足，空气湿度适宜。

第Ⅲ类：会泽县。此类植烟县区的烤烟气候特点是降水量基本适宜（旺长期稍少，成熟期稍多），积温适宜，温度基本适宜（成熟后期稍低），空气湿度适宜。3类植烟县区具有一定的空间分布规律，大致呈现从西北方向到东南方向条状分布的趋势，这和曲靖市烟区北高南低、西高东低、由西北向东南方向倾斜的地势走向趋势基本一致。

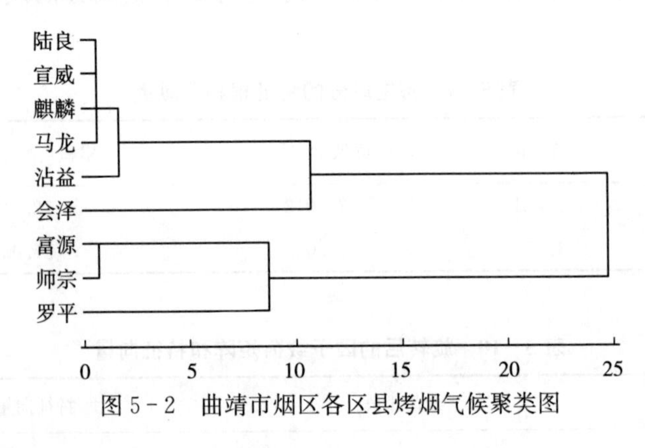

图5-2　曲靖市烟区各区县烤烟气候聚类图

3.4　曲靖市烟区烤烟品种优化布局

根据曲靖市烟区生态区划结果，结合品种对海拔和气候的适应性，曲靖市烟区烤烟种植布局可分为三大区域和2个海拔段（1 700m以上和1 700m以下），考虑到降雨较多容易导致红花大金元病害增多，海拔过高不利于K326生长和品质，因此建议：（1）全市海拔1 700m以上的地区应以种植云烟87、云烟85为主；（2）海拔在1 700m以下地区可以配合种植K326以供应工业的特殊需求；（3）会泽县降水量稍少，可种植红花大金元，第Ⅱ类区域可选择性地种植红花大金元，第Ⅲ类区域不建议种植红花大金元品种。

4　结论与讨论

采用模糊数学原理和多元统计的方法，计算出曲靖市烟区烤烟气候适宜性指数平均为0.839 ±0.040，各植烟县 *CFI* 由大到小依次为：陆良区、富源县、沾益县、麒麟区、师宗县、宣威市、罗平县、马龙县和会泽县；采用主成分聚类分析方法将曲靖市烟市区 9 个植烟县（区）初步分为 3 类，各类植烟县（区）气候特征明显，但均属烤烟种植适宜区。总之，曲靖市烟区大田气候条件能够满足烤烟生长发育的需求，光照充足（1 922.08 h）、雨量充沛（1 054.19 mm）、空气湿度适宜（75%左右）、有效积温充足（大于 2 600 ℃），雨热同季，光温水热匹配协调。曲靖市烟区各植烟县（区）均存在成熟期雨量偏多的问题，易造成烟叶脂溶性香气物质含量降低。马龙县和会泽县存在成熟期温度稍低等问题，对上部叶成熟落黄有所不利，可以通过适当提早移栽期缓解这一问题。研究曲靖市烟区气候特征、气候适宜性、县域气候分类及特征，对于烟叶生产合理布局以及烟叶区域质量特点及风格特色的定位有一定的指导意义。

第三节　云南省基地烤烟立体优化布局实践

温度特别是夜间温度（昼夜温差）是影响红云红河云南省基地烟叶品质的主要因素，并且烤烟品种对温度的适应性存在较大差异，利用烟叶品质数据和气象条件数据对红云红河集团云南省主要基地的烤烟品种进行了优化布局（表 5-11）。

表 5-11　红云红河集团云南市基地烤烟立体优化布局

市	县	乡镇	村	海拔（cm）	优选品种	备选品种	慎选品种
保山	隆阳	汉庄	团山	2 240	云 87	云烟 85	K326
保山	施甸	水长	大箐脚	2 070	云 87	云烟 85	K326
保山	隆阳	汉庄	蒿子	2 000	云 87	云烟 85	K326
保山	施甸	酒房	摆田	1 980	红大或云烟 87	云烟 85	K326
保山	施甸	万兴	大水	1 980	红大或云烟 87	云烟 85	K326
保山	昌宁	柯街	扁瓦	1 820	红大或云烟 87	云烟 85	K326
保山	隆阳	辛街	龙洞	1 800	红大或云烟 87	云烟 85	K326
保山	隆阳	水寨	水寨	1 800	红大或云烟 87	云烟 85	K326
保山	施甸	老麦	红谷	1 800	红大或云烟 87	云烟 85	K326
保山	施甸	老麦	杨柳	1 800	红大或云烟 87	云烟 85	K326
保山	昌宁	更戛	西河	1 800	红大或云烟 87	云烟 85	K326
保山	腾冲	腾越	寸家寨	1 760	云 87	K326	
保山	隆阳	蒲缥	极木林	1 750	云 87	K326	

（续）

市	县	乡镇	村	海拔（m）	优选品种	备选品种	慎选品种
保山	腾冲	曲石	公平	1 750	云 87	K326	
保山	昌宁	苟街	水炉	1 750	云 87	K326	
保山	昌宁	卡斯	兰山	1 750	云 87	K326	
保山	腾冲	滇滩	云峰	1 720	云 87	K326	
保山	腾冲	界头	高黎	1 700	云 87	K326	
保山	腾冲	曲石	红木	1 700	云 87	K326	
保山	腾冲	固东	河头	1 700	云 87	K326	
保山	腾冲	滇滩	胜利	1 700	云 87	K326	
保山	龙陵	勐糯	丛岗	1 700	云 87	K326	
保山	施甸	太平	兴华	1 700	云 87	K326	
保山	昌宁	鸡飞	鸡飞	1 700	云 87	K326	
保山	昌宁	翁堵	立桂	1 700	云 87	K326	
保山	隆阳	西邑	赵寨	1 660	K326	云 87	
保山	隆阳	杨柳	茶山	1 660	K326	云 87	
保山	隆阳	西邑	王海	1 650	K326	云 87	
保山	隆阳	西邑	王寨	1 650	K326	云 87	
保山	隆阳	蒲缥	菖蒲塘	1 620	K326	云 87	
保山	腾冲	界头	新庄	1 620	K326	云 87	
保山	昌宁	大田坝	大田坝	1 620	K326	云 87	
保山	施甸	甸阳	大寨	1 600	K326	云 87	
保山	施甸	甸阳	同邑	1 600	K326	云 87	
保山	施甸	仁和	交邑	1 600	K326	云 87	
保山	昌宁	苟街	苟街	1 600	K326	云 87	
保山	昌宁	柯街	仙岳	1 600	K326	云 87	
保山	龙陵	木城	乌木寨	1 560	K326	云 87	
保山	腾冲	界头	桥头	1 550	K326	云 87	
保山	施甸	何元	何元	1 520	K326	云 87	
保山	腾冲	界头	永乐	1 500	K326	云 87	
保山	龙陵	平达	安庆	1 500	K326	云 87	
保山	施甸	由旺	岚峰	1 500	K326	云 87	
保山	昌宁	珠街	子堂	1 500	K326	云 87	
保山	隆阳	丙麻	丙麻	1 445	K326	云 87	

（续）

市	县	乡镇	村	海拔（m）	优选品种	备选品种	慎选品种
保山	龙陵	镇安	邦迈	1 400	K326	云 87	
保山	腾冲	曲石	双河	1 360	K326	云 87	红大
大理	祥云	下庄	下庄	1 967	红大或云烟 87	云烟 85	K326
大理	祥云	米甸	大松坪	1 908	红大或云烟 87	云烟 85	K326
大理	祥云	普棚	普棚	1 900	红大或云烟 87	云烟 85	K326
大理	祥云	普棚	西山	1 890	红大或云烟 87	云烟 85	K326
大理	祥云	云南驿镇	小桥	1 800	红大或云烟 87	云烟 85	K326
大理	宾川	平川	石岩	1 754	云 87	K326	
大理	宾川	乔甸	大罗	1 680	K326	云 87	
红河	泸西	三塘	三塘	1 970	红大或云烟 87	云烟 85	K326
红河	开远	碑格	碑格	1 879	红大或云烟 87	云烟 85	K326
红河	蒙自	西北勒	西北勒	1 867	红大或云烟 87	云烟 85	K326
红河	石屏	哨冲	哨冲	1 860	红大或云烟 87	云烟 85	K326
红河	蒙自	鸣鹫镇	猛拉	1 858	红大或云烟 87	云烟 85	K326
红河	弥勒	西一	油榨	1 858	红大或云烟 87	云烟 85	K326
红河	泸西	白水	果衣	1 851	红大或云烟 87	云烟 85	K326
红河	泸西	白水	红大	1 845	红大或云烟 87	云烟 85	K326
红河	泸西	金马	金马	1 816	红大或云烟 87	云烟 85	K326
红河	个旧	老厂	羊坝底	1 810	红大或云烟 87	云烟 85	K326
红河	石屏	哨冲	他克亩	1 810	红大或云烟 87	云烟 85	K326
红河	石屏	龙朋	龙朋	1 780	云 87	K326	
红河	个旧	卡房	咪的期	1 738	云 87	K326	
红河	弥勒	五山	四家	1 734	云 87	K326	
红河	泸西	中枢	立岗	1 731	云 87	K326	
红河	建水	普雄	他腊	1 730	云 87	K326	
红河	泸西	午街	山林	1 730	云 87	K326	
红河	弥勒	西三	蚂蚁	1 723	云 87	K326	
红河	弥勒	西三	戈西	1 698	K326	云 87	
红河	弥勒	五山	觅得	1 696	K326	云 87	
红河	蒙自	冷泉	鸡白旦	1 680	K326	云 87	
红河	弥勒	五山	箐口	1 643	K326	云 87	
红河	弥勒	巡检	宣武	1 643	K326	云 87	

（续）

市	县	乡镇	村	海拔（m）	优选品种	备选品种	慎选品种
红河	建水	李浩寨	小旷野	1 630	K326	云 87	
红河	石屏	牛街	他腊	1 621	K326	云 87	
红河	建水	甸尾	跃进	1 618	K326	云 87	
红河	建水	利民	利民	1 587	K326	云 87	
红河	弥勒	西二	路龙	1 584	K326	云 87	
红河	弥勒	巡检	宣武	1 584	K326	云 87	
红河	建水	官厅	龙潭	1 550	K326	云 87	
红河	建水	青龙	业租	1 546	K326	云 87	
红河	石屏	新城	下新寨	1 543	K326	云 87	
红河	个旧	贾沙	民云	1 540	K326	云 87	
红河	石屏	宝秀	立新	1 520	K326	云 87	
红河	开远	羊街	宗舍	1 520	K326	云 87	
红河	弥勒	虹溪	白云	1 497	K326	云 87	
红河	个旧	保和	保和	1 480	K326	云 87	
红河	弥勒	弥阳	卫泸	1 480	K326	云 87	
红河	弥勒	巡检	宣武	1 465	K326	云 87	
红河	石屏	坝心	黑尼	1 464	K326	云 87	
红河	石屏	坝心	新河村	1 450	K326	云 87	
红河	弥勒	新哨	里方	1 447	K326	云 87	
红河	弥勒	江边	平地	1 417	K326	云 87	
红河	建水	南庄	羊街	1 405	K326	云 87	
红河	建水	盘江	辽远	1 380	K326	云 87	红大
红河	蒙自	雨过铺	新光	1 367	K326	云 87	红大
红河	蒙自	文澜镇	大台子	1 346	K326	云 87	红大
红河	建水	临安	罗卜甸	1 320	K326	云 87	红大
红河	弥勒	弥阳	小塘	1 320	K326	云 87	红大
红河	开远	小龙潭	则旧	1 318	K326	云 87	红大
昆明	禄劝	乌蒙	卡基	2 300	云 87	云烟 85	K326
昆明	禄劝	皎西	永善	2 260	云 87	云烟 85	K326
昆明	禄劝	撒营盘	康荣	2 160	云 87	云烟 85	K326
昆明	禄劝	汤郎	吴家	2 160	云 87	云烟 85	K326
昆明	晋宁	晋城	关岭	2 150	云 87	云烟 85	K326

（续）

市	县	乡镇	村	海拔（m）	优选品种	备选品种	慎选品种
昆明	宜良	狗街	双龙	2 120	云 87	云烟 85	K326
昆明	禄劝	则黑	则黑	2 100	云 87	云烟 85	K326
昆明	寻甸	凤仪	发乐古	2 066	云 87	云烟 85	K326
昆明	寻甸	七星	山寨	2 056	云 87	云烟 85	K326
昆明	寻甸	功山	刚化	2 055	云 87	云烟 85	K326
昆明	富民	赤就	平地	2 050	云 87	云烟 85	K326
昆明	寻甸	凤仪	集城	2 041	云 87	云烟 85	K326
昆明	寻甸	金所	竹沟	2 026	云 87	云烟 85	K326
昆明	寻甸	鸡街	鸡街	2 024	云 87	云烟 85	K326
昆明	禄劝	九龙	树渣	2 020	云 87	云烟 85	K326
昆明	石林	西街口	茂盛组	2 012	云 87	云烟 85	K326
昆明	晋宁	六街	大庄	2 012	云 87	云烟 85	K326
昆明	富民	大营	大营镇	2 010	云 87	云烟 85	K326
昆明	晋宁	双河	荒川	2 001	云 87	云烟 85	K326
昆明	西山	沙朗	东村	2 000	云 87	云烟 85	K326
昆明	官渡	松华	新街	2 000	云 87	云烟 85	K326
昆明	富民	东村	组库	2 000	云 87	云烟 85	K326
昆明	宜良	马街	详喜	2 000	云 87	云烟 85	K326
昆明	宜良	耿家营	保功	1 990	红大或云烟 87	云烟 85	K326
昆明	嵩明	滇源	中所	1 980	红大或云烟 87	云烟 85	K326
昆明	西山	海口	白鱼	1 980	红大或云烟 87	云烟 85	K326
昆明	寻甸	羊街	多合	1 971	红大或云烟 87	云烟 85	K326
昆明	嵩明	滇源	苏海	1 960	红大或云烟 87	云烟 85	K326
昆明	禄劝	翠华	兴隆	1 960	红大或云烟 87	云烟 85	K326
昆明	安宁	禄脿	北冲	1 960	红大或云烟 87	云烟 85	K326
昆明	寻甸	甸沙	甸沙	1 959	红大或云烟 87	云烟 85	K326
昆明	晋宁	宝丰	中和铺	1 950	红大或云烟 87	云烟 85	K326
昆明	石林	长湖镇	海宜	1 931	红大或云烟 87	云烟 85	K326
昆明	嵩明	杨林	云林	1 926	红大或云烟 87	云烟 85	K326
昆明	嵩明	杨林	龙保	1 922	红大或云烟 87	云烟 85	K326
昆明	嵩明	杨桥	月家	1 915	红大或云烟 87	云烟 85	K326
昆明	嵩明	杨桥	月家	1 915	红大或云烟 87	云烟 85	K326

（续）

市	县	乡镇	村	海拔（m）	优选品种	备选品种	慎选品种
昆明	晋宁	夕阳	绿溪风口	1 902	红大或云烟 87	云烟 85	K326
昆明	官渡	大板桥	兔耳	1 900	红大或云烟 87	云烟 85	K326
昆明	嵩明	牛栏江	新街	1 890	红大或云烟 87	云烟 85	K326
昆明	安宁	县街	石庄	1 870	红大或云烟 87	云烟 85	K326
昆明	寻甸	金源	安秋	1 865	红大或云烟 87	云烟 85	K326
昆明	安宁	青龙	白塔	1 826	红大或云烟 87	云烟 85	K326
昆明	宜良	竹山	白车勒	1 820	红大或云烟 87	云烟 85	K326
昆明	禄劝	马家	撒马基	1 800	红大或云烟 87	云烟 85	K326
昆明	西山	团结	乐亩	1 800	红大或云烟 87	云烟 85	K326
昆明	西山	厂口	迤六	1 800	红大或云烟 87	云烟 85	K326
昆明	官渡	团结	团结	1 800	红大或云烟 87	云烟 85	K326
昆明	石林	路美邑	董家庄	1 729	云 87	K326	
昆明	石林	大可镇	黑古塘	1 700	云 87	K326	
昆明	寻甸	金源	小村	1 680	K326	云 87	
昆明	石林	板桥镇	小屯	1 665	K326	云 87	
昆明	石林	板桥镇	小屯	1 650	K326	云 87	
昆明	宜良	古城	南冲	1 650	K326	云 87	
普洱	镇沅	者东	樟盆	1 550	K326	云 87	
普洱	镇沅	九甲	九甲村	1 500	K326	云 87	
普洱	镇沅	田坝	李家村	1 450	K326	云 87	
普洱	镇沅	勐大	文况	1 300	K326	云 87	红大
曲靖	会泽	鲁纳	朝阳	2 198	云 87	云烟 85	K326
曲靖	宣威	务德	岔路	2 160	云 87	云烟 85	K326
曲靖	沾益	播乐	鸭团	2 118	云 87	云烟 85	K326
曲靖	富源	老厂	迤德黑	2 100	云 87	云烟 85	K326
曲靖	会泽	娜姑	云峰	2 091	云 87	云烟 85	K326
曲靖	麒麟	珠街	青龙	2 063	云 87	云烟 85	K326
曲靖	沾益	大坡	天生桥	2 060	云 87	云烟 85	K326
曲靖	马龙	马过河	鲁石	2 041	云 87	云烟 85	K326
曲靖	沾益	棱角	赤章	2 027	云 87	云烟 85	K326
曲靖	宣威	羊场	清水	2 021	云 87	云烟 85	K326
曲靖	马龙	马鸣	马鸣	2 020	云 87	云烟 85	K326

（续）

市	县	乡镇	村	海拔（m）	优选品种	备选品种	慎选品种
曲靖	宣威	龙场	五里	2 011	云 87	云烟 85	K326
曲靖	宣威	倘塘	新乐	2 010	云 87	云烟 85	K326
曲靖	宣威	格宜	龙山	1 996	红大或云烟 87	云烟 85	K326
曲靖	沾益	盘江	谭家营	1 971	红大或云烟 87	云烟 85	K326
曲靖	陆良	召夸	大栗树	1 950	红大或云烟 87	云烟 85	K326
曲靖	会泽	火红	龙树	1 921	红大或云烟 87	云烟 85	K326
曲靖	麒麟	东山	石头寨	1 913	红大或云烟 87	云烟 85	K326
曲靖	罗平	阿岗	戈维	1 902	红大或云烟 87	云烟 85	K326
曲靖	师宗	雄壁	长冲	1 900	红大或云烟 87	云烟 85	K326
曲靖	麒麟	越州	大梨树	1 898	红大或云烟 87	云烟 85	K326
曲靖	陆良	板桥	洪武	1 886	红大或云烟 87	云烟 85	K326
曲靖	陆良	马街	薛官堡	1 871	红大或云烟 87	云烟 85	K326
曲靖	陆良	小白户	北山	1 858	红大或云烟 87	云烟 85	K326
曲靖	陆良	芳华	双合	1 857	红大或云烟 87	云烟 85	K326
曲靖	陆良	中枢	中枢	1 856	红大或云烟 87	云烟 85	K326
曲靖	师宗	彩云	红土	1 849	红大或云烟 87	云烟 85	K326
曲靖	陆良	大漠古	太平哨	1 848	红大或云烟 87	云烟 85	K326
曲靖	宣威	西泽	戈平	1 830	红大或云烟 87	云烟 85	K326
曲靖	富源	竹园	大路	1 820	红大或云烟 87	云烟 85	K326
曲靖	宣威	宝山	被古	1 817	红大或云烟 87	云烟 85	K326
曲靖	师宗	葵山	黎家坝	1 800	红大或云烟 87	云烟 85	K326
曲靖	富源	营上	都格	1 800	红大或云烟 87	云烟 85	K326
曲靖	会泽	大井	云坪	1 800	红大或云烟 87	云烟 85	K326
曲靖	富源	大河	磨盘	1 789	云 87	K326	
曲靖	会泽	上村	小箐	1 783	云 87	K326	
曲靖	师宗	龙庆	束半甸	1 780	云 87	K326	
曲靖	宣威	啊都	曾平	1 720	云 87	K326	
曲靖	宣威	田坝	新明	1 710	云 87	K326	
曲靖	罗平	九龙	阿者	1 699	K326	云 87	
曲靖	罗平	旧屋基	安才勒	1 660	K326	云 87	
曲靖	宣威	双河	尖山	1 633	K326	云 87	
曲靖	宣威	杨柳乡	可渡	1 618	K326	云 87	

（续）

市	县	乡镇	村	海拔（m）	优选品种	备选品种	慎选品种
曲靖	富源	黄泥河	阿汪	1 594	K326	云 87	
曲靖	富源	十八连山	天宝	1 500	K326	云 87	
曲靖	罗平	罗雄	坡衣	1 498	K326	云 87	
曲靖	罗平	大水井	小鸡灯	1 445	K326	云 87	
曲靖	罗平	板桥	品德	1 426	K326	云 87	
文山	砚山	维摩	果可者以	1 643	K326	云 87	
文山	马关	仁和	仁和	1 600	K326	云 87	
文山	丘北	双龙营	普者黑	1 510	K326	云 87	
文山	广南	珠琳	吊井	1 490	K326	云 87	
文山	砚山	阿猛	阿猛	1 480	K326	云 87	
文山	砚山	平远	车白泥	1 470	K326	云 87	
文山	广南	珠琳	白泥潭	1 470	K326	云 87	
文山	麻栗坡	大坪	马达	1 468	K326	云 87	
文山	丘北	锦屏	密的	1 450	K326	云 87	
文山	文山	平坝	杜孟	1 428	K326	云 87	
文山	文山	秉烈	秉烈	1 420	K326	云 87	
文山	文山	古木	古木	1 380	K326	云 87	红大
文山	西畴	蚌谷	长箐	1 360	K326	云 87	红大
文山	麻栗坡	麻栗	老地方	1 320	K326	云 87	红大
文山	西畴	新马街	坡脚	1 150	K326	云 87	红大

第六章　主要研究成果

1　云南省烟叶基地土壤质量评价及限制因子

通过对红云红河烟草集团云南省基地气象条件、土壤质量和烟叶质量进行全面分析，初步掌握了基地的生态条件和烟叶质量现状及其限制因子，概述如下：

1.1　红云红河烟叶基地光照充足、雨量充沛，温度基本适宜，但也存在一些不足和障碍，如成熟期降水量过多，以及高海拔区域（>1 700m）大田期，特别是成熟期温度偏低，对于上部烟叶开片和烟叶成熟落黄存在不利影响，是红云红河烟叶基地主要气象限制因子。

1.2　红云红河云南省基地植烟土壤理化性状较好，基本适宜于烤烟生长和烟叶品质，但仍存在部分限制因子，如部分区域土壤碱解氮含量过高，速效钾含量偏低，有效硼含量偏低等。在这部分植烟土壤上，注意优化土壤养分管理，如控制氮素用量，增加钾肥用量，适当补充微量元素，仍然可以生产出优质烟叶。

1.3　红云红河保山市基地烟叶质量较好，部分海拔超过 1 700m 的区域存在一定的品质障碍，如叶宽变窄，开片率下降，含梗率大幅增加，烟叶成熟度、组织结构和颜色得分均大幅下降，烟叶钾含量加速下降等。

通过以上研究不难发现，红云红河集团云南省基地的生态条件在海拔 1 700m以上区域普遍存在成熟期温度偏低，以及大部分烟区存在成熟期雨量偏多这两个重要障碍；而随后的烟叶质量分析也印证了生态因子的分析，即在海拔 1 700m 以上区域，烟叶质量出现一系列如叶宽变窄，开片率下降、含梗率大幅增加，烟叶成熟度、组织结构和颜色得分均大幅下降，烟叶钾含量加速下降等品质障碍。因此认为，红云红河云南省基地大部分区域生态条件适宜，烟叶质量较好。海拔在 1 700m 以上的区域烟叶质量存在一定障碍，而过高海拔高度是这部分区域烤烟品质障碍的主要成因；而不同海拔高度下差异最大的生态因子是温度，初步推断，高海拔区域的较低温度是造成烟叶品质障碍的直接原因。

2 云南省基地烟叶品质对海拔的响应及主要影响因子聚焦

2.1 低纬度基地主栽烤烟品种对海拔的品质适应性

保山市烟区的研究表明，海拔因素对烟叶物理性状和化学成分有重要影响，并且海拔对烟叶化学成分的影响大于物理性状；在一定海拔范围内，烟叶开片度、氮、钾、烟碱与海拔呈显著或极显著负相关，总糖和还原糖与海拔呈显著或极显著正相关，这与已有研究结论一致；同时，海拔因素对烟叶物理性状和化学成分的影响效应大于土壤因素，K326 和红大受海拔因素影响较大，云烟 87 受海拔因素影响较小；K326 和红大烟叶开片度与海拔呈显著负相关（$P<0.05$），说明其物理质量也随海拔升高而呈降低趋势，同时，在一定程度上随海拔升高烟叶化学成分可用性降低，尤其当海拔超过 1 800m 时，烟叶化学成分可用性下降明显。通过分析云南省不同海拔高度的气象因子，初步把海拔1 297.95～1 706.60m 和 1 706.60～2 219.35m 分为 2 个不同的气象区域。因此，K326 和红大更适宜在 1 700m 左右及以下海拔区域种植，近年实践也表明，在保山市烟区红大种植逐步向海拔较低或纬度较低、热量充足的烟区转移。云烟 87 海拔适应性较强，可以在较为广泛的海拔区域种植。

2.2 中纬度基地主栽烤烟品种对海拔的品质适应性

昆明市烟区的研究表明，海拔因素对烟叶物理指标、化学成分含量和感官质量有较大的影响，影响程度表现为化学成分＞物理性状＞感官质量；在 1 400～2 200 m 海拔范围内，烟叶开片度、总氮、烟碱、钾、氯、主要多酚和柔和性与海拔高度呈显著或极显著负相关，含水率、总糖、还原糖和刺激性与海拔高度呈显著或极显著正相关，同时，海拔因素对不同品种的影响效应也不同，在 1 400～2 200 m 海拔段范围内表现为红花大金元＞K326＞云烟 87，烟叶化学成分可用性指数和主要多酚含量均随海拔的升高而逐渐降低，而质体色素降解产物香气物质含量随海拔升高呈先升高后降低的规律。具体来讲，K326 在 1 600～1 800m、红花大金元和云烟 87 在 1 400～1 600m 海拔段烟叶化学成分可用性指数最高，化学成分协调性最好；而 3 个品种的主要多酚含量均以 1 400～1 600m 海拔段的烟叶最高，质体色素降解产物香气物质含量均以 1 600～1 800m 海拔段的烟叶最高。综合烟叶常规化学成分、主要多酚和香气物质含量认为，昆明烟区主栽烤烟品种 K326、红花大金元和云烟 87 均更适宜种植在 1 400～1 800m 的海拔区间。近年的实践情况也表明，在昆明烟区红花大金元和 K326 等品种的种植逐步在向海拔较低、热量较足的区域转移。根据李向阳等的研究，云南地区立体气候明显、不同海拔段的气象因子差异较大，海拔高于 1 706.60m 后气温偏低，而烟叶的种植对热量要求较高，大多数品种烤烟都不耐寒，初步判断，低温可能是限制昆明市高海拔烟区烟叶品质和化学成分可用性的主要生态因子，具体原因还有待深入研究。

2.3　云南省基地烟叶质量形成的影响因素

影响保山市烟叶感官质量的外部因素的重要指标是海拔高度、6 月温差、4～9 月温差平均值、品种、9 月温差、7 月日照时数、6 月日照时数、8 月日照时数、4～9 月总日照时数、6 月最高温、5 月温差、8 月温差、9 月最高温、9 月平均气温、9 月日照时数、纬度等 16 项指标，均为影响烟叶感官质量的重要指标；对烟叶感官质量不重要的指标为有效锌、速效磷、4 月温差；其余 44 项指标对烟叶感官质量重要性中等。

影响保山市烟叶外观质量的外部因素中海拔高度、品种、6 月温差、4～9 月温差平均值、9 月温差、9 月平均气温、4 月降水量、土壤水溶性氯含量、8 月平均气温、7 月日照时数、6 月最高温、6 月日照时数、5 月日照时数、8 月温差、5 月温差、7 月平均温、6 月平均温、9 月最高温、4～9 月总日照时数等 19 项指标均为重要指标；7 月温差、速效磷、有效硼、4 月温差等 4 项指标对烟叶感官质量为非重要指标；其余 38 项指标对烟叶感官质量重要性中等。

影响保山市烟叶主要化学成分外部因素可能不是外部环境因子及品种差异，有可能是由于配套栽培措施差异所导致。

影响保山市烟叶物理质量的外部因素中，品种、海拔高度、6 月温差、4～9月温差平均值、5 月日照时数、纬度、土壤有机质含量、9 月温差、经度等 9 项指标均为重要指标；4 月温差、7 月温差及土壤速效磷含量等 3 项指标为非重要指标；其余 50 项指标 VIP＝0.5～1，对烟叶物理质量影响的重要性中等。

综上，烟叶评吸、物理、外观质量及主要化学成分与地理、气候、土壤、品种因子 PLS 模型中，海拔高度、品种、6 月温差、4～9 月温差平均值、9 月温差、7 月日照时数、6 月日照时数、8 月日照时数、5 月日照时数、9 月日照时数、4～9 月总日照时数、经度、8 月温差、5 月温差、纬度等 15 项均为影响烟叶整体质量的重要指标；速效磷及 4 月温差为烟叶整体质量的非重要指标；其余 45 项指标对烟叶整体质量重要性中等。

2.4　高海拔地区夜间温度对烤烟生长及品质的影响

温度是影响烤烟品质的重要生态因素之一，而夜间温度是温度生态因子重要的组成部分，对烟叶生长发育及最终品质和风格特色的形成不容忽视。本文系统深入地研究了夜间温度单一生态因子变化对云南省高海拔地区不同烤烟品种生长及烤后烟叶质量的影响，对探明云南烟区烤烟质量特色形成机理研究提供了新的理论依据。

2.4.1 夜温升高使云烟 87 和 K326 生育期总天数较自然对照分别缩短 3d 和 2 d，地上和地下部分干物质积累量和株高在各生育节点夜温处理均显著高于对照。两品种打顶时总有效叶片数处理较对照均增加 3 片，叶片开片度在各生育节点均得到提升，特别是叶片横向生长能力得到有效促进，叶面积相应增大，长宽比趋于协调。同时云烟 87 和 K326 植株根、叶干物质积累对夜温响应最大敏感期均为团棵期，而茎对夜温响应最大敏感期有所差异，K326 为旺长期、云烟 87 为打顶期。

2.4.2 夜温升高使 K326 和云烟 87 处理上部叶叶长宽、下部叶叶长，K326 处理上部叶单叶重和平衡含水率，中部叶单叶重均较对照显著增加；同时各处理叶片厚度和含梗率均显著降低。K326 处理中上部叶总糖、还原糖、总氮，云烟 87 处理各部位叶总氮、钾，均较对照显著增加；同时 K326 处理中上部叶烟碱、钾，下部叶总氮；云烟 87 处理上部叶总糖、还原糖和烟碱，中部叶烟碱，下部叶总糖、还原糖，均较对照显著降低。各处理烟叶化学成分协调性均得到显著改善。同时，K326 处理各部位烟叶 Zn、Cu 含量较对照显著降低，Fe、Mn 含量较对照显著提高，云烟 87 处理中上部叶 Zn、Cu、Fe、Mn 含量较对照均显著提高。夜温升高使 K326 处理产量、产值、均价、上等烟比例分别较对照增加 252.5 kg/hm^2、7 290 元/hm^2、1.7 元/kg、6.54%；云烟 87 分别增加 100.5 kg/hm^2、5 315 元/hm^2、2.1 元/kg、4.65%。

2.4.3 夜温升高使 K326 和云烟 87 所有处理烟叶叶黄素、β-胡萝卜素较对照极显著提高，下部叶增幅最大；所有处理苹果酸含量较对照极显著升高，上部叶增幅最大；所有处理柠檬酸含量较对照极显著降低，下部叶降幅最大。绿原酸和总多酚含量 K326 上部叶显著升高，云烟 87 上部叶显著降低。除 K326 下部叶外，其余处理的新植二烯含量均较对照极显著升高，香气物质总量（新植二烯除外）升高幅度最大的为 K326 中部叶和云烟 87 上部叶。夜温升高对云南高海拔地区 K326 中部叶和云烟 87 上部叶香气质量改善效果最好。

3 云南基地烤烟品种优化布局建议

根据温度特别是夜间温度（昼夜温差）是影响红云红河云南省基地烟叶品质的主要因素，且烤烟品种对温度的适应性存在较大差异这一重要结论，利用烟叶品质数据和气象条件数据对红云红河集团云南省主要基地的烤烟品种进行了优化布局，详见表 5-11。

参 考 文 献

曹槐，张晓，剂世原，等，1999. 烟草及植烟土壤中钾和微量元素的关系［M］//何邦平．微量元素研究进展（第三辑）．北京：中国林业出版社：174－181.

邓小华，陈东林，周冀衡，等，2009. 湖南烤烟物理性状比较及聚类评价［J］．中国烟草科学，30（3）：63－68.

邓小华，周冀衡，周清明，等，2009. 湖南烟区中部烤烟总糖含量状况及与感官质量的关系［J］．中国烟草学报，15（5）：43－47.

杜瑞华，周明松，2007. 连续流动分析法在烟草分析中的应用［J］．中国测试技术，33（3）：76－78.

冯学民，蔡德利，2004. 土壤温度与气温及纬度和海拔关系的研究［J］．土壤学报，41（3）：489－491.

傅抱璞，1997. 由测风资料推算局地环流速度的方法［J］．气象科学，17（3）：258－267.

郭海燕，王明田，卿清涛，2009. 气候变化对攀西烤烟种植的影响［J］．中国农业气象，30（S1）：107－110.

黄中艳，朱勇，王树会，等，2007. 云南烤烟内在品质与气候的关系［J］．资源环境，29（2）：84－90.

简永兴，董道竹，刘建峰，等，2007. 湘西北海拔高度对烤烟多元酸及高级脂肪酸含量的影响［J］．湖南师范大学自然科学学报，30（1）：72－75.

江厚龙，陈代明，许安定，等，2014. 下部鲜烟叶摘除数量对烤烟品质及经济性状的影响［J］．中国生态农业学报，22（9）：1064－1068.

李春俭，2006. 烤烟养分资源综合管理理论与实践［M］．北京：中国农业大学出版社：19－20.

李天福，王彪，杨焕文，等，2006. 气象因子与烟叶化学成分及香吃味间的典型相关分析［J］．中国烟草学报，12（1）：23－26.

李向阳，邓建华，张晓海，等，2011. 云南烟区不同海拔高度区间烤烟气象因子分析［J］．西南农业学报，24（3）：877－881.

李雪震，张希杰，李念胜，等，1988. 烤烟烟叶色素与烟叶品质的关系［J］．中国烟草（2）：23－27.

李亚飞，喻奇伟，符云鹏，等，2012. 不同海拔生态条件对烤烟化学成分的影响［J］．江苏农业科学，40（4）：88－91.

李自强，刘新民，董建新，等，2010. 罗平县海拔高度和土壤类型与烟叶化学成分的关系［J］．中国烟草科学，31（5）：44－48.

林彩丽，杨铁钊，杨述元，等，2003. 不同基因型烟草生长过程中主要化学成分的变化［J］．烟草科技（1）：30－34.

陆永恒，2007. 生态条件对烟叶品质影响的研究进展［J］. 中国烟草科学，28（3）：43-46.

罗建新，石丽红，龙世平，2005. 湖南主产烟区土壤养分状况与评价［J］. 湖南农业大学学报自然科学版，31（4）：376-380.

倪霞，鲁韦坤，查宏波，等，2012. 生态因子对烟叶化学成分影响的研究进展［J］. 安徽农业科学，40（3）：1355-1359.

浦吉存，蓝光汉，2004. 曲靖烤烟气候分析及产量年景趋势预测［J］. 云南地理环境研究（S1）：97-101，109.

史宏志，刘国顺，1998. 烟草香味学［M］. 北京：中国农业出版社.

王菱，1996. 华北山区坡地方位和海拔高度对降水的影响［J］. 地理科学，16（2）：150-158.

王瑞新，2003. 烟草化学［M］. 北京：中国农业出版社.

王世英，卢红，杨骥，2007. 不同种植海拔高度对曲靖地区烤烟主要化学成分的影响［J］. 西南农业学报，20（1）：45-48.

王树声，1990. 烟叶色素与化学成分及评吸结果的相关分析［J］. 中国烟草科学（4）：21-24.

王育军，周冀衡，张一扬，等，2014. 不同打叶时间对烤烟产质量和化学成分的影响［J］. 云南农业大学学报，29（1）：78-83.

温永琴，徐丽芬，陈宗瑜，等，2002. 云南烤烟石油醚提取物和多酚类与气候要素的关系［J］. 湖南农业大学学报（自然科学版），28（2）：103-105.

徐雪芹，李小兰，陈志燕，等，2012. 土壤—烟叶中微量营养元素对烤烟吸食品质的影响［J］. 安徽农业科学，40（30）：14922-14924，14943.

颜合洪，赵松义，2001. 生态因子对烤烟品种发育特性的影响［J］. 中国烟草科学（2）：15-18.

杨虹琦，岳骞，黎娟，等，2006. 高效液相色谱法测定烤烟类胡萝卜素［J］. 湖南农业大学学报：自然科学版，32（6）：616-618.

杨虹琦，周冀衡，杨述元，等，2005. 不同纬度烟区烤烟叶中主要非挥发性有机酸的研究［J］. 湖南农业大学学报：自然科学版，31（3）：281-284.

杨建堂，王文亮，霍晓婷，等，2004. 烤烟地上部干物质增长过程与有效积温关系研究［J］. 河南农业大学学报，38（1）：29-32.

岳骞，杨虹琦，周冀衡，等，2007. HPLC 分析烤烟绿原酸和芸香苷研究初报［J］. 云南农业大学学报，22（6）：834-838.

张家智，2005. 云烟优质适产的气候条件分析［J］. 中国农业气象，21（2）：17-21.

张建国，聂俊华，杜振宇，2004. 施用复合生物有机肥对烤烟产量和品质的效应［J］. 湖南农业大学学报：自然科学版，30（2）：115-119.

周冀衡，杨虹琦，林桂华，等，2004. 不同烤烟产区烟叶中主要挥发性香气物质的研究［J］. 湖南农业大学学报：自然科学版，30（1）：20-23.

周正红，高孔荣，张水华，1997. 烟草中化学成分对卷烟色香味品质的影响及其研究进展

[J]．烟草科技（2）：22－25.

左天觉 著，朱尊权 译，1993. 烟草的生产、生理和生物化学［M］．上海：上海远东出版社：450－451.

Hayato H R，1998. The quality estimation of different tobacco types examined by headspace vapor［C］. England：Papers presented at the Joint Meeting of Smoke and Technology Groups of CORESTA.

Weeks W W，1985. Chemisty of tobacco constituents insfluencing flavor and aroma [J]. Rec Adv Tob Sci (11)：175－200.

附　红云红河云南省基地主栽品种特性和生产技术

1　主栽品种的生物学特性

1.1　红花大金元

红花大金元烟株呈塔形，株高 100～120cm，节距 4.0～4.7cm，茎秆粗壮，茎围 9.5～11cm，可采叶 18～20 片。腰叶长椭圆形，叶尖渐尖，叶面较平，叶缘波浪状，叶色绿色，叶耳大，主脉较粗，叶肉组织细致，茎叶角度小，叶片较厚，花序繁茂，花冠深红色。

红花大金元品种的单株和大田长相

1.2　K326

K326 烟株呈筒形或塔形，株高 90～110cm，节距 4.0～4.6cm，茎围 7.0～8.9cm，可采叶 20～22 片。腰叶叶形长椭圆形，叶尖渐尖，叶面较皱，叶缘波浪状，叶色绿色，叶耳小，主脉较细，叶肉组织细致，茎叶角度大，叶片厚度中等。花序集中，花冠粉红色。

1.3　云烟 87

云烟 87 品种株型呈塔形，打顶后近似筒形，自然高度 178～185cm，打顶

K326 品种的单株和大田长相

株高 110～118cm，大田着生叶数 25～27 片，可采收叶 20～21 片，叶形长椭圆形，腰叶长 73～82cm、宽 28.2～34cm，茎叶角度中，叶尖渐尖，叶色绿，主脉粗细中等，节距 5.5～6.5cm，着生叶均匀，下部节距较 K326 稀，有利于田间通风透光，打顶后茎叶角度适中，花序集中，花色淡红色，主要植物性状变异系数小，遗传稳定。

云烟 87 品种的单株和大田长相

2　主栽品种的生产特性

2.1　红花大金元

在云南常规栽培中，产量以控制在 1 950～2 250kg/hm^2 较为适宜。移栽至中心花开放的生长期 52～62d，大田生育期 110～120d。田间长势好。叶片落黄较慢，成熟缓慢，有一定耐旱能力，耐肥性较差。

2.2 K326

K326 品种在云南常规栽培中，产量以控制在 2 250～2 625kg/hm^2 较为适宜。移栽至中心花开放的生长期 52～62d，大田生育期 120d 左右。田间生长整齐，耐肥性强，但前期烟株长势偏弱，叶片落黄速度适中，耐旱能力较强，腋芽生长势强。

2.3 云烟 87

云烟 87 品种在云南省常规栽培中，产量控制在 2 250～2 550kg/hm^2，移栽至中心花开放生长期 55d，大田生育期 120d 左右。田间生长整齐，腋芽生长势强。平均产量 2 610kg/hm^2，上等烟比例 45.07%。比对照 K326 品种产量增加 3.2%，上等烟比例提高 10.14%，产值增加 13.3%。

3 主栽品种的抗性

3.1 红花大金元

红花大金元品种的综合抗性中等。中抗南方根结线虫病，易感黑胫病、赤星病、野火病和普通花叶病，气候型斑点病较轻。

3.2 K326

K326 品种的综合抗性较强。抗黑胫病，中抗青枯病、南方根结线虫病和北方根结线虫病，抗爪哇根结线虫病，易感野火病、普通花叶病、赤星病和气候型斑点病。

3.3 云烟 87

云烟 87 的综合抗性中等。中抗黑胫病、南方根结线虫病、爪哇根结线虫病及青枯病，感赤星病，普通花叶病。

4 主栽品种的生产要点

4.1 栽培要点

4.1.1 红花大金元 红花大金元品种适宜在中等肥力的地块种植，要坚持轮作，适时播种移栽，严格掌握氮肥用量，一般施纯氮 60～90kg/hm^2，氮、磷、钾比例 1∶1∶3，栽烟密度 1.65 万～1.8 万株/hm^2，中心花开放时打顶，最佳留叶数为 18～20 片。

由于红花大金元抗病性中等，因此，在苗期和大田前期要特别注意对根黑腐病、黑胫病和花叶病的防治，叶片成熟期应注意对赤星病、野火病的防治。

4.1.2　K326　K326耐肥能力较强，宜在中等以上肥力的地块种植，施纯氮105～135kg/hm^2，氮、磷、钾比例为1∶1∶2。密度1.65万株/hm^{2}左右，现蕾至初花时打顶，单株留叶20～22片。

K326品种苗期要特别注意防治普通花叶病，整个生育期需注意防治野火病，后期要注意赤星病的防治。

4.1.3　云烟87　云烟87在云南适宜的移栽期为4月下旬至5月中旬，由于播种至成苗比K326提前5～8d，因此应注意适时播种，适时早栽。适宜在中上等肥力地块种植，其耐肥性比K326稍低，一般施纯氮105～120kg/hm^2，并注意N、P、K的合理配比，一般以1∶（0.5～1）∶（2～2.5）为宜。种植密度田烟1.65万株/hm^2，地烟1.8万株/hm^2，留叶数20～21片。该品种大田生长初期如果受环境胁迫（干旱等）影响，有10～15d抑制生长期，注意加强田间管理，不可打顶过低，盲目增加肥料，后期生长势强。

4.2　主栽品种的采烤要点

4.2.1　红花大金元　红花大金元品种成熟期较长，分层落黄不明显，应注意充分成熟采收，严防采青叶。在烘烤中红大叶片的变黄速度较慢，而失水速度较快，适时定色较难掌握，故红大的烘烤技术相对较难。一般将变黄期的温度控制在38～40℃，变黄七至八成，注意通风排湿；40℃后烤房湿球温度应控制在36～38℃，进入43℃时烟叶变黄九成，在45℃保温使烟叶全部变黄。定色前期慢升温，加强通风排湿，烟筋变黄后升温转入定色后期，干筋期温度不超过68℃。

4.2.2　K326　K326品种的分层落黄好，下部叶应适熟早采，中部叶成熟、上部叶充分成熟采收。下二棚叶片大而薄，含水量多、烟筋粗，容易产生枯烟。中、上部叶易烘烤，一般变黄期温度32～42℃，时间50～60h；定色期43～55℃，30～40h；干筋期温度不超过68℃，时间25～30h，顶叶各烘烤阶段可适当延长，注意升温不要过急。

4.2.3　云烟87　云烟87下部叶片节距稀，叶片厚薄适中，分层落黄，易烘烤，采收时严格掌握成熟度，成熟采收，不采生叶。云烟87变黄定色和失水速度协调一致，烘烤变黄期温度36～38℃，定色期温度52～54℃，将叶肉基本烤干，干筋期在68℃以下，烤干全炉烟叶，以保证香气充足。

图书在版编目（CIP）数据

烤烟品种优化布局研究与实践：以红云红河烟草集团主要原料基地为例 / 李强等著．—北京：中国农业出版社，2020.1

ISBN 978-7-109-25708-5

Ⅰ．①烤… Ⅱ．①李… Ⅲ．①烤烟－品种改良－研究－云南 Ⅳ．①S572.03

中国版本图书馆 CIP 数据核字（2019）第 148773 号

中国农业出版社出版

地址：北京市朝阳区麦子店街 18 号楼

邮编：100125

责任编辑：郭银巧　　文字编辑　李　莉

版式设计：韩小丽　　责任校对：巴洪菊

印刷：北京中兴印刷有限公司

版次：2020 年 1 月第 1 版

印次：2020 年 1 月北京第 1 次印刷

发行：新华书店北京发行所

开本：700mm×1000mm　1/16

印张：13

字数：250 千字

定价：60.00 元
